수학교육학 학위논문 작성을 위한 노하우

수학교육학 연구의 여정

김선희 · 김부미 · 박현정 · 김기연 · 송정화 · 김윤민
박지현 · 이소민 · 이소정 · 배수경 · 강미선 · 최성이
성지현 · 김슬비 · 윤미선 · 이경희 · 안윤경 지음

KYOWOO

· 차례 ·

수학적 지식 점유에 관한 기호학적 고찰 • 김선희 ······ 1

수학적 오개념과 오류에 대한 인지심리학적 고찰 • 김부미 ······ 13

유사성 관점에서 본 대수 문장제 해결 과정에 대한 사례연구 • 박현정 ······ 27

수학영재의 창의적 생산력 신장을 위한 학습 지도 및 평가에 관한 연구 • 김기연 ······ 38

상황적 추상화 과정의 고찰 • 송정화 ······ 50

고등학생의 수학적 신념체계에 대한 연구 • 김윤민 ······ 65

교사의 수학적 언어에 반영되는 교수 양식에 관한 분석 • 박지현 ······ 76

미래형 수학 교실의 규준 연구 • 이소민 ······ 88

다이어그램 활용을 통한 수학 문제해결 과정의 기호학적 분석 • 이소정 ······ 104

중등 수학 교사의 수학적 지식의 교수학적 변환에 관한 연구 • 배수경 ······ 116

초등학교 학부모와 학생의 수학학습가치 인식과 수학학습관여행위 분석 • 강미선 ······ 131

수학이 사회정의에 기여해야 한다는 신념을 수학 교실에 실현하다 • 최성이 ······ 142

· 차례 ·

수학영재학급 학생들의
집단창의성 발현 과정 연구 • 성지현 ········· 159

교사와 학생의 수학적 주목하기의 차이에 따른
교수 전략 탐색 • 김슬비 ········· 173

수학 교과의 협력적 문제해결 역량과
협력적 메타인지 특징 연구 • 윤미선 ········· 186

기호중심 수학적 쓰기 양식 개발과 적용 • 이경희 ········· 199

고등학생의 통계에 대한 태도 연구 • 안윤경 ········· 213

· 머리말 ·

학문 분야에 입문하여 연구자로서의 길을 걷기 시작하는 것은 개인적으로 매우 보람되고 뜻깊은 일이기도 하지만 그 학문 분야의 발전에 기여하는 공동체 일원으로서 일말의 책임감도 동시에 갖게 되는 일이다. 이 책의 저자들은 수학교육학이라는 학문 분야에 입문한 사람들로 수학이 좋아서, 수학교육이라는 의미 있는 사회적 가치를 부각하고자, 우리 미래 세대의 소중한 한 사람 한 사람을 사랑하는 마음으로 수학교육을 시작한 자들이다. 그리고 저자들의 공통점은 이화여자대학교 대학원의 수학교육학과에서 이종희 교수님을 지도교수로 수학교육학 연구의 첫 걸음을 시작했다는 점이다.

저자들은 수학교육학 연구의 걸음마부터 시작해서 수학교육학 분야의 연구 주제, 깊이 있는 지식, 연구 방법과 절차, 가치 있는 연구 결과 산출 등에 대해 이종희 교수님의 지도를 받았다. 단순히 지도라기보다는 보살핌을 받았다. 박사 과정과 논문을 쓰기까지 저자들에게 이종희 교수님은 대학원생을 지도하는 업무적 성격의 지도교수님이 아니라 개인적인 가정사부터 시작하여 건강까지 살뜰히 챙겨주시고 때로는 엄격하게 훈육해주시는 어머니셨다. 저자들은 이종희 교수님으로부터 학문적 지식만 배운 것이 아니라 삶의 태도와 인성도 배울 수 있었고, 그렇기에 이종희 교수님의 제자인 것이 자랑스럽고 감사하다. 하여 학위 과정 동안의 소중한 시간을 기억하고 이종희 교수님께 감사의 뜻을 전하고자 이 책을 저술하는 데 뜻을 모았다.

박사 과정을 거쳐 논문을 작성하면서 저자들은 나름의 시련과 고뇌가 있었고 논문 작성과 관련한 많은 시행 착오가 있었다. 함께 공부하는 동료나 선후배들이 힘이 되어주기도 하면서 학위 과정 중의 고충을 다스려갔지만 학문적 이해와 방법, 갈림길에서의 결정 등은 오롯이 혼자 담당해야 할 때가 많았다. 수학교육학을 시작하는 후배들도 비슷한 전철을 밟을 것이라는 생각에 저자들은 이 책으로 선배된 자의 도리를 하고자 한다. 이 책은 저자들이 어떻게 박사학위 논문을 작성하게 되었는지를 소상히 기록하였다. 논문만 읽어서는 알 수 없는 연구자의 고뇌를 논문 주제를 선정하고 연구를 수행하고 논문으로 작성하고 심사를 받는 일련의 과정으로 기술하였고, 저자의 경험적 노하우를 토대로 각 과정마다 [연구자를 위한 조언]을 담아 후배 연구자들에게 제안을 하였다.

발전을 거듭하고 있는 수학교육학은 다른 학문 분야와의 접목, 융합이 계속되고 있고, 수학교육학 연구의 과정이 다른 분야의 교육 연구와 별반 다르지 않기 때문에 우리의 여정은 수학교육학 이외의 분야에서도 참고가 될 수 있을 것이고 그렇게 되기를 바란다.

저자들은 수학교육학 연구의 여정을 각기 다른 방식으로 밟아가고 있다. 그리고 지도교수님의 가르침대로 학교 현장의 수학교육과 수학교육학 이론을 합치하는 지향을 향해 끝없이 나아가고 있으며 그 길을 함께 걸어가고 있다. 이 여정에 함께 있는 모두와 함께 이 책의 내용이 공감되고 도움이 되기를 바란다.

이종희 교수님께 존경과 감사의 마음을 담아

저자 일동

수학적 지식 점유에 관한 기호학적 고찰

김선희

수학교육학 연구는 요리이다.

수학교육 관련 자료를 어떻게 양념하고 조리해야 할지는 연구자인 요리사의 혜안과 지식, 경험, 역량에 의해 좌우된다. 수학교육에 의미 있는 연구 결과를 산출하고자 하는 마음은 요리사가 맛있는 요리를 만들어 대접하려는 것과 같다.

필자는 2004년 2월에 "수학적 지식 점유에 관한 기호학적 고찰"이라는 제목의 논문으로 수학교육학 전공의 문학박사 학위를 취득했다. 이 논문은 수학교육학 분야에 기호학을 접목하고 언어 측면에서 수학 학습을 바라보았다는 점에서 의의가 있다.

논문내용 둘러보기

수학 학습이 일어난다는 것은 학습자가 수학을 자신의 것으로 구성하여 사용하고 활용하는 것이라 할 수 있으며, 이 연구는 이것을 수학적 지식 점유라 일컬었다. 여기서 지식의 구성은 학습자가 교사의 도움을 받은 후 능동적이고 활동적인 참여와 노력에 의해 가능하다. 지식을 사용하는 것은 학습자가 수학적 지식을 의사소통과 지적 활동에 사용한다는 것을, 지식을 활용한다는 것은 학습한 수학적 지식을 바탕으로 새로운 수학적 관계를 발견하고 실생활에 적용하고 다른 사람에게 보여줄 수 있음을 말한다.

이 연구는 학습자가 수학적 지식 점유를 하는 데 있어 언어의 역할에 주목하였다. 수학 언어는 수학적 지식이기도 하지만 수학적 지식 점유를 판단하는 평가 도구가 될 수도 있다. 또한 언어는 수학적 지식 점유의 과정에서 사고를 가능하게 하여 수학 학습을 돕는 정신적 도구이자 수학 사회의 문화적 도구이기도 하다. 이런 점에서 수학적 지식 점유에 대한 고찰은 언어를 중심으로 할 수 있으며, 이 연구는 언어를 중심으로 수학적 지식 점유가 무엇인지, 수학적 지식으로서 학생들의 언어 학습 현황은 어떠한지, 수학적 지식 점유를 보여주는 데 필요한 수학 언어에 대한 메타지식, 수학 언어가 사용되고 해석되는 기호화와 해석화 과정을 통한 지식 점유 학습 지도 방안을 제안하였다.

먼저, 언어를 중심으로 수학적 지식 점유가 무엇인지 나타내기 위해 수학적 지식 점유의 기준을 정하였다. 기호학의 분야에 근거하여 수학적 지식인 언어를 점유한 기준은 수학 언어의 사용 규칙을 알고 정확하게 다루는 것, 수학 언어의 의미를 이해하는 것, 수학 언어를 상황에 따라 적절하게 해석하고 사용하는 것으로 설정하였다. 그리고 수학 언어에 의해 수학적 지식 점유의 판단은 비고츠키가 제시한 언어의 기능에 따라 ① 수학 언어를 사용하여 수학적 지식을 표현하고 아이디어나 언어 사이의 관계를 나타내는 것, ② 상징과 일상 언어의 수학 언어뿐 아니라 시각적 기호로 표현된 수학적 지식을 다른 수학적 표현으로 바꾸고 그 표현에 따른 의미를 해석하는 것, ③ 사용하는 목적에 맞게 적절한 언어를 선택하고 기술하는 것, ④ 다른 사람에게 자신의 지식을 보여줄 수 있어야 한다는 것, ⑤ 수학적 지식을 토대로 지식이나 아이디어 간의 관계를 기술하여 새로운 수학적 관계의 발견에 이르는 것으로 설정하였다. 이 기준에 따라 연구 내용이 구성되었다.

수학적 지식 점유의 기준 ①은 수학적 지식으로서의 언어와 그 학습 현황으로 살펴보았다. 중학교 교과서를 분석하여 탐구적 접근과 표현적 접근이 활용되고 있음을 확인하였고, 중학생들이 등호를 학습한 현황을 조사하여 동치 오류와 라벨링 오류, 등호를 상황에 맞게 해석하는 것이 미비함을 확인하였다. 기준 ②와 ③은 언어에 대한 메타지식의 성격을 갖는데, 이에 대해 Freudenthal의 언어 수준을 적용하여 학생들이 이해하는 언어 수준이 개념마다 다르고 문항에 따라 다르게 나타났음을 보였다. 기준 ④는 기능문법과 수사학의 메타언어를 살펴보고 교과서, 교사, 학생의 증명텍스트를 분석하였다. 교사와 학생의 텍스트는 교과서를 모델로 하고 있으나 언어를 사용하는 기술이 교과서보다 부족하였다. 기준 ⑤는 가추의 추론에 해당하는 은유와 환유를 살펴보았고, 가추가 새로운 사실을 발견하는 추론으로서

의미가 있음을 제시하였다.

수학적 지식 점유를 위한 학습지도 방안은 중학생들의 기호화와 해석화 과정을 분석하여 제안하였다. 학생들은 규약적 기호화에 이르더라도 그 타당성에 대해 확신하고 사용해보는 자기반성의 과정이 필요했다. 이에 따라 화용론의 차원과 의사소통, 수학 언어에 대한 메타지식이 학습될 수 있도록 유능한 타인의 도움을 받는 IZPD, 자신의 힘으로 문제를 해결하고 반성하는 ZPP, 유능하지 못한 타인을 도와주는 ZAD의 상호작용이 학습 상황으로 설계되어야 함을 제안하였다.

위와 같은 논문을 작성하기까지 필자가 겪었던 경험과 후배 연구자에게 하고 싶은 조언을 아래와 같이 제시해본다.

무엇을 연구할까?

필자는 중학교 수학 교사를 하면서 석사와 박사 과정의 대학원 공부를 했다. 학생들에게 수학을 직접 가르치고 있었기에 연구 주제는 학생들을 어떻게 수학을 잘 가르칠까에 대한 고민과 더불어 시작되었다. 연구라는 것의 시작은 석사학위 논문이었는데 '의사소통 지도가 수학 학습에 미치는 영향'이라는 제목이었다. 석사 과정에서 다른 사람의 연구 결과만 읽고 해석하는 수업만 받다가 나만의 뭔가를 만들어야 하는 논문 작성 시기가 다가오자 무엇부터 어떻게 시작해야 할지 사실 막막했었다. 그래서 일단 도서관[1]에 가서 읽고 싶은 논문을 무조건 복사했다. 약 20cm 높이로 쌓인 복사물을 보면서 '이것을 언제 다 읽지?' 하는 생각이 들었는데, 그 복사물들의 제목을 보면서 공통점을 찾을 수 있었다. 바로 '의사소통'과 관련된 것들이었다. 그 순간 학부 4학년 때 NCTM(1989)의 규준을 공부하면서 "교사가 되면 학생들의

---

1) 1990년대 후반은 인터넷 활용이 원활하지 못하여 직접 도서관에 가서 자료를 검색하고 복사하는 방식으로 문헌을 확보하였다.

의사소통이 활발한 수업을 해야지"라고 결심했던 것이 생각났다. 졸업 후 교사가 된 후 2년이 지나서야 예전부터 관심이 있었던 것을 다시 찾게 된 것이다. 이때부터 의사소통과 관련한 선행 연구와 차별점이 되는 주제를 찾았고 석사논문으로 완성하였다.

박사 과정에 입학하면서 논문 주제를 찾는 것은 석사 때와는 별개의 작업이었다. 박사논문으로서 가치가 있는 것을 찾는 것은 혼자 감당할 수 없는 것이었고 지도교수님의 지도가 절대적으로 필요했다. 석사논문의 연장선상에서 연구해야겠다는 순진한 생각만 갖고 있을 때, 수학의 의사소통은 '기호'를 사용하는 것이므로 '기호학'을 공부해야겠다는 막연한 생각을 갖고 지도교수님께 말씀드렸다. 지도교수님께서도 내 연구 주제를 탐색하는 데 관심을 두고 계셔서 그 당시 갓 출판된 "Symbolizing and communicating in mathematics classrooms: perspectives on discourse, tools, and instructional design"(Cobb, Yackel, & McClain(eds.), 2000)을 추천해주셨다. 매주 토요일마다 책의 한 장씩 번역하고 교수님과 만나 함께 읽어나가면서 그전까지 겉핥기로 공부했던 수학교육학을 제대로 공부해나갈 수 있었다. 책 읽기가 끝났을 때 지도교수님이 "그럼 이제 어떤 연구를 할까?"라는 질문을 하셨다. 지도교수님이 습관적으로 던지신 이 질문은 연구자의 삶을 살아가는 데 있어 나에게 지속적인 자극이 되었다. 이때 대학원에서 공부를 한다는 것은 연구를 하는 것이고, 지식의 습득에 그치는 것이 아니라 지식을 생산해내야 하는 것임을 깨달았다. 그리고 작은 주제를 선택하여 학생들의 상태를 파악하거나 문제의식을 도출하고 수학교육학계에서 이론적 논의가 없었던 주제들에 대해 소논문을 작성해나갔다. 이렇게 해서 박사과정 동안 여러 편의 소논문을 학술지에 투고하면서 공부한 성과를 이뤄나갔다. 이 소논문들은 석사논문 수준에서 할 수 있는 것이지만 소논문으로는 박사논문이 될 수 없고 그것을 엮을 수 있는 큰 틀이 필요했다. 차라리 석사논문 10편 쓰는 게 박사논문 1편 쓰는 것보다 쉽겠다는 생각도 했었다.

박사논문을 준비하기 위해 의사소통에 집중하면서 기호학 연구를 살펴보는 과정은 개인적으로는 나름 조마조마했던 기억이다. 기호학은 철학, 언어학 등 여러 학문의 복합분야이기도 했고 광고나 문학 등에 많이 적용되고 있었지만 수학교육 분야에서는 나름 생소한 접근이었다. 따라서 누군가 그런 관점과 시각으로 논의하지 않은 것에 도전하여 새로운 발자국을 찍는 것이 과연 옳은 것인가에 대한 의문이 계속 있었다. 국외에서도 기호학을 수학교육에 접목하려는 시도가 등장하는 시기라서 기호학이 수학교육을 연구할 수 있는 이론적 토대로 안전하게 느껴지지는 않았다. 지도교수님께서는 기호학에 발을 담그되 푹 빠지지는 말고 수학교육학과의 연결고리를 계속 염두에 두고 공부해야 한다는 말씀을 해주셨다. 특히나 Peirce가 기호를 통한 추론을 강조하면서 수학교육학계에서 생소한 '가추'라는 추론을 제시한 것을 수학교육학 연구로 제시할 때는 귀납과 연역 외 추론의 존재성을 논해도 되는지에 대한 부담이 있었다. 학술지에 논문이 실리면서 심사위원들로부터 인정 또는 동의를 받은 것이니 기호학을 계속 공부해 보라는 지도교수님의 조언에 따라, 깊이 있는 기호학 연구는 제대로 하지 못했지만 기호학의 중요한 개념을 수학교육에 적용해볼 수는 있었다.

수학 언어에 초점을 두고 소논문으로 출판된 여러 연구를 수행했으나 박사논문이 나오기 위해서는 이를 엮을 수 있는 줄거리가 필요했다. 즉 문제의식 하에 연구 문제를 생성하고 그 문제에 답하는 방식의 줄거리를 만들 필요가 있었다. 기호학과 더불어 관심을 가졌던 이론이 비고츠키 심리학이었기에, 비고츠키 관련 박사논문을 찾아보았다. 이때 "비고츠키의 지식점유과정과 언어매개기능에 관한 교육학적 고찰"이라는 서울대 교육학과 박사논문(김지현, 2000)을 접할 수 있었고, 필자도 수학 학습을 지식 점유의 관점에서 접근할 수 있었다.

연구를 진행하면서 막히는 순간마다 지도교수님의 조언은 돌파구가 되었다. 수학적 지식 점유를 논문의 주제로 잡는다면 '지식 점유의 기준'을 정하고 그에 따라 수행한 연구 내용을 엮을 수 있지 않겠냐는 말씀에 지식 점유의 기준을 고민하였다. 때마침 "비고츠키-마음의 사회적 형성"(Wertsch, 1995)라는 책을 읽고 있었는데, 거기 등장한 언어의 기능이 수학적 지식 점유의 기능으로 유추되었고 필자가 이때 직접 가추의 추론을 경험하게 되었다. 지도교수님께 가추에 의해 얻은 통찰 결과를 말씀드렸고 이제 논문으로 엮어도 좋겠다는 말씀에 연구 주제에 대한 고민은 일단락 지을 수 있었다. 하지만 지도교수님께 검사 받은 연구 계획서는 수차례 작성했었다.

➲ 연구자를 위한 조언

논문 주제를 선정하면서 생각의 사슬마다 논리적 연결이 필요하였다. 그 매듭에 적절한 문헌을 읽고 그다음 사슬을 연결해나갈 수 있었는데, 필요한 때에 적절한 문헌을 읽었다기보다는 많이 읽어둔 결과가 드디어 빛을 발했다고 표현하고 싶다. 즉 당장의 효용과 관계없이 문헌을 읽고 정리해 두었는데, 논문을 쓸 때 필요한 아이디어가 읽었던 문헌에서 생각이 나서 이를 활용할 수 있었다. 필자는 대학원 과정에서 매주 하나의 논문을 번역하며 읽기를 꾸준히 했다. 돌이켜보면 이런 학습이 연구 주제 선정에 밑거름이 되지 않았나 싶다.

연구 주제를 선정하는 것은 단번에 되지 않는다. 좋은 주제나 영감이 떠오를 때마다 연구 문제를 써두었는데, 나중에 그 메모들을 보면 '왜 이런 생각을 했지?' 하는 것도 있기도 하지만 '이런 생각도 했었구나' 또는 '이 아이디어를 계속 생각하고 있구나' 하는 생각도 하게 된다. 수많은 시행착오를 거치면서 연구 주제와 문제가 잡히기 때문에 아이디어를 계속 표현해두는 것이 좋다.

어떤 방법으로 연구할까?

앞서 연구 내용 요약을 봐서 알겠지만, 지식 점유의 기준이 광범위하다 보니 논문의 장별 연구 내용이 다르고 그에 따라 연구 방법도 달랐다. 박사논문의 큰 그림을 그려놓고 그에 따라 연구 내용과 방법을 고민하지 않고, 기존의 성과를 엮는 방법을 고민하며 논문을 완성해나갔기 때문에 나온 결과였다. 대개의 학위논문이 '서론, 이론적 배경, 연구 방법, 연구 결과, 결론 및 제언'의 틀을 따르는데, 필자의 논문은 '서론, 수학 언어와 수학적 지식, 학교수학 언어와 언어 학습 현황의 분석, 수학적 지식 점유를 위한 메타지식, 수학적 지식 점유를 위한 학습 지도 방안 모색, 요약 및 결론'의 목차를 가졌다. 박사학위논문 심사 과정에서 기존의 다른 논문들과 목차 방식을 유지하는 방안이 논의되기는 했으나 각 장의 특징과 성격이 다르므로 각각 연구 방법을 기술하는 방식을 취하기로 하였다. 예를 들어, 장별로 사고와 연구의 흐름에 따라 연구 방법을 그때그때 제시하는 방법을 취하였다. Ⅲ장의 경우 A절에서 이론적 고찰을 한 후 B절에서 교과서 분석, C절에서 학생 대상의 조사 연구를 실시하였다.

연구 방법은 양적, 질적, 혼합 연구가 모두 활용되었다. 연구 방법에서 가장 고민이 컸던 부분은 학생들의 기호화와 해석화 과정을 분석할 때였다. 4명의 학생들이 '키가 크면 발도 큰지'를 알아보기 위해 통계를 활용하도록 수업을 설계하고, 학생들의 기호화와 해석화 과정을 분석하려 하였다. 사례 연구 방법이 유행처럼 번질 시기였지만 질적 연구 방법에 대한 가이드는 부족하였다. 수업을 녹화하고 분석하였는데 학생들이 무슨 의도로 그런 말을 하였는지 수업 동영상으로는 파악할 수가 없었다. 그래서 학생들과 사후 인터뷰를 하였는데 이렇게 회고적 방법을 활용해도 되는지가 걱정스러웠고, 다행히 회고적 인터뷰를 한 선행 연구를 찾을 수 있어서 그 방법대로 진행할 수 있었다.

연구에 필요한 실험을 하는 데 있어 필자는 학교에 근무하고 있었기 때문에 연구 대상을 구하는 것은 그리 어렵지 않았고, 연구 결과가 결국 학생들에게 도움이 되어야 한다는 점에서 실시한 것이었기 때문에 수학 수업 맥락에서 학생들에게 적용한 결과를 연구 자료로 구할 수 있었다. 또한 서울의 교육청 산하 영재교육원의 운영담당자로 일하고 있었기 때문에 소규모로 수업을 실행하고 심층적인 분석을 할 수 있는 여건도 갖고 있었다.

➲ 연구자를 위한 조언

연구 방법과 관련해서는 '아는 만큼 보인다.'라는 표현을 쓰고 싶다. 연구 방법을 두루 경험하지 않고서는 각 주제마다 어떻게 접근하고 해석해낼지에 대한 통찰을 얻기 어렵다. 연구 방법은 실제로 경험했을 때 체득되고 활용 가능하다. 따라서 연구 방법을 다양하게 활용하는 파일럿 연구를 수행한 후 학위논문에 도전하기를 바란다. 연구 방법도 발전하는 경향이 있으므로 최신 연구 방법에는 무엇이 있는지 확인하고, 양적 연구와 질적 연구 모두 수행 가능한 상태에서 박사학위 논문 작성에 임하는 것이 좋다.

기본적으로 양적 연구의 경우 연구 문제에 따라 어떤 분석을 할 것인지 미리 정하고, 그 분석에 자료의 수, 표집, 코딩, 통계 분석의 선결 조건 등도 파악해 두어야 한다. 또한 통계처리 프로그램을 활용할 수 있는 것도 필요하다. 질적 연구의 경우 분석틀을 마련하는 것이 중요하다. 연구 대상을 선정하고 자료가 모이더라도 이것을 어떻게 분석할 것인지를 미리 설계하지 않으면 연구 결과를 산출하기 어렵다. 분석틀 마련은 이론적 배경에서 충분히 논의된 결과를 바탕으로 하되, 본인의 연구 성격에 따라 새로운 것을 제시하는 것도 좋다.

연구 결과를 어떻게 나타낼까?

'시작이 반'이라는 말처럼 연구 주제와 방법이 결정되면 그에 따라 연구를 수행하는 것은 끝이 보이는 여정이다. 연구를 수행하는 과정에 우여곡절이 있기 마련이지만 논문으로 작성할 때는 모든 과정을 다 드러낼 필요는 없다. 논문을 많이 읽었다고 참고문헌에 다 기록하는 것도 아니고, 연구 방법도 상세하게 작성은 하되 연구 내용을 독자가 이해할 수 있는 수준에서만 기록한다. 그런 점에서 연구 결과 또한 연구 주제에 적합한 것만 기술하였다.

필자는 여러 소주제를 기호학이라는 이론적 틀에서 지식 점유의 관점으로 엮었기 때문에, 연구 방법에서도 언급했듯이 한 줄에 꿰는 설계에 따라 연구를 수행하지는 않았다. 연구 결과를 산출하기 위한 실험도 조금씩 수행해왔던 것을 모았기 때문에 학위논문을 위한 연구 수행 과정보다는 이미 수행했던 여러 연구를 박사학위논문으로 엮는 것 자체가 연구 수행 과정이라 할 수 있다.

➲ 연구자를 위한 조언

연구 결과를 논문으로 작성할 때는 논문의 체계의 정합성을 맞추어야 한다. 서론에서 문제 의식을 드러내고 무엇을 연구할 것인지에 관한 연구 문제를 드러냈다면, 그 연구 문제의 답이 될 수 있는 연구 결과가 제시되어야 한다. 자료를 분석하다 보면 새로운 사실이 발견되기도 하는데, 그것이 연구 문제와 관련 없는 것이라면 그에 대한 분석을 할 필요는 없다. 연구 결과가 연구 문제에 따라 제시된다면, 이를 뒷받침할 수 있는 이론이 있어야 한다. 논문은 이론에 바탕을 두거나 이론을 만드는 것이므로 이론에 대한 논의는 꼭 필요하다. 논문에서 이론적 배경은 연구 결과를 설명하는 데 필요한 것으로 하여 저자의 학식을 보여주기 위한 것으로 삼지 말아야 한다. 논문을 작성하는 것이 산고의 고통이 따르는 노력의 결실이지만 불필요한 내용과 말을 제시하여 연구의 본질을 흐리지 말아야 한다.

논문 심사

박사학위 논문 심사는 심사위원장을 중심으로 지도교수님을 포함한 전문가 5명의 위원회가 구성되어 진행된다. 필자는 1회의 공개 발표를 포함하여 총 5회의 심사를 받았다. 심사는 2주마다 한 번의 일정으로 진행되었다.

논문 심사 과정에서 1차 심사가 가장 중요하다. 이 심사에서 논문심사를 지속할지를 결정하기 때문이다. 즉 심사위원들에 의해 박사학위를 받을 수준의 논문인가에 대한 검증이 이루어지는 것이 1차 심사이다. 심사 전에 논문을 심사위원들에게 보내어 심사위원들은 논문을 읽고 심사에 참여하고 심사에서는 논문 작성자가 구두 발표를 하는 것이 일반적이다. 필자는 첫 심사에서 연구 내용을 거의 3시간에 걸쳐 발표하였다. 내용이 심사위원들에게 친숙하지 않아 세부적인 설명까지 하였기 때문에 오랜 시간이 걸렸고, 그렇게 장시간 동안 심사위원들이 집중하여 내용을 이해하고자 노력해주심에 정말 감사하다. 1차 심사에서 지적받은 내용은 다음과 같다.

- 점유의 의미?
- 점유 판단 기준의 합리성?
- 기호학에 근거하는 이유?
- 메타지식이 암묵적인 이유?
- 왜 언어와 지식인가?
- 용어의 의미- 중재, 수준, 기호의 강요 vs. 기호의 의미를 강요, 기능주의, 에이전트(agent)
- 점유 기준을 만족시키지 못한 오류가 발생한 예를 보여주어야 함
- 반복측정에서 구형성 검정을 만족하였는가?

논문을 일주일간 수정하고 수정본을 심사위원들께 제출한 후 또 일주일 후 2차 심사를 진행하였다. 1차 심사가 큰 틀에서 중요한 개념을 짚는 것이라면 2차 심사부터는 세부적인 내용의 지적이 많았다. 또 심사위원들은 필력이 부족했던 필자에게 너무나도 귀한 윤문도 해주셨다. 심사위원들을 설득하지 못한 것은 2차 심사에서도 다시 지적되었다. 2차 심사에서 지적된 내용은 다음과 같다.

- 수학적 지식 점유에 언어가 왜 필요한가?
- 수학 언어를 통한 지식 점유가 효과적인 근거는?
- 기호학과 인식론의 갈등에 대한 문제는?
- 각각의 실험을 연관성 있게 조직
- 진술 방식이 비논리적

3차 심사에서는 큰 논란 없이 '기호의 의미와 표현이 분리되지 않는다.'라는 기호학의 가정이 이 연구에서도 지켜지고 있는지에 대한 확인이 주로 논의되었다. 4차 심사는 공개 발표로, 함께 공부해왔던 대학원생들을 청중으로 하였다. 4차 심사는 논문의 개선을 위한 것보다는 새로운 시각에서 논문을

보았을 때 어떤 비판이 있을지 고려해보는 시간이 되었다. 5차 심사에서는 3차 심사에 따라 수정된 논문을 확인하는 방식으로 간략하게 종료되었다.

논문 심사 과정에서 논문의 구조에 대한 지적도 있었는데, 결국 세부적인 변화가 많이 나타났다.

➲ 연구자를 위한 조언

박사논문 심사는 대체로 3회 이상 진행되기 때문에, 심사가 진행되면서 논문의 질이 향상되어야 한다. 일단 1차 심사에서는 심사위원들이 박사학위 논문으로 가치가 있음을 인정하도록 설득시키는 것이 중요하다. 연구의 세세한 내용을 다 설명하기보다는 큰 틀과 흐름을 보여주고, 이 연구가 왜 필요한지, 연구 성과가 얼마나 가치 있는지를 보여줄 필요가 있다. 글로 표현하지 못한 강조점을 전달해서 심사위원들이 논문의 취지와 내용을 파악하도록 이해시키는 것이 제일 중요하다. 1차 심사에서 지적된 내용은 논문의 큰 변화를 요하는 것이 많으므로 2차 심사까지 시간을 여유 있게 확보하도록 한다.

심사위원의 의견이 때로는 대립하는 경우도 있다. 양쪽의 의견을 수렴한 뒤 어느 한쪽 또는 제삼의 대안으로 논문을 수정하되, 왜 다른 의견을 수용하지 않았는지를 논문에 기술하는 것도 연구의 타당성을 높이는 데 도움이 된다.

끝나지 않은 여정

석사논문에서 '의사소통'에 주목한 뒤 박사논문에서 '언어'를 중심으로 수학 학습을 연구한 필자는 학위논문의 결과를 계속 이어나가는 연구를 수행하였다. 석사논문에서 모은 많은 자료를 토대로 '수학적 의사소통'이라는 저서를 지도교수님과 공동 집필하였고, 박사학위에서 '가추'라는 추론에 주목한 결과는 나중에 '수학적 추론'이라는 저서 일부를 담당하게 되었다. 박사학위 직후 후속 연구로 '문장제 문제 해결에 영향을 주는 언어적 요인', '수학적 모델링에서 추론의 유형과 역할'을 탐색하였고, 예비교사들을 지도하는 위치에서 예비교사들이 학습 일지를 작성하면서 의사소통을 경험하게 하였고, 수업 자료 개발과 분석에서 예비교사의 사고 과정을 기호학 관점에서 분석하였다. 또 수학교육학 연구를 하는 제자를 양성하면서 '공대생의 역도함수 그래프 추측', '수학적 문제해결 과정에서 의사소통에 대한 기호학적 분석' 등을 이어나갔다. 그리고 수학 학습에서 언어와 의사소통의 중요성이 널리 인정되면서 2007 개정 수학과 교육과정에서는 '수학적 의사소통 능력'이 교육 목표에 명시되고 2015 개정 수학과 교육과정에서는 교과 역량으로 선정되었는데, 관심 있는 연구 주제가 여러 사람에게 동의를 받고 위상을 갖게 되어 매우 뿌듯하다. 필자는 박사학위를 취득함으로써 예비교사들을 가르치는 자리로 직업도 바꿀 수 있었고, 연구하는 삶이 직업이 된 행복한 삶을 누리게 되었다.

➲ 연구자를 위한 조언

박사학위 논문을 쓴다는 것은 꿈의 도전이고 대단한 성취이다. 하지만 박사가 된 후 연구자로서의 삶을 살아가기 위한 첫걸음을 뗀 것에 불과했다. 학위논문 작성 후 마냥 쉬고 싶은 생각이 들더라도 이 시기를 그냥 쉬어버리면 다시 연구 의욕을 불태우고 주제를 잡기 어려워진다. 연구자로서의 삶을 살아가려는 목적이 있다면 이때 멈추지 말 것을 권한다. 인생에서 여러 위기나 시련이 있고 그에 따라 연구를 못 하는 상황이 생기기도 하지만 당장 긴급한 것보다 인생에서 중요한 것을 계속 추진해 나가길 바란다.

수학적 오개념과 오류에 대한 인지심리학적 고찰

김부미

수학교육학 연구는 나의 일상이다.

수학은 복잡한 세계를 이해하는 도구이고, 수학교육학은 일상 속에서 수학적인 안목을 갖도록 수학을 탐구하고 교육하는 학문이다. 수학교육학 연구는 아침부터 밤까지 숨 쉬듯 자연스러운 나의 일상이다.

필자는 2006년 2월에 "수학적 오개념과 오류에 대한 인지심리학적 고찰"이라는 제목으로 수학교육학 전공의 문학박사 학위를 취득했다. 이 논문은 수학 학습에서 발생하는 학생들의 수학적 오개념과 오류에 대한 관점의 변화과정, 발생 원인, 대처 방안을 인지심리학적 측면에서 종합해 고찰하였다는 점에서 의의가 있다.

논문내용 둘러보기

인간의 사고 과정에 대한 이해가 인간 자체에 대한 이해와 더불어 인류 문화의 발달에 중요한 요인임을 고려한다면, 오개념과 오류는 학생들의 수학 학습 과정에 대한 이해를 심층적으로 할 수 있도록 돕는 풍부한 정보원이라는 인식을 하는 것이 교육에서 중요하다. 이러한 관점에서 이 연구는 오개념과 오류를 각 수학적 영역과 주제별로 범주화하여 분류하고 그에 대한 교수학적 처치를 제안하는 접근방식을 넘어, 다양한 오개념과 오류의 인지적 발생 요인, 과정, 체계를 Pascual-Leone의 신피아제 이론과 경험적 구조주의를 기반으로 고찰하였다. 수학적 오개념과 오류에 대한 체계적인 이해는 학생들이 스스로 올바른 수학적 지식의 인지적 재구성과 통찰을 하도록 돕고, 수학 내 지식의 통합이나 다른 지식과의 연결성을 학습할 수 있도록 하는 기회를 제공할 수 있다.

수학적 오개념과 오류에 대한 용어 및 특성을 분석하기 위해 Lakatos의 수리철학, Bachelard의 인식론, 구성주의의 인식론적 입장과 그 개념 형성에 대한 관점을 해석하고 수학적 오개념과 오류에 대한 다양한 용어를 다각적으로 분석하여 각 용어를 재정의하였다. 수학적 오개념은 '학습 이전에 학생 스스로 형성하여 학생의 인지 구조 속에 내면화되어 있는 현재의 지식 중 수학적 개념과 일치하지 않거나 제한된 영역에서만 성립하는 선행 지식'이다. 수학적 오류는 '수학 학습을 할 때 학생의 오개념에 의해서 체계적으로 나타나는 학습 과정과 결과'이다.

Pascual-Leone의 신피아제 이론을 토대로 학생들이 형성한 구체적인 개념들에 대하여 6개의 무의식적 조작자와 오도(誤導) 요인이라는 공통 핵심적인 작동기제를 중심으로 오개념을 인지 구조와 관련하여 분석하였다. 일반적으로, 오도된 처리 과정은 L조작자, C조작자, F조작자가 활성화되어 영향을 주고, 성공적인 처리 과정은 실행 스키마(E), M조작자, I조작자가 오도 요인들을 억제하고 관련 스키마들을 논리적으로 변형 · 통합함으로써 활성화된다. M조작자는 정보(스키마)의 변형과 통합을 담당하고, F조작자는 과제의 가장 두드러진 형태적 입력 단서에 따라 작동하며, I조작자는 장기기억에 활성화되어 있는 스키마 중 문제해결 및 과제와 관련없는 스키마의 활성을 억제하거나 차단한다. C조작자는 스키마의 's-r'조건을 더욱 확장시켜 내용적인 분화를 일으키고, L조작자는 학습자의 지식 구조 내의 개별적인 스키마들을 논리적으로 통합하여 상위의 논리 구조를 형성한다. A조작자는 정의적인 영역과 관련된 무의식적 조작자이다.

오개념의 발생 원인과 형성 과정 및 수학적 오개념으로 인해 나타나는 수학적 오류를 분석하는 방법으로 Schoenfeld의 구조 분석 단계모형과 퍼지 인지 맵을 활용하는 방법을 제안하였다. 또한, 신피아제 이론으로부터 인지 체계의 변화와 수행 변화를 정신용량과 직접 연결시켜 설명하는 Demetriou 등(1987, 1993, 1994, 2002)의 경험적 구조주의를 바탕으로 6개의 정신용량(양적-관계적, 질적-분석적, 심상-공간적, 인과-실험적, 언어-명제적, 메타인지-반성적)과 그 요소 능력, 양식 탐구 체제로 이루어진 수학적 오류 분류 기준을 제안하였다.

이러한 수학적 오개념과 오류에 대한 인지심리학적 분석이 실제 수업에 적용

가능한 지를 탐색하기 위해, 수학적 오개념과 오류를 기반으로 학생들의 개념 변화와 개념 성장을 돕는 학습 지도 방안을 제안하고 일차함수의 활용 단원에 적용하여 그 가능성을 확인하였다. 개념 변화 학습 활동은 학습자 스스로 수학적 오개념 · 오류가 발생한 비평형상태의 인지 구조와 사고를 재조직하여 특정 문맥에서 오개념을 제거하고 옳은 개념으로 교정할 수 있도록 돕는 학습 활동이다. 개념 성장 학습 활동은 두 가지로 구성되는데, 첫째는 기존의 개념과 새로운 개념을 통합하여 더 큰 설명적 적절성을 가지고 보다 큰 이론적 구조에서 옳은 개념을 생성시키는 발견 수준의 활동이다. 둘째는 수학적 오개념이나 오류를 발판으로 활용하여 새로운 수학 개념을 습득하는 탐구 수준의 학습 활동이다.

위 논문을 작성하기까지 필자가 겪었던 경험과 후배 연구자에게 하고 싶은 조언을 아래와 같이 제시해본다.

무엇을 연구할까?

필자는 석사학위를 받은 후 7년이 지나 박사 과정에 입학하였다. 지도교수님께 스승의 날 안부 인사를 드리러 가서 근황을 이야기하다 스터디 모임에 참여를 권유받게 된 것이 박사 과정 진학의 계기가 되었다. 지도교수님께 석사학위 취득 후 7년이 지난 시점에 다시 수학교육을 공부할 수 있을지, 박사 과정 공부를 하는 것이 수학 교사로서의 삶에 도움이 될지 등 고민을 말씀드렸던 것으로 기억한다. 지도교수님께서는 당신의 대학원생들로 구성되어 매주 토요일에 최신 수학교육 논문이나 책을 번역해 읽는 모임에서 함께 공부하면서 진학여부를 결정해 보라고 제안해 주셨다. 필자는 이 모임을 통해 수학교육에 대한 견문을 넓혔을 뿐만 아니라 박사학위 논문 주제를 접했고, 함께 공부하는 즐거움, 연구자로서 가져야 할 자세 등 많은 것을 배웠다. 지도교수님께서는 논문을 읽고 나면 '후속 연구나 관련 연구를 한다면 어떤 것을 할 수 있을까?'라는 질문을 항상 던지셨고 필자는 이에 답하면서 연구 주제를 탐색하는 방법을 익힐 수 있었다. 또한 이 모임의 선후배 대학원생들을 통해 수학교육 연구 주제에 대한 다양한 견지, 어떻게 접근하고 해석하는지 등을 배울 수 있었다. 특히, 필자는 이 모임을 통해 '인식론적 장애'라는 개념을 접하고 '수학적 오개념과 오류'에 대해 새로운 관점을 갖게 되어 박사 과정에 진학하였다. 박사 과정 지원 원서에 수학적 오개념과 오류의 진단과 처방을 연구 내용으로 작성했고, 박사학위논문은 수학적 오개념과 오류에 대한 진단과 처방에서 한 걸음 더 깊게 들어간 주제였다.

필자는 입학과 동시에 연구 주제를 정했지만, 지도교수님께서 연구책임자로 수행하던 연구의 공동연구원으로 참여하면서 박사 학위논문의 주제를 구체적으로 발전시킬 수 있었다. 당시, 지도교수님은 한국학술진흥재단(현, 한국연구재단)의 지원을 받아 연구책임자로 <중학생의 수학적 오류 분석 및 교수학적 처방을 위한 학습-지도 방법 개발> 연구를 수행하고 계셨다. 필자는 공동연구원으로서, 지도교수님을 도와 중학교 수학의 문자와 식, 함수, 기하 영역에서 학생들이 겪는 어려움을 조사·분석하고 학생들의 수학적 오류를 교정할 수 있는 교수·학습 방안을 개발해 보는 경험을 할 수 있었다. 또한 지도교수님께서 연구 성과를 소논문들로 정리할 기회를 주셔서 이를 작성할 수 있었다. 특히, 교수님께서는 소논문을 검토하고 수정한 후 필자를 소논문의 공동 저자로 학술지에 게재할 수 있게 지도해주셨다. 이러한 연구 수행의 경험은 박사학위 논문 주제를 정하는 데 매우 소중한 자산이 되었다.

지도교수님께서는 공동연구를 진행하는 동안에도 관련 참고문헌을 소개해 주시고 '학위논문을 쓴다면 무엇을 연구할까? 그 방법은?'을 질문해 주시고, 수학적 오개념과 오류에 대한 새로운 접근이나 관점을 함께 논의해 주셨다. 필자는 지도교수님의 질문에 답하기 위해 연구 주제 중 관련 이론이나 방법을 정리할 때, 연구 주제를 연구 문제로 만들어보면서 그와 관련 있는 선행 연구들을 최신의 것부터 역순으로 읽었다. 또한 수학적 오개념과 오류의 발생 원인의 인지심리학적 메커니즘과 원인을 찾고자 많은 인지심리학

관련 참고문헌을 읽을 때, 잘 이해가 안 되는 부분이나 더 알고 싶은 부분은 저자에게 연락해 가르침을 받았다. 이러한 과정을 통해 필자는 학자마다 다른 수학적 오개념과 오류의 정의는 어떻게 정리할 수 있을까?, 그 철학적 배경에 차이가 있다면 어떤 차이가 있을까?, 수학적 오개념과 오류는 인지심리학적으로 어떠한 메커니즘에 의해서 발생하는 것일까?, 수학적 오개념이나 오류를 발판으로 새로운 개념 습득이 가능할까?, 그 방법이 학교 수학 수업에서 다룰 수 있는 것인가? 등에 대해 끊임없이 질문하면서 학위논문의 연구 주제를 정할 수 있었다.

연구 주제를 선정한 다음, 연구 문제, 연구 내용과 방법을 연구계획서로 작성하였다. 지도교수님께서는 1차 연구계획서를 검토한 후 연구 내용 및 방법 등에 대해 날카로운 질문을 하셨고, 필자는 그 해결 방안을 찾으려고 노력하면서 연구계획서를 수정하였다. 이러한 수정을 여러 차례 반복한 후 연구계획서를 완성할 수 있었다. 이 과정에서 가장 기억에 남는 것은 수학적 오개념과 오류의 발생 메커니즘을 신피아제 이론에 기반하여 학습용량(capacity)과 L조작자, M조작자와 같은 심리학적 작동 요인과의 연결 가능성이 연구 내용과 방법으로 구체화된 점이다.

➲ 연구자를 위한 조언

논문 주제를 선정할 때는 내가 연구하고 싶은 분야를 정한 후 더 깊게 연구하고 싶은 연구 주제로 Zoom-In 하는 과정이 필요하다. 선행 연구에서 연구 문제와 연관성이 있는 참고문헌을 찾아 읽고 연구 문제를 수정하는 과정을 반복하면 내가 연구하려는 문제를 정교화하고 이를 바탕으로 연구 내용을 조직할 수 있다. 이 과정에서 중요한 것은 지도교수님께 연구한 내용을 정기적으로 말씀드리고 조언을 받는 것이다. 더불어, 참신한 관점에서 연구 주제에 대한 의견을 줄 동료 연구자와 학습공동체(학습커뮤니티)를 만들기를 권한다. 각자의 연구 문제와 관련된 문헌을 읽고 벤치마킹할 수 있는 부분 등을 발표하고 의견을 교환하면서 새로운 연구 동향을 알 수 있고 자신의 연구 주제 선정에도 도움을 받을 수 있다.

어떤 방법으로 연구할까?

필자의 학위논문은 문헌 연구의 성격이 강하다. 필자의 학위논문 구성은 기존 논문들이 이론적 배경에서 문헌 연구 결과를 제안하고 연구 방법을 작성한 후 연구 결과를 작성하는 방식과 다르다. 필자는 학위논문을 I. 서론, Ⅱ. 수학적 오개념과 오류에 대한 인식론적 고찰, Ⅲ. 수학적 오개념과 오류에 대한 인지심리학적 분석, Ⅳ. 수학적 오개념, 오류에 대한 인지심리학적 분석의 실제에의 적용 가능성, Ⅴ. 요약 및 결론으로 구성하였다. 문헌 연구의 성격이 강하므로 수학적 오개념과 오류에 관한 연구가 활발히 진행되기 시작하였던 1970년대 후반에 발표했던 논문부터 매우 많은 문헌을 읽고 정리하였다. 이때 정리한 논문이 모두 학위논문에 제시된 것은 아니지만, 각각 기존 연구와의 차별성을 알 수 있었다. 문헌 연구를 정리할 때는 수학적 오개념과 오류 연구를 관통하는 철학적, 인식론적 관점이 무엇인지 분류하는 작업을 하였는데, 이는 그 오류의 발생 원인과 기제를 분석할 수 있는 새로운 이론과 방법을 찾을 수 있는 기반이 되었다. 특히, 필자가 학위논문 주제를 정하고 문헌 연구 결과를 정리하면서 난관에 부딪힐 때마다 교수님께서는 연구 수행의 방향성을 잃지 않도록 조언해 주시고 관련 참고문헌을 소개해 주셨다. 교수님께 무엇보다 감사드리는 점은, 고등학교 교사로 시간을 자유롭게 못 내는 필자를 배려해 늦은 저녁 시간이나 소중한 주말에도 학교에 남아 수학적 오개념과 오류에 대한 새로운 접근이나 관점, 연구 방법을 함께 논의해 주신 것이다.

필자는 I~Ⅲ장까지 배경 이론과 그에 따른 필자의 연구 결과로 정리하였다. 이때 Ⅳ장에서 제시한 연구 전체를 관통하는 큰 분석의 틀인 '개념 변화'와 '개념 성장'의 관점을 I~Ⅲ장에도 적용하였다. Ⅳ장은 연구 설계 단계에서는 문헌 연구 결과만을 정리하여 학교 현장에서 적용가능한 수학적 오개념과 오류에 대한 교수·학습방안을 제안하려고 하였다. 그러나 지도교수님께서 문헌 연구 결과를 종합하여 수학적 오개념과 오류에 대한 새로운 교수·학습 모형을 제안하는 것에서 한 발 나아가 학교수학 수업에서 그 적용 가능성을 보여주는 것이 학문적 연구의 완성도를 높일 수 있다고 제안해 주셨다. 이에, 필자는 인지심리학적 분석에 기반한 수학적 오개념과 오류에 대한 지도 방안을 개념 변화와 개념 성장 교수·학습 모형으로 각각 제안하였다. 이때, 회고적 분석을 하는 Steffe, Thompson, & Glasersfeld(2000)의 교수 실험(teaching experiment) 연구 방법을 적용하여 중학생을 대상으로 반구조화된 인터뷰를 하였다. 교수 실험은 학위 과정에서 최신의 연구 방법을 배우면서 실제로 학교 현장에 적용해 소논문으로 작성 게재했던 경험이 다수 있어, 학위논문 작성 시 이 연구 방법론에 따른 연구설계와 수행은 어렵지 않았다. 필자가 학위논문을 작성하던 시기에는 연구윤리에 대한 심의과정이 없어, 연구자가 근무하는 학교의 교장, 교감, 연구에 참여하는 학생들에게 연구 결과가 도움을 줄 수 있음을 구두로 설명하면 교수 실험을 어렵지 않게 수행할 수 있었다. 또한, 지도교수님의 프로젝트에 공동연구원으로 참여하면서 수행했던 문헌 연구, 통계적 분석 외에도 다양한 연구 방법의 선정과 결과 해석 경험이 학위논문 작성에 무척 큰 도움이 되었다. 만약 지도교수님의 프로젝트에 참여를 제안받는다면 절대 놓치지 않기를 바란다. 연구 방법에 대한 통찰과 학문에 임하는 연구자의 자세를 자연스럽게 체화할 수 있기 때문이다.

마지막으로 교수 실험이나 설계기반연구 방법 등은 시간이 걸리는 점을 고려해 충분한 연구 기간을 설정해야 한다. 필자의 경우, 연구 수행 일정이 계획과 달리 약간 늦어지는 상황이 발생해 학위논문 심사를 받고 졸업하는 시기가 1학기 늦춰졌다. 교수 실험 중 새로운 개념을 탐구하는 개념 성장 교수·학습 모형은 중학교 3학년을 대상으로 설계하였다. 필자는 2학년 담당이었으므로 3학년을 담당하는 동료 수학 교사가 개념 성장 수업 모형을 적용한 수업을 하고 필자는 참여관찰을 하였다. 그러나 중학교 3학년 대상 교수 실험 결과를 분석하던 중 적용 방법에서 오류를 발견하였다. 급하게 먹는

떡은 체하기 마련인지 번아웃도 겪었다. 결국 개념 성장 교수·학습 모형을 대상 학년과 주제를 변경하여 새롭게 설계한 후, 다음 학기 필자의 수학 수업에 적용하였다. 필자의 경험에서 보듯이, 교수 실험은 가능하면 연구 의도를 파악하고 연구를 설계한 연구자가 직접 실험을 진행하는 것을 권한다.

➲ 연구자를 위한 조언

연구 방법은 연구 문제를 해결하기에 적합한 구체적인 연구 방법을 선정해야만 한다. 필자는 박사학위 과정 수강 과목을 공부하면서 통계처리 프로그램을 포함한 교육측정평가에 기반한 양적 연구 방법, 질적 연구 중 설계기반 개발 연구 등 여러 연구 방법을 실습하고 학교 현장에 적용해 그 분석 결과를 보고서로 작성하였다. 이때 가능하면 관심 있는 주제의 연구 문제를 설정하려고 노력하였다. 이러한 연구 방법론을 실제로 적용해 본 경험은 박사 학위논문 작성이나 이후 여러 연구를 수행할 때 큰 도움이 되었다. 연구 방법을 다양하게 활용하는 연구(pilot study)를 대학원 과정에서 수행해 보고 추후 학위논문에 도전하길 바란다. 또한 대학원생들의 학습커뮤니티를 통해 여러 논문을 읽으면서 지속적으로 발전하는 연구 방법을 이해하는 것도 필요하다.

연구 결과를 어떻게 나타낼까?

연구 주제를 결정하고 연구설계를 하고 연구 방법을 정하여 연구를 수행하면 연구 결과가 산출된다. 연구를 수행하는 과정에 우여곡절이 있기 마련이지만 이를 연구의 제한점으로 모두 작성할 필요는 없다. 또한 문헌 연구 결과를 논문으로 작성한다고 하더라도 읽은 논문이나 서적을 참고문헌에 모두 기록할 필요도 없다. 그러나 연구 문제에 따라 연구 결과를 작성할 때, 문헌 연구의 경우 관련 이론에 대한 숙지와 그 이론의 적용이 타당한지를 반드시 점검하면서 분석, 서술해야 한다. 또한 연구 문제에 따라 연구 결과를 서술할 때는 독자가 이해할 수 있는 수준에서 내용의 풍부함과 간결함의 중용을 잘 지켜 서술해야 한다. 필자의 경우, 연구 내용은 연구 문제를 벗어나지 않고 필요하다고 판단되면 모두 작성한 후 지도교수님의 검토를 받아 삭제하였다.

연구 수행 일정이 상대적으로 길었기 때문에 연구 내용이 방대한 편이었고, 논문 심사 과정에서 새롭게 연구 내용을 보충하는 것보다는 삭제하여 정리하는 방식이 연구 결과 정리에 도움이 된다고 판단하였기 때문이다.

박사학위 논문에서 연구 결과를 정리할 때는 논문의 구성이 중요하다. 기존 연구와의 차별성, 독창성을 강조하고, 논문을 전반적으로 관통하는 인식론적 관점이 잘 나타나도록 논문을 구성해야 한다. 필자는 서론에서는 수학적 오개념과 오류에 대한 보다 근원적이고 포괄적인 이해를 제공하는 연구의 목적과 배경, 연구의 필요성을 그간의 문헌 연구 결과에 녹여 차별성을 강조하여 작성하였다. 방대한 문헌 연구 결과를 모두 담을 수 없어 아쉬웠지만, 일부 문헌 연구는 기존 연구와의 차별성을 강조하면서 필자의 문제의식에 녹여 서론에 작성하였다. 그리고 일부 문헌 연구 결과는 Ⅱ장에서도 본문에 작성하기보다 <부록-1>의 표로 정리하였다. 이를 통해 독자가 논문 전반에서 말하고자 하는 일관된 주제를 명확하게 이해하게 할 수 있도록 하였다. 또한 논문의 핵심이라고 할 수 있는 Ⅲ장에서 Pascual-Leone의 신피아제 이론을 바탕으로 한 수학적 오개념의 인지심리학적 분석과 오개념의 원인 분석, 경험적 구조주의를 기반으로 수학적 오류에 대한 인지심리학적 분석과 오류 분류를 각 절로 구성하였다. 그리고 각 절은 배경 이론에 대한 간략한 소개와 본 연구의 주요 결과를 하위 소절로 구성하는 방식으로 구성하였다. Ⅰ장부터 Ⅲ장은 앞서 말한 것처럼 논문의 구성을 연구의 핵심 내용을 향해 점점 좁혀나가는 것처럼 논문의 장 구성을 하고, Ⅲ장은 이론과 그에 따른 분석을 함께 제시하여 논문의 논리적 흐름의 명료성과 가독성을 높이고자 하였다. 박사 학위논문 심사 과정에서 기존의 수학적 오개념과 오류에 대한 근본적인 원인을 인지심리학적 기제에 따라 통합하여 해석한 연구의 방향성과 결과 해석의 문제점이 없는지 등을 꼼꼼하게 검증할 때 논문의 이러한 구성 방식이 심사위원님들의 이해에 도움이 되었다는 평가가 있었다.

➲ 연구자를 위한 조언

필자가 대학교수가 된 이후 학위논문 심사를 할 때 읽은 논문에서 연구목적과 연구 내용이 구분되지 않는 경우가 종종 있었다. 이러한 문제점을 극복하기 위해서 연구 문제와 연구 결과를 염두에 두되, 학위논문 작성의 마지막 단계에서 연구의 필요성과 목적을 다시 한번 정리해 되돌아보기를 권한다. 또한 왜 이러한 연구 문제와 연구 결과를 도출하게 되었는지를 스스로 잘 정립한 후 연구 내용이 빈약하지는 않은지, 연구 내용이 간결하고 명확하게 정리하였는지를 성찰할 것을 권한다.

논문 심사는 어떻게 진행될까?

박사학위 수여 시 5회의 청구 논문에 대한 심사를 진행하던 시기에 필자는 논문 심사를 받았다. 4회에 걸쳐 논문 심사를 받았고 5차는 심사에 통과한 논문을 공개 발표 하였다. 논문 심사를 받기 전에 지도교수님께서 논문 심사위원회를 구성해 주는데, 이때 지도교수님께서는 논문의 성격과 내용, 향후 진로 등을 종합적으로 고려하여 4분의 훌륭한 교수님을 위촉해 주셨다. 또한 논문 심사과정 중에 지도교수님께서는 연구와 수업으로 바쁘신 와중에도 논문 심사 과정에서 수정한 논문을 매번 먼저 꼼꼼하게 읽고 검토해 주셔서 수정 논문의 완성도를 높여 주셨다. 정말 열과 성을 다한 지도를 받은 행복한 제자라는 생각에 항상 감사한 마음뿐이다.

1차 논문 심사에서 박사학위 청구 논문으로서 그 수준과 내용이 적합한지를 판단하기 때문에 논문의 내용을 전반적으로, 자세하게 설명하는 것을 권한다. 1차 심사에서 필자는 연구 내용을 2시간 동안 비교적 길게 발표하고 심사위원님들의 질문에 답을 하였다. 1차 심사용 PPT는 약 80여 장의 슬라이드로 준비했는데 예상보다 오래 발표했던 이유는 심사위원님들께서 오개념과 오류의 분석의 이론인 Pascual-Leone의 신피아제 이론과 경험적 구조주의에 대해 상세한 설명을 요청하셨기 때문이다. 1차 심사에서는 논문의 구성 체제와 전반적인 연구 내용에 대해 긍정적인 평가를 받았다. 하지만 비교적 생소한 인지심리학 이론을 바탕으로 수학적 오개념과 오류를 분석했으므로 논리적 빈틈이 나타나지 않았는지에 대한 점검이 있었다. 이때 필자가 놀랐던 것은, 논문 작성 과정에서 경험적 구조주의와 수학적 오류를 연결해 해석할 때 그 논리적 근거 제시를 어떻게 제시해야 이해하기 쉬울 것인지에 대해 고민하였는데, 이 부분을 심사위원님들께서 질문하고 그 해결 방안도 제안해 주신 점이다. 1차 심사에서 지적받은 내용은 다음과 같다.

- 학생의 증명과정에서 나타나는 수학적 오개념 분석 시 F조작자와 I조작자의 활성 및 처리 과정 중 정신력(Mp)와 정신요구량(Md)의 상충 관계를 바탕으로 상대적으로 오도된 과제에서의 개인차 발생 부분을 설명할 수 있는가?
- 경험적 구조주의와 수학적 오류 연결의 논리적 근거 제시가 충분한가?
- 경험적 구조주의와 Pascual-Leone의 신피아제 이론의 연결에 대한 이론적 근거는?
- 수학적 오류와 정신용량(SCS)의 요소 능력(인지 능력)의 관련성을 해석할 때 4장에서 제시한 개념 변화와 개념 성장 과정에서의 수학적 오류와 연결하여 해설할 수 있는가?
- 수학 학습과 인지능력의 수준차를 과제-특수한 수학적 기술의 관계를 구체적으로 해석 가능한가?
- 인지심리학적 분석과 개념 변화, 개념 성장 관점의 수업 모형과의 연결성을 구체적으로 제시할 수 있는가?
- 확률과 통계 단원에서 실시한 발견 수준의 개념 성장(미로 활동) 부분을 학위논문의 양이 방대하므로 삭제하는 것을 제안함

2차 심사는 약 25일정도 후에 진행하였다. 2주에 걸쳐 지적받은 내용을 중심으로 수정하고 지도교수님께 검토를 받았다. 그런 다음 심사위원님들께

수정한 논문을 보내드리고 일주일 후 2차 심사를 받았다. 2차 심사에서는 수정 보강한 내용을 중심으로 그 타당성을 검증 받았다. 특히, 1차 심사에서는 논문의 Ⅰ~Ⅲ장의 문헌 연구 결과에 대한 논리적 빈틈을 수정 보완하는 데에 초점이 있었다면 2차 심사에서는 Ⅳ장의 수학적 오개념과 오류에 대한 인지심리학적 분석 결과를 바탕으로 제안한 새로운 학습모형에 대한 검증과 관련한 사례 연구 내용을 꼼꼼하게 살펴 주셨다. 2차 심사에서 지적된 내용은 다음과 같다.

- 인지심리학적 분석에 기반한 수업모형 설계 관점은 무엇인가? 분석 결과를 바탕으로 능동적인 개념 변화와 개념 성장의 인지적 과정을 수업의 과정에 적용하기 위한 교수·학습 모형이 제시되었는가?
- 수업 모형을 학교수업에 실제 적용가능한 것인가? 즉, 사례 연구 결과 해석에 인지심리학적으로 오류 분류 기준을 적용하여 해석가능한가?
- 탐구 수준의 개념 성장 수업 모형 적용 사례 연구 결과 분석을 할 때, 학생들의 조별 학습공동체의 수준이 미치는 영향이 없다고 할 수 있는가?
- 각 장의 구성에서 소절의 제목을 짧게, 연구 핵심 내용에 맞도록 수정할 필요가 있음
- <표Ⅱ-1>, <표Ⅱ-2>, <표Ⅱ-3>에 제시한 수학적 오개념에 대한 장애/직관적 관점/대안적 개념의 관점에서 각각 정리한 다양한 선행 연구의 용어 정의는 [부록]으로 구성하고 오개념 범주 검사지도 [부록]으로 이동하는 것을 제안함

3차 심사에서는 2차 심사에서 지적받은 내용이 제대로 수정되었는지 그 내용을 검증받았다. 3차 심사에서는 논문 내용에 대한 수정 요청이나 지적은 없었고, 논문의 완성도를 높이는 세부 사항을 확인할 것을 제안해 주셨다. 연구 문제를 좀 더 명료하게 윤문해 주셨고 연구 내용에 비추어 각 장의

제목과 소절 제목의 일부 수정을 제안해 주셨다. 4차 심사에서는 3차 심사의 요청 사항이 반영되었는지를 확인한 후 논문이 심사에 통과되었음을 알려 주시면서 간단히 종료되었다. 4차 심사에서 "김부미 박사, 축하합니다."라고 심사 결과를 말씀해주실 때 가슴이 뛰던 그 순간은 아직도 인생에서 잊지 못할 순간으로 생생하게 기억하고 있다. 5차 심사는 최종논문을 함께 공부해왔던 대학원생들을 청중으로 공개 발표하는 것으로 진행되었다.

➲ 연구자를 위한 조언

박사논문 심사 과정은 그간의 연구에서 흘렸던 땀과 노력의 결실을 보는 과정이다. 심사가 거듭될수록 논문의 질이 향상되므로 가능하면 심사위원님들의 지적 사항을 모두 반영하여 수정할 수 있는 최선의 방안으로 정리하는 것이 중요하다. 상반된 의견이 나타난 경우는 심사 중에 절충안이나 주된 의견이 나타날 수 있도록 질문을 하는 것도 필요하다. 특히 1차 심사에서는 글로 표현하지 못했던 강조점이나 취지를 함께 전달하는 것도 필요하다. 왜냐하면 1차 심사를 통해 논문의 수정 방향을 정하고 연구 결과를 논리적 빈틈이 없도록 가장 크게 수정할 수 있기 때문이다.

끝나지 않는 여정

필자는 박사 과정을 시작할 때부터 수학교육 연구자의 길을 걷기 시작해 지금까지 연구자의 삶을 살고 있다. 학위 취득 후 학교 현장에서 교사 연구자로, 한국교육과정평가원의 연구원으로, 현재는 대학교수로 수학교육학 연구와 예비수학 교사를 양성하는 교육을 함께 할 수 있음에 감사하고 있다. 필자는 박사학위를 취득함으로써 우리나라 수학 교육과정과 교수·학습 및 평가에 관한 실효성 높은 연구를 수행할 기회를 가질 수 있었다. 대학에 몸담으면서 한국연구재단(정부)의 지원을 받아 <학업스트레스와 수학학습동기의 관계 및 수학 학습 동기 증진 방안 탐구>, <수학적 과정 중심 U-러닝 수업모듈 및 교사교육 프로그램 개발>, <집단창의성 발현을 위한 모바일,

온오프라인 연계 수학 학습 콘텐츠 및 시스템 개발>, <수학교과의 핵심역량인 협력적 문제해결 신장 방안 연구> 프로젝트를 성공적으로 수행하였다. 또한 지도교수님께서 대표저자로 저술한 '수학적 추론'이라는 저서의 일부를 집필할 수 있었다. 이 모든 것은 부족한 필자에게 늦지 않았다고 용기를 주면서 학문의 길을 열어주시고 한결같은 사랑으로 세심한 지도를 해주신 지도교수님이 계셨기에 가능한 일이었다고 생각한다. 앞으로도 지도교수님의 뜻을 받들어 수학교육학 연구와 교사 양성에 더욱 정진하는 모습으로 보답하고 싶다.

➲ 연구자를 위한 조언

필자가 생각할 때 박사 학위논문은 수학교육학의 발전에 족적을 남기는 대단한 성취이다. 그래서 박사학위 논문은 수년이 흐르고 스스로 다시 보더라도 후회가 남지 않도록 작성하면 좋겠다. 학위를 취득하게 된 동기나 목적은 저마다 다르더라도, 최선의 노력은 질 높은 학위논문이라는 열매를 맺게 하고 이후의 삶에도 영향을 미칠 수 있기 때문이다. 또한, 학위를 수여 받은 후 어떤 위치에서라도 스스로 수학교육을 고민하고 연구하는 삶의 길을 가고 있다는 것을 늘 의식하고 살았으면 좋겠다. 그리고 수학교육학에 발을 담그고 연구자로서의 가능성을 인정받았으므로, '이제 어떤 연구를 해볼까?', '수학교육학의 다른 세부 분야의 최신 연구 동향은 무엇일까?', '학위논문 주제를 더 발전시킬 수는 없을까?' 등 관련된 생각의 끈을 놓지 않았으면 한다. 이러한 생각은 여러분 자신만의 수학교육학의 연구의 여정을 시작하게 해 줄 것이다. 새로운 연구를 어려워 말고 꼭 도전해보길 기원한다.

유사성 관점에서 본 대수 문장제 해결 과정에 대한 사례연구

박현정

수학교육학 연구는 새로운 이론의 구성이다.

수학교육학 연구의 출발점에는 '수학을 공부하는 학생들'이 있다. 어떤 수학교육학 이론이라도 이를 떠나서 생각할 수 없다. 수학교실에서 교사가 어떤 수학교육학 이론을 적용하거나, 이론을 바탕으로 학생들의 사고나 행동을 해석하고자 할 때, 연구자로서 이론을 이해하고 해석하고자 할 때도 자신의 사고를 바탕으로 이론은 변형된다. 여기서 '변형'은 이론에 대한 구조적인 변화를 이야기하는 것이 아니다. 학생들의 배경에 따라 이론의 적용과정에서 다양한 설명이나 해석이 뒤따른다는 것이며, 연구자는 그 이론을 이해하기 위해서 자신의 언어로 해석하게 된다. 수학교사나 연구자는 이 과정이 없으면 어떤 이론도 적용이나 이해할 수 없다. 바로 그러한 과정을 새로운 이론의 구성이라고 본다.

필자는 2007년 2월에 '유사성 관점에서 본 대수 문장제 해결 과정에 대한 사례연구'라는 논문으로 수학교육학 전공의 문학박사 학위를 취득했다. 이 논문은 학생들이 문제를 해결하는 과정에서 활성화하는 지식에서 구성되는 유사성과 학생들의 사고에 대한 연구라는 점에서 학생들의 실제적인 문제 해결력 신장의 방안 모색했다는 의의를 갖는다.

논문내용 둘러보기

본 연구의 목적은 학생들이 대수 문장제를 해결할 때, 어떻게 해법에 대한 단서를 인식하며 적용하는지를 유사성의 관점에서 분석하고자 하는 것이다.

학교수학에서 교사들은 새로운 개념을 도입하거나 문제를 해결할 때, 학생들의 이전 지식이나 경험을 새로운 개념 이해나 문제 해결에 이용하기 위하여 유사성을 활용한다. 학생들도 유사성을 근거로 이미 알고 있는 개념을 사용하여 새로운 수학적 개념의 이치를 이해하려고 한다. 학교에서 다루는 문제는 대부분 이미 풀었던 어떤 문제와 비슷하지도 관련도 없는 완전한 새로운 문제를 다루는 경우는 거의 없으므로 문제 해결에서 유사성을 중심으로 하는 발견술 전략은 매우 중요하다. 따라서 문제 해결자가 주어진 문제와 이전에 경험했던 문제들 사이에서 해법에 관련된 유사성을 인식할 수 있는 능력은 성공적인 문제 해결 수행에 매우 중요하게 영향을 미칠 수 있다.

2007년까지 유사성에 관련된 연구들은 문제 해결의 성공과 관련하여 구조적 유사성의 역할을 강조하여 왔으며, 해법 단서에 대한 인식 과정에서 표면 유사성의 역할을 강조하여 왔다. 결국 문제 해결의 성공은 구조적 유사성을 인식할 수 있는가의 여부와 관련하여 설명될 수 있다. 그러나 문제 해결 과정에서 문제 해결자가 해법에 대한 단서를 인식하고 구조적 유사성을 구성하였음에도 불구하고 문제 해결에 실패하는 이유를 언급하는 연구는 없었다. 또한 문제 해결에서 학생들이 인식하는 유사성이 교사나 수학교육 연구자들이 바라는 발견술 개념의 유사성과 일치하는가를 고려한 연구도 없었다. 더욱이 문제 해결 과정에서 구성되는 유사성들은 대부분 학생들의 관점보다는 연구자들이 주어진 문제 자체나 해법에 대한 문제구조의 유사성을 문제 해결의 성공과 관련하여 서술하여 왔다는 점에 주목할 필요가 있다.

본 연구는 학생들이 학교수학에서 경험하는 대수 문장제를 해결하기 위해 해법에 관련된 지식을 어떻게 인식하고 적용하는가를 학생들이 구성하는 유사성의 관점에서 분석하고자 4명의 중학생들을 대상으로 사례연구를 실시하였다. 본 연구에서 서술되는 유사성은 표면 유사성과 구조적 유사성, 절차적 유사성을 포함한다. 연구 목적에 따라 결과적인 현상보다는 그 과정에 초점을 두고 대수 문장제를 해결하는 학생들의 사고 과정을 유사성의 관점에서 분석하고자 다음과 같은 세 가지 연구문제를 설정하였다. 첫째, 중학생들은 주어진 문제를 해결하기 위하여 해법의 단서를 인식하는 과정에서 구성되는 유사성들은 어떠한 것인가? 둘째, 중학생들이 해법의 인식을 근거로 해법을 구체화하는 과정에서 어떻게 유사성을 적용하는가? 셋째,

중학생들이 문제 해결에서 성공하거나 실패하는 경우, 그들의 사고 과정에 대한 특징은 유사성과 어떠한 관련이 있는가.

이상의 연구 문제로 연구 방향을 설정한 후에 연구자는 이론적 근거가 될 수 있는 유사성에 관련된 전이와 유추에 대한 이론적 고찰을 하였다. 그 다음에 질적 사례 연구 방법을 적용하여 학생들의 유사성의 구성 과정을 조사하고, 이를 기반으로 연구 문제를 분석하였다. 그 결과 이전 연구에서 찾을 수 없었던 학생들 관점의 분석이 수행되었으며, 학생들의 관점에서 구성되는 유사성과 교사나 연구자의 관점과는 다르다는 것을 발견하였다. 또한 학생들이 구성하는 구조적 유사성이 학생들의 이전 경험과 관련된 표면 유사성과 매우 관련성이 깊으며 그것은 문제 해결에서 해법을 찾는 과정에 항상 도움이 되는 것은 아니라는 것도 알 수 있다.

위와 같은 논문을 작성하기까지 필자가 겪었던 경험과 후배 연구자에게 하고 싶은 조언을 아래와 같이 제시해본다.

무엇을 연구할까?

1997년 CBS 기독교문화센터 수학교실 팀장으로 수학학습프로그램을 구성하고 실행하면서 내게 계속된 질문이 있었다. "도대체 학생들의 수학적 능력을 신장시키기 위해서 교사는 무엇을 해야 할까?" 또는 "교사는 학생들에게 무엇을 생각하도록 해야 할까?" 너무나도 일반적인 나의 질문을 학문적 기반을 바탕으로 해결하고 싶었다. 그래서 대학원에 입학을 하여 그 질문에 대하여 생각을 했다. 수업을 듣고 논문을 보면서 내 질문은 변하기 시작했다. "문제를 해결하는 과정을 학생들은 어떻게 경험하는 걸까?", "수학 개념을 학습할 때, 학생들의 행동을 어떻게 이해해야 하는 걸까?"로 말이다. 학생들을 만나서 그들의 생각을 듣고 내가 판단하는 그런 일반적인 경험만이 아닌 체계성을 가진 연구로 답을 찾고 싶은 열정이 '수학교육학'의 문을 두드리게 했다. 그 열정은 석사 과정과 박사 과정의 수업 중 문헌을 고찰하는 과정에서 대학원을 처음 입학할 때 가지고 있었던 나의 질문을 떠올려보곤 하게 했다. 처음으로 연구 문제를 설정하고 해답을 찾기 위한 '연구'라는 것을 처음 접하게 된 것은 석사논문을 쓰면서였다. 나의 질문에 대한 본질이 조금 드러나기 시작한 것은 Vinner(1997)의 "The pseudo conceptual and the pseudo analytical thought processes in mathematics learnings"을 만나면서부터다. 교사들은 겉으로 드러나는 학생들의 행동을 보고 그 행동이 정답이면 학생들의 사고 과정도 교사가 기대하는 올바른 이해인 참지식(true knowledge)에 의해서라고 판단하는 것이 일반적이지만, 그러한 행동은 교사로부터 인정받기 원하는 학생들의 의사지식(pseudo knowledge)에 의해서도 나타날 수 있다는 연구였다. 그 논문을 보면서 학생들이 주어진 개념이나, 정리, 문제를 어떻게 이해하고 있는가에 대하여 교사들이 파악하는 것이 중요함을 명확하게 문장으로 정리할 수 있게 되었다. 나아가 학생들의 행동과 사고 과정의 원인과 특징을 Vinner(1997)의 연구를 바탕으로 분석하는 연구 문제를 설정하게 되었다. 하지만 단지 하나의 관점으로 학생들의 사고 과정에 대한 이해가 마무리될 수는 없었다. 보다 심층적이고 본질적인 나의 질문이 구성되지 않았다는 것을 대교연구소에 입사하고 대교연구소에서 프로젝트를 실행하면서 자각할 수 있게 되었다. 그래서 박사 과정을 결심하게 되었다. 내가 지금까지 찾고자 했던 학생들의 사고 과정에 대한 이해는 학생들이 수학문제를 해결할 때, 이전 경험을 이용하여 유용하게 구성되는 유사성(similarities)이 무엇인지에 대한 연구로 구체화되었다. 이렇게 하여 석사논문에서 의사 개념적 행동과 사고 과정에 대한 분석으로 그쳤던 연구가 박사논문에서 의사 분석적 행동(문제 해결)과 사고 과정에 대한 연구로까지 확장되고 연결될 수 있었다.

➲ 연구자를 위한 조언

연구자 자신에게 "무엇을 알고 싶고, 무엇을 찾고자 하는가?" 와 같은 질문은 석박사 과정에서 참여하는 수업이나 문헌 연구과정에서 계속되어야 한다. 연구자 자신이 찾고자 하는 '그것'이나 '답'을 관련된 수업이나 논문 등과 계속 연결하여 질문을 하는 시간이 필요하다. 그 시간은 연구자가 마음 깊이 가지고 있는 궁극적인 질문과 답을 만날 수 있게 할 것이다.

어떤 방법으로 연구할까?

박사 과정에서 이수하는 학점이 늘어날수록 논문 고찰과 문헌 연구의 양은 쌓여간다. 하지만 그 시간들의 가치가 논문을 쓰기 위한 연구와 연결되기 위해서 문제 제기는 계속되어야 한다. 논문을 위한 이론 연구가 이어지면서 연구 문제가 설정되고 이러한 연구 문제나 연구목적을 위하여 파일럿 연구는 선택이 아니라는 것을 경험하게 된다. 처음 정한 나의 주제는 "학생들은 자신의 수학적 지식을 어떻게 문제 해결 과정에 전이하는가?"였다. 이를 위해서 질문지를 만들고 사례연구를 설계하였다. 이 실험은 나의 박사논문 작성을 위한 것이었다. 질문지를 만들어 세 학급에 시행하였고, 4명의 학생을 대상으로 사례연구를 진행했다. 수행 결과, 명확하지 않은 것이 보였다. 즉 지식의 전이를 설명하는 그 과정에 대한 명확화가 어려웠다. 전이되는 지식이 어떤 키워드를 말하는 것인지, 아니면 구조인지, 그리고 그것을 정당화하는 명확한 틀을 꺼내는 것이 어려웠다. 깨달은 것은 양적이든, 질적이든 연구자가 무엇을 연구하고자 하는 것이 명확한가에 대하여, 그리고 그 가치를 생각하기 위해서는 반드시 파일럿 연구가 먼저 이뤄져야 하며, 그 과정은 그만큼 가치 있는 시간이라는 점이다. 매 번 한 단계 나아가는 과정에 지도교수님의 말씀이 있었다. 첫 시도였던 실험 연구는 파일럿 연구였고, 그 이후 다시 이뤄지는 이론연구들은 파일럿 연구 결과 해석과, 나아가 학위 논문 작성을 위한 기본이 되었다. 특히 이전에 읽었던 논문이나 문헌들이 한 줄로 엮여지는 것을 경험하게 되었다. 그 과정에서 Polya(1964)와 Schoenfeld(1985)가 문제 해결 전략으로 제시한 이전 문제 해결의 경험에 대한 연결, 즉 유사한 문제들이란 문장이 전과 달리 뇌리를 떠나지 않았다. "인간의 문제 해결 수행"을 이해하기 위해서는 개인적 관점을 갖는 것이 필수적임을 강조한 Schoenfeld의 기록을 다시 읽게 되었다. 각 학생이 알고 있는 것, 믿고 있는 것, 또한 참이라고 생각하였던 것에 대하여, 그리고 정보가 어떻게 조직되며 접근하게 되는지를 연구하는 것이 중요하다고 한 기록이다. 그 결과, 필자는 학생들이 문제 해결 과정에서 구성하는 유사성에 대한 개인적 관점과 구성 과정이 해법에 미치는 영향에 대한 심층적인 분석을 위하여 사례 연구가 적합하다고 판단할 수 있게 되었다.

➲ 연구자를 위한 조언

박사 논문을 쓰기 위해 이론적 고찰과, 연구를 위한 파일럿 연구는 반드시 필요하다. 파일럿 연구 이루 다시 이론 연구를 시작하면 지금까지 읽었던 문헌이나 질문에 대한 답을 찾게 되는 선물과 같은 시간을 만나게 된다. 이렇게 이론 연구는 분리된 나의 생각과 의도의 조각들을 이어갈 수 있게 한다.

연구는 어떻게 수행했는가?

필자의 연구는 사례연구였다. 물론 왜 사례연구를 수행하여야 하는가는 연구 문제나 연구 목적에 의하여 결정되는 것임을 앞서 이야기하였다. 그렇다면 "누구를 대상으로 어떤 과제로 진행하여야 하는가?"라는 중요한 과제가 남는다. 연구에 적합한 의미 있는 자료를 수집하기 위해서는 의도적 표본추출 전략이 수반되는 경우가 대부분일 것이다. 즉 의미 있는 적절한 사례를 찾기 위한 기준이 마련되어야 한다는 것이다. 누구를 면담하고 무엇을 관찰할 것인지 결정하기 위한 기준도 필요하다. 필자의 연구는 어떤 교수·학습방법에 대한 효과를 검증하는 것이 아니라, 학생들의 문제 해결에 대한 사고 과정을 유사성의 관점에서 이해하는데 목적이 있다. 이와 같은 연구의 목적은 연구를 위한 사례선정의 기준과 연결되어야 한다. 필자는 연구 목적을 위하여 학생들이 이전에 경험한 문제와 구조나 표면 정보가 다른 문제를 해결하는 과정에서 해법에 대한 지식을 인식하고 적용하는 과정을 표면적 구조적, 절차적 유사성의 관점에서 분석해야 했다. 따라서 학생들은 필자의 연구과제를 학습한 상태여야 했고 주어진 문제를 해결할 수 있는 능력이 있어야 했기에 너무 상위권이거나 하위권 학생들의 경우는 제외해야 했다. 따라서 의미 있는 자료를 수집하기 위해 중위권학생들로 선정하였다. 필자는 연구과제로 '일차방정식과 연립일차방적식의 활용'에 해당되는 문장제를 선정하였기에 의도적 표본 추출 전략을 사용하여 이에 대한 학습이 이뤄진 중학교 2학년의 중위권 학생들로 선정하였다. 또한 문제 해결 과정에서 해법을 구성하는 전략이나 방법이 동일하지 않은 학생들을 연구 대상자들로 구성하기 위하여 미리 연구 대상자의 후보를 구성하여 문제 해결에 대한 풀이 과정을 조사하였고, 연구 대상자 후보들의 중학교 1, 2학년 성적도 고려하였다. 물론 이 모든 과정은 해당 중학교 2학년 수학 교사들에게 본 연구의 목적과 연구 문제, 그리고 본 필자의 개념적 틀에 대한 설명을 상세히 하고 본 연구에 적합한 사례를 찾을 수 있는 연구 대상자의 후보를 추천 받은 후 이뤄졌다. 연구를 시작하기 전에 학생의 연구 참여에 대한 동의를 담당 수학 교사를 통하여 부모의 동의를 구두로 받아 진행하였다.

필자는 이러한 과정을 통하여 선정된 연구대상자들 4명을 대상으로 검사과제를 수행하고 면담을 하는 과정을 모두 기록(오디오, 메모 등)하였다. 학생들의 과제 해결 기록, 풀이 과정이 없는 경우도 그 이유를 구두로 연속적으로 질문하여 연구 대상자들의 기록이 무엇을 의미하고 의도가 무엇인지를 파악하였다. 필자는 안내자나 조력자가 아닌 관찰자로서 역할을 하였다.

➲ 연구자를 위한 조언

연구 목적이 명확화 되고 실험이 필요한 연구인 경우에는 연구 대상자를 선정해야 한다. 이때 적합한 사례를 선정하기 위해서는 의도적 표본 추출 전략의 근거를 마련해야 한다. "무엇을, 왜 연구할 것인가?"에 대한 대답과 "어떻게"에 대한 대답에 응하는 대상을 선정해야 한다.

연구 결과를 어떻게 나타낼까?

필자의 연구는 대수 문장제 해결 과정에서 인지적으로 학생들이 구성한 유사성이 문제 해법을 구하는 과정에서 어떠한 역할을 하는지에 대한 심층적인 분석을 목적으로 하였다. 연구의 핵심은 학생들이 구성하는 유사성의 관점에서 문제 해결 과정에 대한 메커니즘을 이해하는 것이었다. 이를 위하여는 수집된 자료들을 분석하기 위한 방법과 개념적인 요소들이 필요하다. 즉 분석 전에 이론적 연구를 통하여 미리 마련한 분석틀이 필요하다. 하지만 그것만으로는 심층적인 연구를 다할 수 없다는 것을 분석과정에서 알게 되었다. 이를 해결하기 위하여 적용한 방법은 사례연구 자료에 대한 행간 심층분석(line-by-line microgenetic analyses)이었다. 이 방법은 연구 대상자들의 지식과 인지적 활동에 대한 중요한 의미를 해석하고 추측할 수 있도록 하는 방법이다. 이를 위하여 내러티브 기술을 사용하고 그 사례 내의 주제를 제시하고 내용을 세밀히 분석하는 사례 내 분석(within-case analysis)과 각 사례들에 걸쳐져있는 주제들을 조직적으로 분류하고 범주화하기 위한 사례 간 분석(cross-case analysis)을 사용하였다. 일차적으로는 정성적 자료 분석 방법을 사용하여 미리 나눈 요인들을 근거로 하여 분석틀을 만들고 학생들의 행동들을 동일시하여 코딩하여 분석하였다. 하지만 학생들이 구성하는 유사성들을 인식과 적용과정으로 구분하여 볼 때, 미리 준비한 분석틀의 요인만으로는 문제 해결의 인지 과정을 특성화할 수 없었다. 따라서 물리학에 대한 학습과 이해에 대한 지식 체계를 설명하는 것으로 인식되는 '구성요소로서의 지식(knowledge in pieces)이라는 diSessa(1993)의 인식론적인 관점을 본 사례연구에 적용함으로서 학생들의 사고 과정을 보다 심층적으로 이해할 수 있었다. 하지만 필자는 diSessa(1993)의 인식론적인 관점을 적용하여 본 사례연구의 분석 방법에 대한 한계를 벗어나기 위하여 다음과 같은 질문에 대한 답을 찾아야 했다. 표면적 유사성과 구조적 유사성의 구성을 위한 직관적인 아이디어는 어떻게 형성되는 것이며, 절차적 유사성의 구성 과정은 어떻게 조직화되는 것인가에 대한 답을 말이다. 먼저 직관적인 아이디어가 어떻게 학생들에게 형성되는가에 대한 답을 찾아야 했다. 바로 이 문제가 첫 번째 논문 심사에서 부딪힌 관문이었다. 늦은 오후에 이뤄진 논문 심사 결과, 주어진 가장 큰 과제였다. 저녁이 되서야 심사가 끝났고, 홀로 심사실 바닥에 주저앉아 눈물을 흘렸던 기억이 바닥에 떨어진 과자 부스러기와 함께 진하게 남아있다. 그 날 이후 매일 내러티브 기술과 이론 연구를 다시 이어갔다. 그 결과, "어떤 상황에서 어떤 객체나 대상들의 특성들에 의해 만들어진 특정 활동에 대한 지원(Gibson, 1979/1986)"이라는 의미를 가지는 '어포던스'가 사례연구 분석을 위한 요인으로 적용할 수 있음을 깨닫게 되었다. 학습된 활동이 다른 새로운 상황에서도 일어나기 위해서는 상황은 변형되었지만 그 상황 내에 있는 개인의 상호작용은 변하지 않을 때 가능하다는 Greeno et al.(1993)의 연구에서, 변하지 않은 것을 유사성으로 해석할 수 있었고, 이러한 유사성을 지원하는 개념을 어포던스로 해석하면서 나의 답을 찾을 수 있었다. 이것은 전통적인 인지심리학자들이 변화되지 않은 활동의 역할을 강조한 설명과는 다른 것이었다는 것을 구체적으로 설명할 수 있었다.

➲ 연구자를 위한 조언

사례 연구 결과에 대한 분석 및 결과 제시를 위한 방법으로 일련의 분석틀이나 개념은 반드시 필요하다. 하지만 연구 설계 과정에서 마련하였던 분석틀은 고정된 것이 아니라 얼마든지 또 다른 발견으로 수정될 수 있다. 이를 위하여 연구자의 사고는 항상 열려 있어야 하며 유연해야 한다.

논문 심사는 어떻게 진행될까?

논문 심사는 본 연구의 가치가 더해져서 세상으로 나가기 위한 과정에 요구되는 필수적인 관문이다. 심사 과정에서 긴장, 경직, 바닥으로 떨어지는 낙하의 경험도 필수였던 것 같다. 4개 또는 5개의 문을 열고 통과하고 다시 열고 통과함을 거쳐야 한다. 마치 스핑크스가 제시하는 수수께끼를 해결해야 하듯 힘껏 문을 통과할 때 마다 선물을 만났다. 필자의 경우, 정리하고 분석하면서 생각하지 못했던 것들을 만나게 되고 이를 해결할 수 있게 되었다. 또한 그 모든 과정을 거칠 수 있었던 이유의 한 가운데에는 지도교수님이 계셨다.

➲ 연구자를 위한 조언

아무리 열과 성의를 다하여 논문을 썼다고 해도 논문 심사에서 만나는 좌절과 슬픔은 피할 수 없다. 아니 피해서는 안 될 것이다. 바로 그 힘듦의 시간들은 연구자의 논문을 더욱 발전시킬 수 있는 기회이기 때문이다. 그 노력의 순간들은 이론과 이론의 연결을 더욱 단단하게 하고, 잘못된 연결을 찾을 수 있는 시간이며, 숨겨진 의미를 찾을 수 있는 시간이다. 따라서 연구자는 무너졌던 순간의 가치를 알아차리고 벌떡 일어나 그 값진 기회를 잡아야 한다.

끝나지 않는 여정

박사 학위를 받는 다는 것이 필자의 길에 어떤 커다란 변화를 약속받는 것은 아니라고 생각한다. 단지 이 분야에서 필자가 가지게 되는 질문에 대한 답을 스스로 구성할 수 있다는 것까지라고 본다. 하지만 박사 논문을 작성하고 발표하는 과정과 그 일은 분명 의미 있는 일이고 도움이 되는 일이라는 생각에는 변함이 없다. 무엇보다도 필자는 나의 연구 경험을 살려 교육에 적용하고 변화시켜 나갈 수 있다는 것에 행복과 재미를 느끼고 있다. 수학교육 연구자로서, 또 다양한 표현 방법으로 수학교육을 실행하는 현장 교육자로서 그동안의 연구와 노력이 다양한 결실을 맺었고 지금도 끊임없는 구성을 이어가고 있기 때문이다.

필자의 머릿속에는 "학생들이 자신의 수학능력을 신장시키기 위하여 어떤 경험을 해야 할까?"라는 질문을 계속하고 있으며, 이를 위한 책을 집필하는 작업을 이어가고 있다.

수학교육은 반드시 수학교실에서만 일어나는 것은 아니다. 학생 본인이 읽는 책이나 수학 문제를 푸는 과정에서도 가능하다. 필자는 그동안의 연구와 교육 경험, 그리고 현재 진행하는 실험연구의 결과를 바탕으로 새로운 책을 집필하고 있다. 이 모든 과정은 박사논문을 쓰기 위한 과정이 없었다면 불가능했을 것이다.

➲ 연구자를 위한 조언

박사과정을 선택하고 박사논문을 쓰는 모든 과정이 연구자에게 정말 중요한 연구문제 구성과 실천, 그리고 탐구의 과정이 되길 바란다. 단지 왜 그럴까, 궁금하다, 변화시킬 방법은 없을까와 같은 질문을 수수께끼로 두지 않고 자신만의 탐구와 연구방법을 찾아서 그 답을 찾아가는 과정으로 즐기며 가치를 찾길 바란다. 그 과정에서 경험하는 노력과 좌절, 행복은 그 이후 수학교육과 관련된 연구자의 선택과 행보에 의미를 더할 것이라고 생각한다.

수학영재의 창의적 생산력 신장을 위한 학습 지도 및 평가에 관한 연구

김기연

수학교육학 연구는 수학교사로서 밟고 설 수 있는 든든한 주춧돌을 놓는 것이다.

교사로서 수학교육학을 연구한다는 것은, 수학교육의 현장에서 힘을 받기 위한 바탕을 마련하는 것이다. 수학을 학교수학으로써 다루기 위한 기술과 경험의 바탕이 필요하기 때문이다. 현장에서 학생들과 씨름하다 보면 수업과 평가, 학생과의 의사소통 과정 등 모든 교육활동에서 현장경험뿐만 아니라 이론적 뒷받침이 필요함을 절실하게 깨닫게 된다.

수학을 스스로 답을 구상하고 상상하며, 문제해결의 과정을 고민하여 설계하고, 상상한 것을 실현시켜 볼 수 있는 사고(思考, thinking)의 집짓기라고 한다면, 수학교육은 학생들의 집짓기가 가능한 일이 될 수 있도록 터를 다지고 길을 살펴 주는 조력의 과정이 아닐까 한다. 상상과 사고의 세계에서 자신만의 집을 지어내기까지는 오랜 준비의 시간과 많은 시행착오를 거칠 수밖에 없고, 중간에 포기하지 않도록 지켜봐 주고 도와줄 수 있는 조력자가 필요하다. 조력자로서 교사는, 학생들이 스스로 상상하고, 생각하고, 해결해 가는 과정을 지켜봐 주고 기다려 줄 수 있어야 할 것이다. 그들이 지어낸 집은 형태도, 기능도, 아름다움도 제각각이겠지만 교사는 그 각각의 가치와 노력을 인정해 줄 수 있는 든든한 지지자여야 한다.

필자가 수학교육과 교사의 역할을 위와 같이 정의하게 된 데에는 아마도 지도교수님의 영향이 가장 크지 않았을까 한다. 되돌아보면 교수님은 속도가 더딘 필자를 다그치거나 직접 답을 쥐어 주신 적은 한 번도 없었다. 대신 '이런 주제에 관심이 있습니다.'라고 하면 함께 그 주제에 대해 고민해 주시고 새로운 자료나 도움이 될 만한 자료를 마주할 때엔 그 제자의 고민을 떠올려 주셨다. 교수님의 연구 자료를 찾기 위해 다른 대학의 도서관에 가셨다가 필자의 관심 주제에 관한 논문을 찾았다고 전화주셨던 일은 벌써 20여 년 전의 일이 되었지만 아직도 너무나 생생하게 떠오른다. 또 혼자서 공부하겠다고 마음 먹은 책이 너무 어려워서 '이런 점이 어렵습니다. 도와주세요.'라고 도움을 청했을 때, 매주 시간을 내어 세미나를 해 주셨던 것도 잊을 수 없는, 형언하기 어렵도록 감사한 일이다. 속도가 더뎌도, 때론 게으름을 피워도 노하시거나 나무라시는 일이 없었지만, 그렇게 관심 가져 주시고 살펴 주시는 것을 알고 있었기 때문에, 마음 한 켠에는 결코 멈추거나 포기하지 않아야 한다는 다짐을 하게 만드셨다. 힘든 일은 힘든 일대로, 즐거운 일은 즐거운 일대로, 함께 울고 웃으면서 마음을 나누고 이야기할 수 있는 어른으로 제자에게 곁을 내어 주신 것이 얼마나 감사한 일인지 모른다. 지켜봐 주고, 기다려 주되, 끝까지 목적지에 도달할 수 있도록, 포기하지 않도록 버팀목이 되어 준다는 것, 교사가 되어 학생들을 지켜보면서 그게 얼마나 어려운 일인지를 지금도 깨달으며 살고 있다.

필자는 2008년 2월에 '수학영재의 창의적 생산력 신장을 위한 학습 지도 및 평가에 관한 연구'라는 논문으로 수학교육학 전공의 문학박사 학위를 취득했다. 이 논문은 영재교육의 목표에 대한 고찰을 바탕으로 수학영재교육에 적용할 수 있는 수학영재의 창의적 문제해결 모델을 개발하고 현장교육에 적용할 수 있는 평가의 준거를 마련하였다는 데에 있어서 의의를 갖는다.

논문내용 둘러보기

교육목표는 모든 교육 활동의 방향을 제시하는 이정표이기 때문에 교육 활동의 출발점은 교육목표에 대한 이해와 확인이라고 할 수 있다. 영재교육도 다르지 않은데, 필자가 연구와 현장 교육에 임하고 있던 당시는 공교육 체제 안에서의 영재교육이 시작되던 시기로 영재교육의 목표 중 하나인 '창의적 생산력의 신장'에 있어서, '창의성'과 '창의적 생산력'의 개념에 대한 이해가 절실했었다.

이에 수학영재교육의 관점에서 창의적 생산력 신장이라는 교육목표의 이해와 실현을 위한 교수 학습의 이론적 기반을 마련하고, 수학영재의 창의적 생산력 신장을 위한 교수 · 학습에 대한 이론적 고찰을 토대로 실제 교육 현장에 적용 가능한 학습 · 지도 및 평가의 틀을 개발하여 교사와 학생 모두에게 분명한 방향을 제시하고자 연구를 실시하였다.

학위 논문에서는 우선 창의성의 개념을 탐색하고 학교 현장에서의 수학적 창의성이란 어떤 의미를 가지는지를 고찰하였다. 수학적 창의성, 수학영재의 창의적 문제해결 과정과 창의적 생산력, 산출물에 대한 이론적 고찰과 조작적 정의를 위하여 다음과 같은 주제에 대해 연구하였다.

① 수학영재에게 요구되는 수학적 창의성이란 어떤 것인가?

이 주제에 대하여 학교 교육을 바탕으로 한 공교육 체제 안에서의 수학영재교육의 방향에 대해 알아보고 수학영재에게 요구되는 수학적 창의성의 개념을 탐색하였다.

창의성이란 한 마디로 정의하기 어려운 추상적이고 모호한 것이었기 때문에 이론적으로도 하나의 정의로 수렴되기 어려운 개념이다. 따라서 이론적 개념을 탐색할 때에도 창의성의 완성된 정의가 아니라 창의성이 발현될 수 있는 조건이나, 요소, 환경이 무엇인지에 집중해야 했다. 창의성의 개념 탐색을 바탕으로 수학적 창의성과 수학영재의 수학적 창의성으로 범위를 한정지어 나가면서 수학영재에게 필요한 수학적 창의성과 창의적 생산 활동에 대해 연구하였다. 수학적 창의성이란 그것을 발휘하는 주체가 누구냐에 따라 수준과 깊이가 다르게 요구되기 때문에, 수학적 창의성의 발현 과정과 조망을 통해 수학영재의 수학적 창의성에 대해 살펴보았고 이에 따라 학문으로서의 수학과 학교수학의 경계를 오갈 수 있는 수학영재의 수학적 창의성을 정의하기 위해 포함되어야 할 요소가 무엇인지를 살펴보았다.

② 수학영재의 창의적 생산력을 구성하는 요소에는 무엇이 있는가?

– 수학영재의 창의적 생산력의 요소 모델을 어떻게 구상할 수 있는가?

수학영재의 창의적 생산력을 신장한다는 교육 목표를 이해하기 위해서는 창의적 생산력이 무엇인지를 규정해야 했다. 이를 위해 창의적 생산력의 구성 요소를 인지, 수행, 메타 조정 능력으로 제시하였고 그에 따른 창의적 생산력의 발현 과정을 모델로 제시하였으며 수학영재의 창의적 생산력은 학습자가 인지-수행-메타 조정 능력을 효과적으로 적용 · 조정하여 문제해결 과정을 능동적으로 조직, 운영함으로써 창의적 산출물을 만들어 내고 표현하는 능력으로 정의하였다.

③ 수학영재의 창의적 문제해결 과정은 일반적인 문제해결의 과정과 어떻게 구별될 수 있는가?

– 수학영재의 창의적 문제해결 모델을 어떻게 구상할 수 있는가?

이 주제에 대하여 창의적 문제해결(CPS)에 대한 선행 연구 고찰을 바탕으로 수학영재에게 요구되는 역량과 문제해결의 요소-예비수학적 활동 영역, 자료 탐색, 수학적 검증 및 표현 등-를 반영한 수학영재의 창의적 문제해결 모델(MG-CPS)을 개발하여 제안하였다.

④ 수학영재의 창의적 산출물은 무엇이며 어떻게 평가할 수 있는가?

– 창의적 산출물에 대한 평가 및 분석 방법은 무엇인가?

이 주제에 대하여 창의적 산출물에 대한 선행 연구 고찰을 기반으로 수학영재교육에서의 창의적 산출물이란 학습자가 창의적 생산력을 발휘하여 만들어 내는 것으로 문제해결 과정을 기반으로 각 절차별로 유 · 무형의 다양한 요소로 구성되며 산출 과정 및 최종 결과가 언어적 진술이나 기록을 비롯한 다양한 표현 방법에 의해 결과물의 형태로 완성된 것으로 정의하였으며 수학영재의 창의적 산출물의 평가틀을 인지능력, 수행능력 및 메타 조정 및 총괄의 세 축으로 구성하여 창의적 문제해결 과정과 결과에 대한 평가 및 분석 방안을 제안하였다. 또한 MG-CPS 모델의 절차에 따른 평가 영역, 산출물 요소 및 평가틀에 의한 평가준거를 제시하여 학생들의 문제해결 과정과 결과를 관찰, 분석, 평가할 수 있도록 하였다.

마지막 장에서 이론적 고찰을 바탕으로 수학영재교육의 목표 이해와 방향을 수립하고 이를 현장 교육에 적용하기 위한 사례 연구를 실시하였다.

서울시 교육청 산하 영재교육원에 재학 중인 중학교 2학년 학생들의 '다각형의 무게중심'에 대한 탐구 과정을 지도하면서 연구한 이론을 실제 학습 · 지도 과정에 적용할 수 있었고 학생들이 이 과정을 통해 수학적인 탐구 역량의 신장뿐만 아니라 수학적 창의성과 창의적 생산력 신장의 측면에서도 괄목할만 한 성장을 보여주었다.

위와 같은 논문을 작성하기까지 필자가 겪었던 경험과 후배 연구자에게 전하고 싶은 조언을 아래와 같이 제시해본다.

무엇을 연구할까?

자신의 위치와 역할이 무엇이냐에 따라 연구 주제와 방법, 목적과 필요성은 달라질 수 있다.

연구를 위한 이론이 아니라 실제 교육 현장에 적용할 수 있고 교사와 학생뿐만 아니라, 학부모, 지역사회 구성원, 교육 행정가 등 교육의 한 축을 담당하는 사람들에게도 실질적인 도움이 되거나 가이드라인을 제시해 줄 수 있는 이론을 연구하는 것도 필요하다.

필자는 이론 연구자로서의 역할보다 학교 현장에서 학생들을 직접 가르치는 교사로서의 역할에 더 방점을 두었다. 현장에서의 교육 활동은 이론과 동떨어진 상황을 맞닥뜨리는 경우가 빈번하고, 이론가들의 가설이나 주장이 현장에 적용하기엔 너무나도 딴 세상 이야기라는 생각을 하게 되는 경우가 종종 있다. 교육 현장의 상황을 먼저 고려하지 않고, 새로운 이론을 적용한 교수 · 학습이나 평가 방안을 학교 현장에 도입하려는 정책을 실시하거나 현장 컨설팅을 제시하려고 하게 되면 결국 이론과 정책은 이상일 뿐, 그 이상을 실현하는 현장 상황도 제대로 모르고 공허한 이야기를 하는 것이라는 반목과 갈등에 직면하게 된다. 이러한 반목과 갈등은 결국 현장의 변화로 이어지지 않고 오랜 시간과 노력을 기울인 연구가 그저 연구로 끝나야 하는 안타까운 결과로 종결될 수 있다.

수학교육의 바탕이 되는 이론을 연구하는 연구자도, 학교 현장에서 교육을 실현하는 교사도 각자의 중요한 역할이 있지만, 각자의 영역에서 제 역할을 다 해내기 위해서는 분명 이들을 연결해 줄 수 있는 다리 역할을 할 사람도 필요하다. 그러다 보니 이론 연구와 현장 교육의 경험을 모두 해 본 교사로서 자연스럽게 실제 수업과 학생 지도와 연결이 될 수 있는 이론 연구의 필요성을 강조하게 되었다.

필자는 교사로서 학생들을 가르치는 데에 도움이 될 수 있는 이론을 연구하고 싶었고, 수학교육과 영재교육이라는 화두에 관심이 많았기 때문에 학위 논문의 주제를 수학영재의 창의성과 창의적 생산력으로 정하게 되었다.

무엇을 연구할 것인가를 결정할 때에, 내 위치에서, 나의 역할에서 무엇이 필요하고 어떤 것에 관심과 지적 호기심을 가지고 있는지를 먼저 생각해 보는 것이 연구 주제 선정에 있어서는 도움이 될 것이라고 생각한다.

관심 분야에서 지적 호기심을 충족시켜 주는 연구 주제를 선정하는 것 또한 연구의 즐거움 중 하나이기 때문에, 석사 논문과 박사 논문 모두 기존의 연구가 많지 않은 주제들에 끌렸었다. 석사 논문의 주제도 수학교육과 대안평가로서의 개념도(concept map)를 선정했는데, 과학교육과 달리 수학교육 분야에서는 선행 연구 자료가 많지 않았지만, 수학교육의 영역에 적용해 보고자 하는 새로운 시도를 할 수 있는, 가치 있고 즐거운 연구의 경험이었고 박사 논문의 주제도 아직 정립되지 않은 개념을 정의하는 것이었기 때문에 필자만의 새로운 영역을 만들어 나간다는 즐거움을 누릴 수 있는 시간이었다. 새로운 주제를 다룬다는 것은 연구의 타당성을 뒷받침할 만한 근거를 찾는 것이 관건이었고 실제로 필자가 정한 연구 주레에 합당한 문헌을 찾아내기가 쉽지는 않았다. 하지만 하고 싶은 것, 알고 싶은 것을 연구한다는 즐거움이 더 컸기 때문에 끝까지 끌고 갈 수 있었다.

➲ 연구자를 위한 조언

필요는 발견과 발명을 부른다는 말처럼 무엇이 필요한가? 무엇이 궁금한가? 에 대해 집중해 볼 필요가 있다. 특히 학교 현장에서 학생들을 가르치면서 연구를 병행하고 있다면 학교 현장에서 부딪히는 다양한 문제 상황의 해법을 찾는 것으로부터 연구 주제를 발견해 나갈 수도 있을 것이다. 연구 주제를 확정할 때에는, 반드시 본인이 연구하고자 하는 주제에 대한 선행 연구의 탐색과 분석이 먼저 이루어져야 하고 선행 연구와의 차별성을 갖는 자신만의 연구 주제의 가치와 필요성을 찾는 데에 집중해야 할 것이다.

어떤 방법으로 연구할까?

논문을 작성하기 위해 어떤 방법을 선택할 것인지를 이분법적으로 선택할 필요는 없다. 수학교육은 필연적으로 학생들의 수학 학습이나 교사의 수학 지도 역량에 영향을 끼치는 것이기 때문에 실용학문으로서의 성격을 무시할 수 없다. 따라서 연구 방법에 있어서도 문헌 연구뿐만 아니라 실제 교수-학습 상황에서의 변화, 영향, 차이 등을 살펴볼 수 있는 실제 데이터를 수집하는 실험연구나 사례 연구가 활발하게 활용되고 있다. 석사학위 논문에 비해 박사학위 논문은 더 많은 내용과 방대한 자료를 다루게 되기 때문에 논문의 챕터링을 통해 각 챕터별로 어떤 내용을 다룰 것인지를 결정하게 되면 그에 따라 문헌 연구, 실험연구, 조사연구, 사례 연구 등 적합한 방법을 선택하면 된다. 이를 위해서는 연구 방법론에 대한 충분한 학습과 이해가 선행되어야 한다.

필자는 새로운 개념에 대한 정의와 탐색을 바탕으로 현장 교육에의 적용을 꾀하는 주제를 다루었기 때문에 문헌 연구를 먼저 수행하고 이를 바탕으로 사례 연구를 병행하였다.

연구 주제에 대한 문헌을 찾고 수집하는 과정도 연구자의 역량에 따라 달라질 수 있다는 것을 절실하게 깨닫는 시간이기도 했다.

➲ 연구자를 위한 조언

논문에 사례 연구를 포함하는 경우, 실험에 참여할 학생들을 섭외할 때 그들의 개인정보를 다루게 되므로 반드시 개인정보 활용 및 자발적 연구 참여에 관한 동의서를 작성하여 동의를 받아 두어야 한다. 종종 사례 연구의 과정과 결과를 자신의 연구 성과를 제시하기 위한 발표나 보고서 등에 게재하는 과정에서 필요 이상의 학생 정보를 노출하거나 공개하는 경우가 있는데, 이는 절대적인 주의가 필요하며 학생들의 개인정보 활용에 대한 인식을 수시로 점검하고 확인해야 한다. 연구 목적 외에는 그들의 학습 상황이나 학업 능력 등에 관한 자료, 정보가 활용되지 않는다는 약속도 분명하게 지켜져야 한다.

연구는 어떻게 수행했는가?

수학영재의 창의적 생산력 신장이라는 화두로부터 목표한 결과를 도출해 내기 위해 제일 먼저 실행한 것은 문헌 연구를 통해 개념을 정립하는 것이었다. 창의성, 영재성, 창의적 생산력 등의 개념은 수학 용어처럼 하나의 약속된 정의가 존재하는 것이 아니기 때문에, 하나의 정의로 수렴해 나간다는 것이 쉽지 않은 일이었으며 그 정의가 유일하게 존재할 수도 없는 것이다. 따라서 모호함을 배제해 나가기 위해 요소별 접근을 통해 그 개념을 구성하는 데에 어떤 요소가 포함되어 있는지에 대해 연구한 이론들을 찾고 정리해 나가면서 방향을 잡아갔다.

이를 통해 필자의 연구에 필요한 핵심 개념들에 대한 조작적 정의를 하나씩 내리고 이를 설명 하는 데에 도움이 될 수 있는 모델을 개발하는 것이 다음 절차였다.

그리고 이러한 이론 탐구와 조작적 정의, 개발된 모델과 평가틀 등을 적용할 수 있는 교수-학습 상황을 마련하기 위해 실제 사례 연구를 진행하였으며 이로부터 수집된 데이터를 질적으로 분석하여 창의적 산출물의 생산과 평가

과정을 제시하였다.

> ➲ **연구자를 위한 조언**
>
> 연구를 진행하다 보면 계획한 바와 다른 문제 상황이 발생할 수도 있고, 설계한 방법을 적용하지 못하는 경우가 생길 수도 있다. 이런 경우에는 기존의 방법을 수정, 변경하거나 차선의 방법이 무엇인지 다각적인 대안을 고려할 필요가 있다. 특히 사례 연구의 경우 사고실험과는 달리 실제 학생들의 수행 과정과 변화 양상이 예상과 달리 나타낼 수도 있는데, 이러한 결과를 어떻게 수용하고 해석해 낼 것인가에 대한 진지한 고민의 시간도 필요하다. 사전에 파일럿 연구를 실시하여 본 사례 연구의 방향을 모색해 보거나 실험방법을 다시 검토하여 실질적인 데이터를 수합하고 타당하게 해석하는 것에 많은 노력을 기울여야 한다.

연구 결과를 어떻게 나타낼까?

연구 결과를 분석하고 해석하는 연구자만의 관점과 그에 대한 타당한 근거를 가지고 있어야 한다. 연구의 계획수립부터 실행 과정과 결과 도출까지 전 과정을 모두 알고 있는 연구자가 도출된 결과를 어떻게 분석하고 해석해야 하는지에 대한 방향성을 갖지 못한다면 어느 누구도 그 결과를 신뢰할 수 없을 것이다. 이는 통계 프로그램을 얼마나 능숙하게 다룰 줄 알고, 프리젠테이션 도구 등을 얼마나 잘 활용할 줄 아는지에 대한 literacy와는 별개의 문제이다. 수집된 데이터에 가장 합당한 분석 방법과 분석 결과의 의미를 제대로 해석해 내기 위한 통찰력과 안목이 매우 중요하다.

> ➲ **연구자를 위한 조언**
>
> 연구결과 분석 및 제시를 위한 방식으로 통계 분석방식을 활용한다고 할 때, 정해진 프로세스를 적용하여 기계적으로 데이터를 제작하고 분석하고 있는 것은 아닌지 돌아볼 필요가 있다. 최근에는 통계 프로그램에 대한 기본적인 이해가 없어도 매뉴얼대로

따라가면 결과 데이터를 제작할 수 있고 그에 대한 분석마저도 매뉴얼대로 실시하는 사례를 종종 보게 된다. 하루 만에 통계 프로그램 사용법을 익혔다며 통계분석표를 제시하고 기계적인 분석을 하는 경우를 보면 회의감이 들기도 한다. 박사학위 논문에 사용하는 분석이라면 자신만의 관점과 그것을 뒷받침해 줄 만한 타당한 근거를 먼저 마련하고 결과 데이터를 분석하고 해석할 수 있어야 한다고 생각한다.

논문 심사는 어떻게 진행되었는가?

논문 심사는 5명의 평가위원들이 4회에 걸쳐 실시하고 마지막으로 최종 발표로 마무리된다. 정해진 일정에 따라 심사가 진행되는데, 평소에 긴장을 잘 하지 않는 성격이었기 때문에, 논문 심사도 크게 긴장할 것이라고는 생각하지 못 했지만 첫 심사 때의 긴장은 예상치 못할 정도로 컸다. 심사를 준비하면서 대학원생 연구실에서 대기하고 있는데, 너무 긴장하고 있는 것에 당황스러워 할 정도였는데, 그 모습을 보신 교수님들이 '당연히 긴장되지, 다른 것도 아니고 박사학위 논문 심사 받는 건데…' 하시면서 용기를 북돋아 주시던 장면은 아직도 생생하다.

첫 심사에서 '학위논문이라기 보다는 잘 쓰여진 설명문 같다'는 지적을 받았다. 이론 탐색이나 현장 적용을 위해 고안해 낸 모델 등에 대한 이해와 해설을 담아내기 위해 노력하였으나 이것이 논문으로써 서술된 것인가 라는 질문을 먼저 던졌어야 했다. 첫 심사 이후 논문으로서의 틀을 갖추기 위해 대대적인 수정을 거치면서 연구자의 논조를 담은 논문을 만들려고 노력했던 기억도 생생하다.

매번 심사 때마다 제출된 논문을 꼼꼼히 읽고 수정 사항과 개선 사항을 짚어주신 모든 심사위원님들에 대한 감사의 마음은 여전히 한결같다.

그 때 마음 속으로 조용히 한 다짐 중에 하나가 '나도 누군가의 논문을 심사하게 된다면 저렇게 꼼꼼하게 읽고, 최선을 다해 짚어 주어야겠다'는 것이었다.

➲ 연구자를 위한 조언

논문을 완성하기까지의 과정도 길고 힘든 시간이겠지만 여러 차례에 걸친 심사 과정을 통해 그 논문을 다시 수정하고 다듬는 과정 또한 매우 힘든 시간일 수 있다. 소위 논문 심사를 defence라고 하지만, 논문 심사위원들의 심사의견은 반박이나 방어의 대상이기보다는 내 논문의 질을 개선하고 가치를 높이기 위한 제언이나 조언의 성격이 더 강하다고 생각되었다. 학위 논문 심사에 임할 때에는 아직 미완의 산물인 나의 학위 논문을 완성하기 위한 과정이라고 생각하고 심사를 통해 어떻게 개선하고 완성도를 높일 수 있을 것인가를 고민하기 바란다. 첫술에 배부를 수 없다는 말처럼 매회 심사를 거치면서 다듬어지고 개선되어가는 것을 보면서 배우고 성장하는 자신의 모습을 발견하는 것도 귀한 경험일 것이라 생각한다.

박사 논문 그 후, 끝나지 않은 여정

박사학위를 받을 즈음에 교수님께서 앞으로의 진로에 대해 물으신 적이 있다. '대학이나 연구 기관으로 가고 싶으냐'는 말씀에 '전 학교에서 학생들 가르치고 입시지도 하는 것이 즐겁습니다.'라고 답했었다. 필자의 대답에 교수님께서도 '그래 학교 현장에서 열심히 학생들 가르치는 것도 중요한 일이지, 열심히 해라'라고 지지해 주셨다. 필자에게는 학위와 진로는 별개의 이야기였기 때문에 그 대답에 큰 고민이 없었는지도 모른다. 박사학위를 받게 되었다고 해서 교사로서 필자의 삶이 드라마틱하게 달라졌다는 생각은 들지 않는다. 여전히 학교에서 아이들과 씨름하고 있고, 수업에 대해 고민하고, 평가에 대해 걱정하고 온갖 잡무에 끙끙거리며 살고 있다. 하지만 분명 의미 있는 일이고 도움이 되는 일이라는 생각에는 변함이 없다. 무엇보다도 자신의 연구 경험을 살려 교육에 적용하고 변화시켜 나갈 수 있다는 것에 행복과 재미를 느끼고 있다.

수학교육 연구자로서, 또 수학교육을 실행하는 현장 교육자로서 그동안의 연구와 노력이 다양한 결실을 맺었고 지금도 진행형이기 때문이다.

학위를 받은 이후 다양한 수학교육의 관심 주제에 대한 여러 논문을 쓰고 이론 연구와 현장 경험을 바탕으로 대학과 대학원에서 후배 연구자들을 위한 강의를 하기도 하였다. 대학원에서의 강의는 연구의 즐거움과 직결되는 행복한 경험이었으나 현실적인 상황에 따라 그 기회가 주어질 수도 있고 그렇지 않을 수도 있다. 앞으로도 그런 기회가 주어진다면 즐겁고 감사한 마음으로 임하겠지만, 또 주어지지 않는다고 해서 크게 실망하거나 아쉬워 할 일도 아니다. 그보다는 필자가 할 수 있는 일, 주어진 일에서 즐거움을 찾아갈 것이다.

현재는 학교 현장에서 학생들에게 수학을 가르치는 교사로서, 또 현장 연구자로서의 활동에 매진하고 있다. 중•고등학교 교과서 집필 및 수학교육 이론서를 집필하였으며 현재도 수학 교사와 학생 등을 위한 책을 집필하는 작업에 참여하고 있다. 또한 다양한 교육기관의 연구와 학교 현장을 잇는 가교역할을 충실히 수행하고 있으며 무엇보다도 본연의 업무인 수학 수업을 개선하고 학생들과 함께 호흡하는 수업을 연구하고 실행하는 데에 있어 그동안의 연구를 적용하고 발전시켜 나가고 있다는 데에 가장 큰 의미를 부여하고 싶다.

➲ 연구자를 위한 조언

학위를 위한 학위가 아니라 연구자에게 정말로 필요한 연구와 탐구의 계기가 되길 바란다. 지적 호기심을 호기심으로 놓아두지 않고, 탐색과 자료 수집에 그치지 말고 자신만의 연구 주제와 방식, 결과를 만들어 가치있는 결과물로 만들어 내는 과정을 즐길 수 있길 바란다. 남들이 어떻게 보아주고 어떻게 평가해주어서가 아니라, 내가 어떤 지위에 오르고 어떤 보상을 받기 때문이 아니라 자신으로부터, 스스로 만족하는 것에서부터 자유와 행복을 찾을 수 있고 연구와 탐구의 가치가 빛날 수 있기를 바란다.

상황적 추상화 과정의 고찰

-함수의 변화율을 중심으로 한 사례연구-

송정화

수학교육학은 새로운 길을 개척해 가는 것이다.

수학교육학에서 다루는 여러 가지 이론이나 내용들은 수학과는 다르게 어떤 것이 가장 합리적이고 바람직한지 정답이 정해져 있지 않다. 학생들의 성향과 교실 문화, 가르쳐지는 수학 내용, 그리고 그 외 사회·문화·역사적 측면에 따라서 효과적인 방법은 제각각이다. 어떤 상황에서는 바람직했던 내용이나 방법이 다른 상황에서는 그렇지 않을 수도 있다. 수학교육학을 연구한다는 것은 각기 주어진 상황에서 그 상황에 맞는 새로운 길을 개척해가는 과정이다.

필자는 2010년 2월에 "상황적 추상화 과정의 고찰 : 함수의 변화율을 중심으로 한 사례연구"이라는 제목으로 수학교육학 전공의 문학박사 학위를 취득했다. 이 논문은 수학교육에서 핵심인 추상화 과정에 대한 인식론적인 고찰과 함께 학생들의 추상화 과정을 미시적으로 분석하여 상황적 추상화 과정에 대한 새로운 모델을 개발하고 이를 통해 교수학적 시사점을 제공했다는 점에서 의의가 있다.

논문내용 둘러보기

수학학습에서 핵심적인 추상화 과정은 상황과의 연결성에 따라서 형식적 추상화와 상황적 추상화로 구분된다. 수학학습에서는 두 추상화가 모두 중요한 요소이지만, 그동안 학교수학에서는 형식적 추상화가 더 강조되어 왔다. 수학교육의 목표가 수학적 사고와 수학적 힘의 신장임을 고려할 때, 추상화된 대상이나 개념은 다양한 연결성과 함께 풍부한 의미를 포함해야 할 것이다. 이는 곧 상황적 추상화가 강조되어야 함을 의미한다. 학교수학에서 상황적 추상화를 유도하고 강조하기 위해서는 무엇보다도 학생들의 상황적 추상화 과정이 어떤 과정을 거쳐 발전되어 가는지 관찰하는 것이 필요하다. 그리고 그 과정에서 어떤 인식론적 행동들이 나타나고 상호작용하는지, 마지막으로 맥락이 추상화 과정에서 어떻게 작용하는지에 대한 경험적 분석이 필요하다. 이에 따라 이 연구에서는 두 학생을 대상으로 함수의 그래프에서 기울기 개념부터 시작하여 변화율을 어떻게 추상화해가는지 질적 사례연구 방법을 통해서 위의 사항들을 관찰하고 분석하였다.

먼저 상황 속에서 두 학생의 추상화의 발달 과정은 "기존 구조의 인식(R)", "기존 구조의 확립(B)", "새로운 구조의 구성(C)", "구체로의 포괄적 상승 과정(AC)"으로 진행되었다. 여기에서 'AC'의 과정은 기존 추상화 과정에 대한 모델에서는 드러나지 않은 과정으로, 새로 만들어진 구조가 다양한 구체와 연결되고 내적 관련성을 만들어 가면서 그 내용이 정교화되고 확장되는 과정이다. 학생들은 추상화의 과정에서 'R'의 과정과 'B'의 과정은 잘 수행해갔으나, 'C'나 'AC'의 과정에서는 인지적으로 많은 어려움을 겪는 것을 볼 수 있었다. 그리고 추상화의 과정이 선형적으로 순차적으로 진행되면서 발전하는 것이 아니라, 앞 뒤의 과정을 자유롭게 왕복하면서 이전 과정을 반성하고, 그 결과를 다음 과정에서 적용하는 역동적인 과정을 거쳤을 때, 성공적인 결과를 얻는 것으로 나타났다. 또한 추상화 과정에서 수학 외적인 맥락을 고려하는 경향은 추상화를 방해하는 요소가 아니라, 추상화를 진행시키는 핵심적인 역할을 한다는 점도 알 수 있었다.

둘째, 두 학생의 상황적 추상화의 각 과정에서 나타나는 인식론적 행동들을 분석한 결과, 'R'의 과정은 문제 상황의 인식, 기존 수학적 대상이나 구조의 인식과 적용 행동이 작용하였고, 'B'의 과정에서는 연결성, 비교, 기존 구조 주목, 이전 과정 반성과 같은 행동이 작용하였다. 'C'의 과정에서는 새로운 대상에 주목, 새로운 구조의 필요성 인식, 연결성, 비교, 분석, 조건 변형 및 수정, 가설 설정 · 수정 · 평가, 불변적인 구조 확인, 평가, 이전 과정 반성 행동이 서로 관계를 맺으며 복잡하게 작용하는 것으로 나타났다. 이 과정에서 연결성과 비교는 'B'의 과정보다 좀 더 세분화되었고, 분석도 분석차원에 따라서 단일 분석과 종합적 분석으로, 분석 대상에 따라서 맥락 분석과 수학적 대상이나 구조 분석으로 나눌 수 있었다. 평가도 수학적 대상이나 구조를 통한 평가와 맥락을 통한 평가로 나눌 수 있었다. 'AC'의 과정에서는 맥락 반성 및 분석, 새로운 구성물의 반성, 종합, 새로운 구성물의 정교화와 확장의 측면을 볼 수 있었다.

셋째, 두 학생의 상황적 추상화 과정에서 맥락이 어떻게 작용하는지를 분석한 결과, 수학 외적인 일상적인 맥락과 이전에 구성했었던 수학적 구성물들, 그리고 사회적인 상호작용을 적절하게 결합해가면서 새로운 의미와 관련성들을 만들어내고, 그런 새로운 의미들이 다시 맥락과 구체적인 예와 연결되면서 내용을 풍부하게 하는 과정으로 진행해가는 것을 볼 수 있었다. 각 맥락의 작용을 보면, 과제 맥락을 분석하고 반성하는 것은 'R', 'B', 'C', 'AC'의 전 과정에서 어려움이나 모순점에 접했을 때 해결의 실마리를 제공하고, 추상화된 구조를 정당화하며, 구체와 연결하는 과정에서 의미를 풍부하게 하고, 다양한 대상과 연결시키는 역할을 하였다. 그러나 학습자에게 익숙하지 않은 과제 맥락은 추상화 과정을 방해하는 요소가 된다는 점도 관찰할 수 있었다. 그리고 개인 맥락이 풍부하고 이것을 잘 연결하여 재맥락화할 때, 'C'와 'AC'의 과정에서 성공적인 결과를 얻을 수 있었고, 그 결과도 풍부한 의미를 가진 구조임을 확인할 수 있었다. 또한 개인의 수학에 대한 신념도 영향을 미치는 요소로 나타났다. 마지막으로 사회적인 차원과 상호작용은 학습자들이 보고 말하고 행동하는 방법에 영향을 끼쳐 추상화하는 과정을 도왔고, 학습자가 사회의 관점을 공유하고 개인내로 받아들이도록 하는데 결정적인 역할을 한다는 것을 알 수 있었다.

이를 통해 이 연구에서는 추상화의 과정에서 구체에서 추상으로 가는 과정뿐만 아니라, 추상에서 구체로 가는 과정도 또한 심도있게 다루어져야 함을 제안하였다. 새로운 구조를 가지고 이전의 학습경험들을 재해석하고 통합하고, 다양한 맥락에서 그것을 활용하는 과정을 통해서 의미와 관련성들의 망을 풍부하게 하는 과정이 필요하다. 둘째, 구체에서 추상으로 가는 과정에서도, 다양한 경험과 맥락, 그리고 이전에 구성했었던 대상과 절차들을 연결시켜서 서로 비교하는 과정, 다양한 차원에서 분석해보는 과정, 주어진 조건들을 변형시켜서 여러 가지 가설들을 만들고 수정하는 과정, 그것을 평가하는 과정, 자신의 행동을 반성하는 과정을 통해서 불변적인 구조를 발견하도록 안내할 필요가 있음을 제안하였다. 마지막으로 수학적인 개념을 추상화하는 과정에서 학생들이 여러 맥락을 분석하고 반성할 수 있는 기회를 가지는 것이 중요하며, 또한 이런 맥락의 고려는 추상화의 초기 단계에서뿐만 아니라 전 단계에서 지속적으로 이루어져야 함을 제안하였다.

무엇을 연구할까?

필자가 석사, 박사 과정에서 가장 힘들었던 것은 논문 주제를 잡는 것이었다. 처음부터 어떤 문제 의식을 가지고 대학원에 들어왔다면 논문 주제를 잡고 논문을 향해 한걸음씩 나가는 것이 좀 더 수월했었겠지만, 좀 더 공부하고 싶어서 또는 공부하는 것이 재미있어서 들어온 경우라면 수업만 듣다가 어느새 4학기가 훌쩍 넘어가기가 쉽다. 필자도 솔직히 이야기하자면 후자에 가까운 편이다. 필자가 대학원을 들어오게 된 계기는 체계적으로 수학교육학을 공부하고 싶다는 막연한 기대감 때문이었다. 필자는 학부 전공이 수학과이고 교직이수로 수학교육학을 공부한 경우로 사실 수학교육학에 대한 이해가 높은 편은 아니었다. 그런데 운좋게 대학을 졸업하자마자 중학교에서 교직생활을 할 기회가 주어졌는데, 생각과는 다르게 대부분의 아이들은 수학을 너무 싫어했고 수학을 공부하려는 의지도 낮았다. 필자는 여러 방면으로 아이들에게 흥미롭고 재미있는 수업이 되도록 노력했지만 생각보다 쉽지 않았고, 그 당시는 지금과는 다르게 좋은 수업에 대한 정보를 공유하는 것도 한계가 있었다. 필자는 좋은 수업을 하기 위해서는 교사 자신이 많은 것을 알고 경험해야 한다고 생각하고 대학원에 진학하였고, 대학원에 진학하여서는 여러 가지 최신 수학교육학 이론과 실제를 공부하고 경험하면서 그동안 우물 안 개구리였다는 것을 깨달았다. 석사과정 동안 학회에도 열심히 참여하고 직접 학회지에 논문도 발표하고 프로젝트도 하면서 나름 열심히 공부하였지만 정작 논문을 쓸 시기가 되어서는 어떤 것을 논문 주제로 잡아야 할지 막막했다. 이것은 비단 필자뿐 아니라 그 당시 대부분 대학원생들의 고민이었다. 필자는 될 수 있으면 수업 시간에 공부했던 것에서 논문 주제를 찾으려 했다. 수업시간에 함께 읽었던 해외 논문들을 보면서 그 논문의 시사점과 한계점은 무엇인지, 후속 연구에 대한 제안점은 무엇인지, 우리나라의 상황에서는 어떻게 적용할 수 있을지 정리하면서 논문 주제를 찾았다. 그 결과 그 당시 테크놀러지 관련 수업에서 보았던 논문에서 논문 주제를 찾을 수 있었다. 테크놀러지를 활용한 수학 수업에서 학생들이 그래프 과제 해석을 어려워한다는 논문이었는데, 필자는 학생들이 그래프 과제를 왜 어려워하는지 인식론적으로, 심리학적으로, 교수학적으로 그 원인을 살펴보고 결국 학교수학에서 다루는 그래프 과제가 제한적인 것만을 다루고 있다는 것을 도출하고 우리나라 교과서에서 그래프 과제가 어떻게 다루어지고 있는지를 분석하여 석사학위를 받았다.

박사 과정은 5년 후에 시작하게 되었는데 논문 주제를 잡는 것은 여전히 힘든 과정이었다. 보통은 석사때 했던 연구를 좀 더 확장하여 진행하기에 필자도 그래프를 어떻게 확장시킬지 고민했었다. 석사 과정에서 그래프 과제에 대한 교과서 분석을 했기 때문에 박사 과정에서는 여기서 더 확장시켜 학생들이 그래프를 해석할 때 어떤 인지적 과정을 겪는지, 그리고 그래프를 해석하는데 관련된 요소들이 무엇인지를 연구하여 모델화 하고 싶었다. 지도교수님께서는 온라인 카페를 만들어서 매주 읽은 것을 정리하여 올리고 격주로 함께 세미나를 갖자고 제안하셨다. 덕분에 학기 중에도 늘어지지 않고 논문과 관련된 공부를 차근차근 할 수 있었고 4학기 내내 논문을 어떻게 발전시켜나갈지 고민할 수 있었다.

처음에는 막연하게 논문 주제를 잡고 그래프와 관련된 논문들을 소위 무식하게 하나하나 찾아 나갔다. 하나의 관련된 논문을 찾았으면 그 논문의 참고문헌을 보면서 관련된 자료를 찾고 찾은 자료의 참고문헌을 보면서 연쇄적으로 자료 찾기를 반복하였다. 물론 이 과정에서 필요없는 자료들도 많았지만 생각하지도 못하게 건진 내용들도 꽤 있었다. 논문을 찾으면서 초심자와 전문가들이 그래프를 해석하는 내용, 각기 다른 직업군의 전문가들이 그래프를 자신의 직업군 상황에 따라 다르게 해석하는 내용, 전문가가 자신의 전공 분야가 아닌 낯선 맥락의 그래프를 해석하는 과정을 담은 내용 등을 보면서 그래프를 해석하는 과정을 보기 위해서는 결국 추상화 과정을 염두할 수 밖에 없고 여기에서 맥락의 역할을 간과할 수 없다는 것을 알게 되었다. 결국 여러 자료들을 분석한 결과 논문 주제를 그래프 해석 과정에서 추상화 과정으로 전향하였고 그래프 해석과 관련된 내용은 추상화 과정을 보기 위한 수단으로 수정되었다.

논문 주제가 수정되고 나서 우선 추상화 과정에 대한 이론적인 연구를 진행하였다. 우선 추상화 과정의 역사적 기원부터 시작하여 인식론적으로 어떻게 변화되어 왔는지를 보기 위해 수학교육학 저서뿐 아니라 고대 그리스의 Platon과 Aristotle부터 시작하여 Descartes, Kant, Hegel, Marx에 이르기까지 여러 철학책을 차근차근 읽으면서 그들이 바라보는 추상화 과정에 대한 관점을 분석하였다. 논문 준비 과정에서 이 과정이 심적으로 제일 힘들었던것 같다. 필자에게 철학 용어는 너무 생소했고 용어 하나하나가 특별한 의미를 담고 있었기 때문에 처음에는 도통 무슨 말인지 몰라 한 페이지를 이해하기 위해 수많은 자료를 참고해야만 했었다. 이 속도로 과연 논문을 언제 쓸 수 있을까 조바심도 났지만 하루에 한 페이지만 이해해도 된다라는 심정으로 느긋하게 돌아가는 전략으로 마음을 다스렸다.

논문 주제가 정해졌다고 연구 문제까지 저절로 정해지는 것은 아니다. 필자의 경우 주제와 관련된 책과 논문들을 읽고 비판적인 시각으로 생각들을 정리하면서 연구의 범위를 세분화하여 나갔고, 연구문제에 대한 아이디어를 얻어 연구문제를 다듬어 나갈 수 있었다. 논문에 있어서 문헌 연구는 단순히 이론적 배경을 채우기 위한 과정뿐만 아니라 연구문제와 연구의 아이디어를 보다 정교화하고 연구의 방향을 결정짓는데 밑바탕이 되므로 핵심적인 과정이라 할 수 있다.

➲ 연구자를 위한 조언

논문 주제를 제대로 선정하는 것만으로도 논문을 반 정도 완성한 것이라고 할 만큼 논문 주제를 선정하는 것은 쉬운 것은 아니다. 논문 주제를 어떻게 잡아야 할지 고민된다면 평소에 본인이 제일 관심있는 분야가 무엇인지 생각해보는 것이 중요하다. 그래도 논문 주제를 잡기 힘들다면 수업 시간에 다루었던 논문들을 참고하라고 조언하고 싶다. 논문을 차분히 읽으면서 그 논문이 전하고자 하는 내용이 무엇인지 그리고 한계점은 무엇인지, 개선해야 할 점이 무엇인지, 실제 현장에서 적용될 수 있는지 비판적인 시각으로 바라보고 논문에서 후속 연구로 제안하는 점이 무엇인지를 살펴보면 의외로 논문 주제를 어렵지 않게 찾을 수 있다. 또는 수학교육학 뿐만 아니라 교육학이나 심리학, 철학, 또는 과학교육학과 같이 다른 분야의 논문도 참고할 것을 조언한다. 이외로 수학교육학에서 참고할만한 주제들이 꽤 있다는 것을 알 수 있을 것이다. 물론 이 모든 것은 연구자가 관심있는 분야이어야 하고 연구자가 이에 대해 문제의식을 가지고 있다는 전제 하에서이다.

일단 논문 주제가 정해졌다면 관련 주제에 대해 다양한 논문과 책을 읽고나서, 읽은 내용과 함께 본인 논문과 어떻게 관련되는지 그리고 그에 대한 본인의 생각들을 정리해두는 습관을 들이는 것을 조언한다. 비록 읽은 것들이 논문에 직접적으로 포함되지 않을 수도 있고 중간에 논문 주제가 바뀌어 쓸모없어질 수도 있으나, 버려지는 과정에서 왜 버려졌는지 논리적으로 합당성을 생각하면서 논문의 논지를 강화시킬 수도 있고, 추후 수정 과정에서 생각지도 못하게 이용될 수도 있다. 읽은 내용들을 출처와 함께 정리해두는 습관은 연구에 있어서 기본적인 것이라 생각한다.

그리고 지도교수님을 자주 찾아뵙고 조언을 구하라고 조언하고프다. 지도교수님께서는 수많은 기간 동안 다방면으로 많은 연구를 해오셨기 때문에 좀 더 넓은 관점에서 예리한 시각으로 상황을 바라볼 수 있다. 논문에 대한 고민거리가 생길 때마다 또는 진행이 제대로 되지 않고 막힐 때마다 지도교수님을 찾아뵙고 이야기하다보면 의외로 쉽게 문제가 해결될 수도 있고 차선책도 함께 모색할 수도 있다. 연구자는 본인의 논문 주제에 너무 몰입해 있어서 자칫 주제 이외의 것을 간과하여 논리적 결함에 빠질 수도 있으므로 지도교수님과의 소통은 매우 중요하다고 생각한다.

어떤 방법으로 연구할까?

통상적으로 박사 논문이라 하면, 양적 연구와 질적 연구가 동시에 이루어진 것이 많다. 특히 필자가 박사 논문을 쓸 당시에는 박사 논문으로서 질적 연구만으로는 부족하다는 인식이 있었다. 그러나 필자의 논문은 학생들의 머릿속에서 일어나는 추상화 과정에 집중하여 학생들의 반응 하나하나에 의미를 부여하고 그 과정을 미시적으로 분석하여 각각의 요소들이 어떤 과정을 거쳐 어떻게 상호작용하는지를 통해 상황적 추상화 과정의 특징을 알아보는 것이 목적이었고, 이를 통해 교수학적으로 어떤 점이 강조되어야 할 것인지 경험적 자료를 제공하는 것이 목적이기 때문에 양적 연구를 진행하는 것은 연구 목적과 맞지 않았다. 또한 이론적 분석 결과, 기존의 모델로는 상황적 추상화 과정을 분석하기에 몇 가지 문제점들이 발견된 상태였다. 이렇게 기존 이론이 부족하거나 현존하는 이론이 현상을 충분히 설명하고 있지 못할 경우, 양적 연구보다는 질적 연구방법이 더 적절하기 때문에 과감하게 질적 연구 방법만을 택하였다. 질적 연구 방법에도 여러 가지가 존재하는데 필자는 연구 문제에 맞게 사례연구 방법을 택하였다. 필자가 논문을 쓸 당시 사례연구 방법이 붐이 일어 활발하게 이루어지기는 했으나, 연구의 타당도와 신뢰도를 높이기 위해 연구방법을 자세히 기술한 연구는 많지 않았다. 필자의 경우는 질적 사례연구 방법이 연구 방법의 전체이므로 무엇보다도 질적 사례 연구방법에 대한 부정적 편견이 생기지 않도록 '연구방법' 장에 신경을 썼다. 자료수집 방법과 자료 분석 절차와 방법, 준거를 각 연구문제마다 질적 연구방법론과 연관지어 설명하여 논리적으로 결함이 없도록 하였고, 질적 사례 연구의 타당성과 신뢰도를 높이기 위한 방안들을 소개하고 각 방안별로 필자의 연구가 어떤 과정을 거쳐 이루어졌는지 설명하였다. 학생들을 인터뷰 하고 그 내용을 전사하고 나서는 인터뷰 내용을 세분화, 정교화, 범주화하여 한 눈에 알아볼 수 있도록 코딩작업을 하였다. 이런 코딩

작업은 사례 분석을 구조화, 객관화되도록 하여 사례 분석의 타당성과 신뢰도를 높이도록 하였다.

➲ 연구자를 위한 조언

논문은 연구한 것을 단순히 나열하는 에세이가 아니다. 연구 목적과 연구 문제, 연구 방법, 연구 결과의 기술은 논리적으로 연결되어 있는 사슬과 같다. 본인의 연구 목적이나 연구 문제가 어떤 결과를 검증하거나 관련성을 정당화하는 것인데 연구 방법은 질적 연구 방법론을 선택했다면 이는 연구 설계가 잘못된 것이다. 또한 질적 연구 방법으로 연구해놓고 연구 결과를 양적 연구처럼 결과 위주로 기술해서도 안 된다. 본인의 연구 목적과 연구 문제에 맞는 연구 방법을 선택하는 것도 중요하고, 이에 맞는 기술 방식을 택하는 것도 중요하다. 자칫 연구를 할 때 연구방법에 대한 공부가 소홀하기 쉽다. 연구 중간에 부랴부랴 연구방법을 공부하다가 자칫 연구의 흐름을 놓치기도 하고, 연구 설계 자체가 잘못되어 다시 되돌아가야 할 경우도 생기기도 한다. 연구 방법에 따라서 연구 절차와 자료 수집 방법과 분석 절차와 방법이 달라지기 때문에 본격적으로 연구가 시작될때 연구방법론을 공부하는 것은 늦는다. 미리 다양한 연구방법론에 대한 공부를 해 두어 연구에 대한 넓은 시야를 갖도록 조언한다.

연구는 어떻게 수행했는가?

필자가 연구를 수행하면서 가장 어려웠던 점은 연구 대상자를 섭외하는 것이었다. 필자가 했던 질적 사례 연구는 무엇보다도 표본을 추출하는 것이 중요하다. 필자는 그 당시 학교 현장에 있지 않았기 때문에 주변의 도움을 받아 조건에 맞는 표본을 찾아야만 했다. 먼저, 함수의 기울기 개념을 전혀 학습하지 않은 학생들을 섭외했어야 했는데 면담은 7~8월에 수행될 예정이었다. 중학교 2학년 학생들은 이미 1학기때 기울기 개념을 학습한 상태였기 때문에 중학교 1학년 학생들 중에서 선행학습을 하지 않으면서 자기 의사를 잘 표현하는 학생을 섭외했어야 했다. 게다가 보통 학생들의 추상화 과정을 관찰하고 그들이 어느 과정에서 어려움을 겪고 어떤 특징을 보이는지를 분석했어야 했기 때문에 수학 성적이 아주 뛰어나거나 아주 낮은 학생들은 제외했어야 했다. 어렵게 연구대상자를 섭외하고도 사전면담 결과 자신의 의견을 적극적으로 표현하지 않아 연구대상에서 제외하는 경우도 생겼고, 학생들이 개별적으로 5~6일에 걸쳐 시간을 냈어야 했기 때문에 중간에 연구에 참여하는 것을 꺼리는 경우도 생겼다. 면담이 시작된 이후에도 앞 면담에서 구성했어야 할 추상화 구조가 제대로 형성되지 않아 그 이후 추상화 과정에 계속 실패해서 중간에 연구 대상자에서 제외하는 경우도 생겼다. 더 드라마틱한 것은 면담을 끝내고 필자와 대중교통수단으로 귀가하는 도중 함께 교통사고를 당해서 필자의 잘못은 아니더라도 도의적으로 난처한 경우도 생겼다. 물론 이 학생의 경우도 연구를 계속 진행할 수 없었다. 사례연구에서는 연구대상자를 여유있게 확보하는 것도 필요하다.

면담을 하고 자료를 분석할 때에는 분석 준거가 필요하다. 필자의 경우에는 분석준거를 두 가지 방법으로 작성하였다. 첫 번째 연구 문제, 즉 상황 속에서 추상화 과정이 어떻게 발달하고 어떤 특성이 드러나는지를 분석하기 위한 분석 준거는 유형적 분석방법으로 진행하였다. 기존 선행 연구에서 이미 RBC라는 추상화 과정에 대한 분석 준거가 있었는데 이론적 고찰을 통해 이 분석 준거의 한계점을 드러낸 후, 기존 모델을 수정.보완하여 RBC-AC라는 새로운 분석 준거를 만들었다. 이것에 기초하여 면담 내용을 범주화하고 그에 따라 코딩을 하였다. 이런 작업을 반복하여 자료들과 분석 준거를 계속적으로 비교하면서 학생들마다 추상화 과정을 유형화하였다. 두 번째 연구문제인 추상화 과정에서 작용하는 인식론적 행동들을 분석하기 위한 분석 준거는 분석적 귀납법으로 진행하였다. 이는 미리 분석 준거를 정하지 않고 자료 분석을 위한 최소한의 논리적 방향만을 마련하고 분석 과정에서 발견되는 개념을 범주화하는 방법이다. 두 번째 연구 문제인 경우 기존의 이론이나 분석준거가 없었고, 있다 하더라도 준비된 틀에 따라서 뽑아내는 것으로는 새로운 것을 찾을 수 없으며 학생들 사고의 심층적인 분석을 할 수 없으므로 개방적이고 신축적인 방법으로 진행하였다. 세 번째 연구문제인 추상화에서 맥락의 작용을 위해서는 이론적 고찰로 맥락을 물리적 맥락, 개인맥락, 과제맥락, 사회적 맥락으로 정의하고 앞의 과정에서 나온 범주화된 자료를 읽으면서 각 맥락들이 어떻게 작용하고 어떻게 유기적으로 연결되는지를 서술하고 분석하였다.

➲ 연구자를 위한 조언

질적 사례 연구를 실행할 때는 연구에서 필요한 표본보다 몇 개 더 추가하여 사례를 여유있게 확보하는 것이 좋다. 예상하지 못한 이유로 버려지는 표본들이 생길 수 있기 때문이다. 그리고 연구절차를 계획할 때 실험 일정 선택에 주의해야 한다. 필자의 경우 면담 일정을 한 두달만 먼저 선택했었더라면 표본 선택의 폭이 더 넓었을 것이라는 아쉬움이 남는다. 그리고 면담을 끝내고는 곧바로 면담 내용들을 전사하는 것이 좋다. 면담을 녹음·녹화를 하였다고 전사하는 것을 뒤로 미루게 되면 전사할 양이 쌓여 감당하기 힘들어진다. 그리고 무엇보다도 시간이 지나게 되면 현장에서의 상황이나 분위기를 잊어버릴 수도 있고, 전사한 후 어느 정도 자료를 분석한 상태에서 다음 인터뷰를 실행하여야 전과 비교하여 학생들의 반응을 살피면서 적절한 질문들을 던질 수 있기 때문이다.

연구 결과를 어떻게 나타낼까?

연구 주제와 연구 문제를 결정하고 문헌 연구를 한 후 실험이나 인터뷰를 하고 그 결과를 정리하면 논문이 거의 끝났다고 생각했다. 그러나 이런 일련의 과정을 논리적으로 하나로 잘 엮어내는 것은 또다른 과정의 시작이었다. 필자의 경우, 그동안 공부했던 것을 모두 담으려는 욕심 때문에 이론적 배경은 너무나도 장황해졌고 연구 결과를 두서없이 상세하게 기술하여 양에 집착하는 오류를 범했다. 또한 참고문헌에 대한 집착도 버리지 못했다. 사실 논문이라 하면 그동안의 연구 과정이나 내용을 빠짐없이 기록하는 것이 아님을 알고 있었지만 막상 논문으로 작성할 때는 하나 같이 모두 자식같은 마음에 버리는 것이 쉽지 않았다. 있는 내용을 삭제하는 것은 쉽지만 새로운 것을 추가하는 것은 더 어렵다고 판단하고 우선은 모두 담고나서 삭제하거나 수정하자라는 심정으로 논문을 작성했다. 1차본이 완성된 후 논리적으로 필자의 연구와 관련성이 적은 것과 연구 목적과 연구 문제와 관련성이 적은 것부터 삭제하였다. 그리고 연구 절차와 방법, 연구 결과를 될 수 있으면 한눈에 볼 수 있도록 도식화하였다. 논문에서 연구 과정과 결과를 비교하고 알아보기 쉽게 표나 그림으로 정리하는 것은 필수적인 과정이다.

연구 결과를 기술할 때에는 필자가 연구한 사례가 선행 연구와 문헌 검토 결과와 비교하여 비슷한 점은 무엇이고 어떤 점이 새롭게 드러났는지, 그리고 이로 인해 어떤 가능성이 제기될 수 있는지에 초점을 맞추어 기술하였다. 또한 연구의 필요성과 연구 목적도 염두해두면서 전체적으로 일관성을 갖도록 기술해나갔다.

➲ 연구자를 위한 조언

논문 작성시 양에 집착하지 않도록 한다. 연구의 필요성와 연구 목적, 연구 문제에 맞게 연구 결과가 논리적으로 드러나도록 작성하도록 한다. 특히 이론적 배경은 관련된 이론을 모두 제시하는 것이 아니라, 연구의 목적과 필요성을 논리적으로 뒷받침하고 연구 결과를 나타낼 때 근거가 되는 것을 제시하여야 한다. 장황하게 제시하기보다는 논리적으로 일관되게 제시하도록 한다.

연구 결과를 나타낼 때에도 가독성을 높이도록 도식화하는 것이 좋다. 여러 논문을 참고하여 효과적으로 연구 결과를 보이는 방안을 미리 숙지하는 것도 필요하다.

논문을 완성하고 나서 수정 작업을 할 때 다른 전문가의 검토는 꼭 필요하다. 연구자 본인은 오랜 시간동안 논문에 매달려왔기 때문에 검토를 많이 한다 할지라도 잘못된 점을 발견하기가 쉽지 않다. 원래 본인이 작성한 것은 틀린 것을 발견하기가 힘들다. 적어도 3명 이상의 전문가에게 검토받는 것을 추천한다.

논문 심사는 어떻게 진행될까?

논문 심사는 보통 2주 간격으로 진행되었다. 1차 심사에서 논문이 박사 학위 논문으로 심사하기에 적절한지 결정이 나고 그 여부에 따라 그 다음 일정이 결정된다. 만약 1차에서 연구 설계가 잘못되거나 연구에서 결정적인 오류가 드러나게 되면 논문 심사는 보류될 수도 있다. 이런 점을 잘 알기에 1차 심사가 가장 떨렸던 것 같다.

대부분이 그렇겠지만 필자의 경우 1차 심사가 시간도 가장 많이 걸리고 수정 사항도 많았었다. 1차 심사는 심사위원들 앞에서 논문을 요약한 PPT를 띄우고 논문 내용을 발표하고 심사위원들의 날카로운 질문과 그에 연구자가 답변하는 방식으로 진행되었다. 심사위원들의 질문과 조언은 논문을 다듬고 완성도를 높이는데 큰 도움이 되었다. 나름 완성된 형태라고 생각하고 논문을 작성했지만 심사를 받으면서 많은 것들이 수정되었다. 먼저 수학적 추상화 용어에 대한 개념 정의가 확고하지 않은 상태에서 분석이 이루어진 것에 대해 조언해주셨다. 이에 일반적인 추상화 과정과 구별하여 수학적 추상화를 문헌검토에 따라 형식적 추상화와 상황적 추상화 과정으로 정의하고 관련된 부분을 재진술하였다. 그리고 여러 심사위원들이 조언대로 논지와 어긋나는 것들은 삭제하고 논리적으로 보완되어야 할 부분은 수정하고 제목도 논문 내용에 맞게 수정하였다.

2차와 3차는 1차에 비해 간단하게 진행되었다. 1차가 큰 틀을 정돈하는 과정이라면, 2차와 3차는 세부적인 것들을 정돈하는 과정이라 할 수 있다. 2차 심사를 통해 연구 절차와 연구 결과들을 표나 그림으로 도식화하여 한 눈에 알아보기 쉽게 정리하였고, 연구의 필요성과 연구 목적, 연구 문제, 연구 방법, 연구 결과가 논리적으로 연결되도록 다듬었다. 3차 심사는 수정사항이 제대로 수정되었는지 확인받는 과정으로 간단하게 진행되었다.

심사 후 심사위원장님께 "축하합니다. 송정화 박사님!"이라는 말씀을 들었을때 벅찬 가슴에 눈물이 글썽거렸던 장면이 지금도 생생하다. 이 자리를 빌어 지도교수님과 논문 심사위원님들께 감사의 말씀을 드리고 싶다.

➲ 연구자를 위한 조언

논문 심사 과정은 논문을 완성시키는 단계이다. 대체로 1차때 큰 틀이 바뀌고 수정사항도 많기 때문에 1차와 2차 심사 사이의 간격을 여유있게 잡는 것이 좋다. 그리고 심사과정은 미리 양해를 구하고 녹음이나 녹화를 하여 놓치는 사항들이 없도록 하는 것이 좋다. 심사 이후로는 각 심사 위원들의 의견이나 수정 사항들을 정리하고 그 옆에 어떻게 수정이 되었는지 표로 깔끔하게 정리한 후 가제본한 논문 앞에 붙여 수정사항을 한 눈에 볼 수 있도록 하는 것이 좋다. 이런 일련의 과정은 다음 논문 심사에서도 도움이 된다.

끝나지 않은 여정

필자는 박사 논문을 끝낸 후 개인적인 사정으로 활발하게 연구를 진행하지는 못했다. 솔직히 고백하자면 필자가 박사 공부를 시작한 것은 주변 여건을 고려하지 않고 조금 무리해서 시작한 한 면도 있다. 주변에 육아에 대한 도움을 받을 수 없는 상황에도 불구하고 공부를 시작한 상황이었고, 아이가 학교 들어가기 전까지는 무슨 일이 있어도 학위를 받겠다는 일념으로 쉬지 않고 논문을 진행했었다. 정해진 시간 안에 끝마쳐야 한다는 강박관념에 번아웃이 오기도 했고, 학위 이후에는 그동안 아이랑 많은 시간을 함께 못했다는 죄책감에 연구보다는 아이랑 시간을 더 보냈던 것도 사실이다. 그러다가 뒤늦게 둘째를 출산하면서 핑계이긴 하지만 사실 연구를 할 수 있는 시간이 없었다.

대신 필자는 학위 이후 대학과 대학원에서 예비교사와 현직 교사를 위한 강의는 지금까지도 쉬지 않고 계속 하고 있다. 강의를 하는 것과 연구를 하는 것은 별개의 것이지만, 강의를 하기 위해서는 새로운 것들을 끊임없이 공부를 해야 하기 때문에 수학교육학의 연구는 손 놓지 않고 계속 하고 있는 셈이다. 그리고 초등학생들과 중 고등학생들을 위한 교양서나 수학 문제집,

교재들을 만드는 일을 계속 하고 있다. 학회지에 논문을 쓰면서 독자적인 연구를 하고 있는 것은 아니지만, 그동안 공부했던 것들을 실제에 적용하여 어떻게 하면 학생들이 수학을 좀 더 재미있고 친근하게 공부할 수 있을지, 어떻게 하면 좀 더 쉽게 수학에 접근할 수 있을지, 그리고 어떻게 하면 수학을 계속 공부하고 싶어지게 할 수 있을지 고민하면서 저작 활동과 강의를 계속 하고 있다. 필자의 활동들이 수학교육을 크게 바꾸지는 못하더라도 소소하게 몇 명의 학생들에게 감흥이 되고 도움이 되는 것만으로도 필자는 만족하며 이런 작은 변화들이 모여 큰 변화를 일으킬 수 있다고 믿기에 연구자로서 사명감을 느끼며 지금의 생활을 즐기고 있다.

➲ 연구자를 위한 조언

연구자로서의 삶은 다양하다고 말하고 싶다. 학회지에 논문을 쓰고 프로젝트를 하고 대학이나 연구소에 소속되어 연구자의 길을 걷는 방법도 있으나, 각자의 상황에 맞게 현장에서 소소하게 수학교육학을 적용하는 것도 연구자의 몫이다. 본인이 관심있는 분야를 어떤 방법으로든지 쉬지 않고 묵묵히 연구하고 실행하다 보면 새로운 길도 열리고 새로운 기회도 생긴다고 본다. 학위 논문은 끝이 아니라 새로운 시작이다. 박사 학위를 받았다는 것은 수학교육학 연구를 할 준비가 되었다는 것이라 생각한다. 학위 이후 각자의 자리에서 수학교육학에 대한 관심과 열정을 버리지 말고 연구를 쉬지 않고 하기를 바란다

고등학생의 수학적 신념체계에 대한 연구

김윤민

> **수학교육학 연구는 비밀의 화원을 보살피는 것이다.**
>
> 누구나 하나쯤 비밀의 화원을 하나는 갖고 있다. 관심을 주어야 생기를 얻고 흥미를 보여야 마음의 문을 여는 비밀의 화원처럼 수학이 가지는 그 무엇을 찾아, 수학을 하는 모든 이들이 행복해지며, 지속적인 관심을 주는 그 방법을 찾을 수 있는 그 길을 수학교육학 연구가 만들어 주고 있다. 수학교육학 연구가 모든 이들이 수학에 대해 재미있고 즐겁고 행복해질 수 있는 그 길을 마련해 줄 것이라 믿는다.

필자는 2012년 8월 "고등학교 학생의 수학적 신념체계에 대한 연구"라는 제목으로 박사학위 논문을 작성하고, 수학교육학 전공의 문학박사학위를 취득했다. 이 연구는 고등학생들이 지니는 다양한 수학적 신념을 탐색하여 수학적 신념체계(belief system)로 구조화하여 학생이 지닌 신념체계에 따라 문제해결 행동이 어떠한지를 사례연구로 탐구하는데 의의가 있다. 수학적 신념은 정의(affect)적 영역의 한 요소이자 학생 스스로가 지닌 주관적 지식일 수 있어 문제해결이나 수학 학습에 많은 영향을 주는 요인으로 간주하고, 이러한 수학적 신념체계를 탐색하고 문제해결에 어떤 행동으로 발현되는지 탐색하는데 의의가 있다.

논문내용 둘러보기

수학적 신념은 학생들이 수학적 학습 상황에서 어떻게 행동할지에 영향을 주며, 수학과 관련한 사고와 행동을 조절하는 여과기 역할을 한다. 학생 개인만의 지식 구조를 위한 틀을 형성하여, 이 틀 안에서 활동을 생각할 수 있게 한다. 이러한 수학적 신념은 개별적으로 존재하는 것이 아니라 다양한 수학적 신념들이 신념체계를 이루면서 존재한다. 수학교과, 수학 문제해결, 수학 교수 · 학습, 자아개념에 대하여 각각 수학적 신념을 갖게 되며, 이런 학생들의 수학적 신념사이의 상호관련성에 따라 수학적 신념체계를 구성하였다.

본 연구는 고등학생의 수학적 신념체계에 대한 탐구를 목적으로 한다. 이를 위해 첫째, 고등학생의 수학학습에 작용하는 수학적 신념을 규명한다. 둘째, 고등학생의 수학적 신념체계를 구조화하고 중심신념요인을 찾는다. 셋째, 수학학습의 중요한 형태인 문제해결 활동에서 수학적 신념체계가 어떻게 작용하는지를 사례 연구를 통해 알아본다. 연구문제에 따른 결과는 다음과 같다.

첫째, 고등학생들은 수학이 학교에서 배우는 중요한 과목이라는 수학적 신념을 지녔지만, 일상생활에서도 수학이 필요하다는 신념은 부족했다. 그리고 고등학생들은 수학 문제해결에서 과정을 중시하고, 수학학습에서 이해를 중시해야 한다는 수학적 신념을 지녔지만, 암기된 공식이나 규칙을 아는 것이 중요하다는 수학적 신념도 지녔다. 고등학생들은 수학을 잘하기 위해서 수학 문제를 많이 풀어야 한다는 수학적 신념을 지녔지만, 낯설고 새로운 문제를 해결하는 것을 어려워했으며, 수학에 대해 부정적 인 감정을 가진 수학적 신념을 보였고, 이러한 신념은 학생에 따라 개인차가 있었다. 마지막으로 고등학생들은 자신의 노력에 따라 수학을 잘 할 수 있다는 수학적 신념을 지녔다.

둘째, 수학적 신념인 끈기, 도전성, 자신감, 감정요인이 서로 영향을 주는 밀접한 관계가 있었고, 논리성, 유용성, 과정이 서로 영향을 주는 관련성이 있었다. 따라서 고등학생들의 수학적 신념체계를 구조화할 수 있었다. 고등학생들의 수학적 신념체계의 심리적 중심이 되는 중심신념 요인은 끈기, 도전성, 감정, 자신감 요인을 확인할 수 있었다. 이러한 중심신념 요인은 개인의 경험에 근거하여 형성되고 타인과 공유되지 않는 개인만의 근원적 신념으로, 변화하기 힘들고 다른 신념과 많은 관련성을 갖고 영향을 주고 있었다.

셋째, 수학적 신념체계내의 중심신념 요인은 수학 문제 해결 활동에 중요하게 작용하고 있음을 살펴볼 수 있었다. 성공적인 문제해결 활동에서는 문제에 접근하는데 있어서 학생은 도전성을 갖고 문제를 해결하고자 하였다. 문제를 해결해 나가는 과정에서 자신감과 함께 문제를 해결할 수 있는 끈기도 가지고 있었다. 즉 익숙하지 않고 해결되지 않는 문제라도 문제를 오랜 시간동안 해결하려고 노력하였다. 다양한 전략을 사용하였고 이용한 전략을 확인하고 검증하였다. 문제해결에서 왜 그러한지 과정을 중요시하는 신념도 반영되었고 기억에 의존하기 보다는 스스로 해결할 수 있다는 신념이 반영되고 있음을 확인할 수 있었다. 문제를 성공적으로 마무리 한 후에는 기쁨을 표현하고 수학에 대한 긍정적인 감정을 나타냈다. 성공적인 문제해결 활동에서는 중심신념요인인 도전성, 끈기, 자신감, 감정요인이 모두 반영되어 학생의 문제해결 활동을 이끌었고, 더불어 과정요인도 작용하고 있었다.

학생들의 수학적 신념은 개인의 수학적 경험의 산물이므로 주관적 지식에 속한다. 이러한 수학적 신념은 수학학습에서 직접 경험하거나 학교에서 교사의 인정을 받을 때, 더욱 심리적 중심이 되고 이런 심리적 중심에 의해 다른 수학적 신념들이 응집될 수 있게 한다. 학생들의 수학적 신념체계에 대한 연구는 학생들의 포괄적인 수학적 신념에 대한 탐구이자 학생의 수학적 관점에 대한 연구이다. 이러한 학생의 수학적 신념체계에 대한 연구결과는 개인차가 크게 존재하는 수학학습에서 개별적이고 직접적으로 수학 학습을 개선하는 데 도움을 줄 것이다.

위와 같은 논문을 작성하기까지 필자가 겪었던 경험과 후배 연구자에게 하고 싶은 조언을 아래와 같이 제시해본다.

무엇을 연구할까?

20대에 진로에 대한 여러 가지 고민을 가득 지니고, 수학교육학으로 석사 학위를 받았다. 석사 학위 논문을 작성하면서 많은 부족함을 느꼈고, 박사 과정에 곧바로 진학하지 않고 T.A 조교를 잠시하면 학문과 거리두기를 하였다. 조교 생활에 익숙해지고 안주할 때 쯤, 석사 학위 논문 지도교수님이 박사 과정에 진학할 생각이 있다면 더 늦기 전에 시작하는 것이 좋겠다는 조언과 어렸을 때부터 갖고 있던 한 분야에서 박사학위논문을 쓰고 싶다는 작은 소망으로 일반대학원 수학교육학과 박사과정에 진학하였다. 이 후 입학 후 박사학위 지도교수님은 석사 학위 지도교수님이 아닌 이종희 교수님으로 변경되었는데, 이는 석사학위 지도교수님의 개인 사정으로 인해 박사학위 지도교수님으로 추천해주셨고 이종희 교수님께서 동의해주셔서 박사학위 지도교수님의 제자가 되었다. 이를 계기로 박사학위논문의 주제는 무엇으로 해야 하는가? 라는 고민도 시작되었다.

필자는 중 · 고등학교 학생이었을 때 수학을 상당히 좋아했고 좋아 한 만큼 열심히 했었다. 지금 생각해보면 논리적 절차에 따라 풀면 그 결과가 보장되었던 그 과정이 좋았던 것이었다. 그래서 다른 과목보다 수학 공부를 할 때는 즐거웠고 문제가 잘 풀리지 않더라도 내가 모르는게 있을 거라는 생각으로 다른 방법을 알아가는 그 과정이 재미있었다. 고등학교 학창시절 같이 공부하던 친구가 있었는데 그 친구는 수학 공부를 나보다 더 열심히 했고 잘 했지만, '수학이 싫지만 대학을 가기 위해서는 열심히 한다고' 항상 이야기 했었다. 그래서 내가 수학이 재미있다는 말에 동감을 못하겠다는 말을 했었다. 그 시절 수학공부를 할 것이라면 재미있고 즐겁게 공부하면 좋을 텐데, 수학 성적이 좋다고 해서 수학을 좋아하고 즐기는 것은 아니구나 생각을 했었다.

이런 기억을 떠올리게 된 건, 이종희 교수님께서 책임연구자로 진행하신 정의(affect)적 영역에 관련된 학술진흥재단 연구에 연구보조원으로 참여하는 기회를 갖게 되어 지도교수님께서 이 연구를 통해 관심이 생기는 것이 있다면 박사학위 논문 주제로 고려할 것을 조언해주실 때였다. 사실 이 시기는 박사학위 논문을 어떻게 써야 할지 깊은 고민과 방황을 하고 있었던 상황이었는데, 한 줄기 빛을 본 듯 했다. 나의 작은 기억과 연구 참여로 접한 다양한 선행 연구를 통해 수학적 신념과 수학적 신념체계에 대해서 알게 되었고 이것은 나의 박사학위 논문의 주제가 되었다.

다시 돌아가, 많은 학생들이 수학을 어려워할 수 있지만, 그래도 수학에 대해 흥미를 지니고 항상 재미를 느끼면서 공부하면 좋겠다는 생각과 수학에 대해 느끼는 감정이 다르면 수학 학습에 어떠한 영향을 주는지가 궁금해졌고, 이를 계기로 수학적 신념체계라는 주제로 연구 방향을 잡을 수 있었다. 이러한 생각들을 정리하여 지도교수님과 박사학위 논문 주제와 연구 방법을 논의하였고, 우리나라 고등학생이 지니는 수학적 신념에 따라 과연 문제해결 과정이 어떻게 다를지에 대해 연구를 수행하게 되었다.

➲ 연구자를 위한 조언

본인이 수학교육에 대해 알고 싶은 것이 무엇인지, 수학에 대해 나는 어떻게 생각하고 있는지를 먼저 살펴보자. 자신의 수학에 대한 신념이 무엇인지 알고 나는 수학을 어떻게 접근하고 있는지도 자신의 행동을 곱씹어보면서 자신이 진정 알기 원하는 주제를 택할 기회를 지녔으면 한다.

어떤 방법으로 연구할까?

필자는 본 연구를 진행할 때, 가장 고민을 한 것이 연구 방법이었다. 연구 문제를 구체화하는 과정에서 가장 고민을 많이 해야 하고 연구의 비계와 같은 것이 연구 방법이다. 평소 필자는 양적 연구를 선호하였지만, 수학적 신념체계에 대한 연구는 양적 연구를 통해 분석하고 해석한 연구 결과도 중요하였지만 학생 개개인이 문제해결 과정에서 발현되는 수학적 신념체계를 분석하기 위해서는 사례연구도 요구되어 질적 연구도 실시하여 혼합연구를 하였다. 먼저 고등학생의 수학적 신념체계를 탐색을 위해 설문 조사의 결과를 분석하고, 이 분석 결과를 바탕으로 학생이 지닌 수학적 신념체계를 분류하여 그 학생이 문제해결 과정에서 어떤 행동을 보여주고 문제해결이 어떠한지를 살펴보기 위해 면담과 관찰을 이용하여 수행하였다.

연구방법을 설계함에 있어 현실적으로 실현 가능성에 대해서도 고민이 필요하다. 필자는 중등학교 현직교사가 아니여서, 필자가 직접 학생을 섭외하거나 학생을 파악하는 것에 어려움이 있어 교사들의 도움이 절실했고, 더욱이 필자의 연구를 이해하고 적극적으로 참여해줄 수학교사와 학생들이 필요했다. 사례연구는 평소 학생의 수학수업에서의 평소 활동, 수학 성취, 수학교사가 생각하던 학생의 모습 등에 알고 학생의 문제해결 행동을 분석해야 했기에, 과연 이 연구방법으로 설계가 실현가능한 것인가에 대해 고민했지만, 아주 다행히도 동기들이 고등학교에 수학 교사로 재직을 많이 하고 있어 도움의 손길을 청할 수 있었다. 평소 필자 연구 주제에 관심을 주었던 수학교사 덕분에 사례연구 대상인 학생을 섭외하고 사례연구를 진행할 수 있었고, 연구수행 전 사례연구 대상 학생이 평소 수학 수업시간에 보였던 학생의 태도, 습관, 성취도 등에 대한 관찰 정보도 얻을 수 있었다. 만약 이러한 연구를 최근에 진행해야 한다면 IRB 승인 절차를 거쳐야 하니, 이 절차를 알아보고 이를 반영하여 연구 수행 일정을 계획해야 한다. 연구방법은 공식처럼 정해져있지 않고 절대적인 정답은 없는 듯 하다. 하지만, 본인이 수행하고 싶은 연구 수행을 위해 가장 숙고해야 하는 것이 연구 방법이고, 합리적인 판단을 할 수 있는 연구 방법과 연구절차에 대해 고려해야 하며, 연구를 설계할 때 어떠한 연구방법을 사용하여 본인 연구의 타당성을 높일 수 있을 것인지 가장 많은 시간을 고민해야 그 정답에 가까워질 수 있을 것이다.

➲ 연구자를 위한 조언

연구 방법은 연구의 기초 설계이고 연구 문제에 대한 결과를 잘 나타낼 수 있도록 하는 방안이므로 연구자들에게 가장 많이 숙고해야하며, 선행 연구의 연구방법을 살펴보며 자신연구 결과를 뒷받침할 적절한 연구방법을 찾길 권한다. 더불어, 수학교육학의 특성상 초, 중, 고등학생을 대상으로 연구할 경우 연구 윤리에 대해 항상 생각해야 한다. 더욱이 본인이 현직교사로 재직하고 있다면 자기 연구, 동료 연구 등 실현 가능한 연구 방법이 다양하지만, 아닌 경우에는 현실적으로 할 수 있는 연구 대상, 연구 절차를 충분히 고려해야 한다.

연구는 어떻게 수행했는가?

지금과 달리 그 당시 국내에서는 수학의 정의적 영역에 대한 연구가 많지 않아 용어를 어떻게 해석해야 할지부터 연구 방법을 어떻게 해야 할지 그 모든 것들이 도전과 같았다. 공부하면서 이렇게 하면 좋겠지 하면서 진행하다가도 뭔가 고구마 먹은 것처럼 막힐 때 이종희 교수님을 찾아뵙고 이야기하면 항상 그 막힌 길을 벗어나게 해주셨고, 지도교수님의 촌철살인과 같은 조언으로 연구 문제를 구체화하고 연구를 수행할 수 있었다. 지도교수님에게 들었던 이야기 중 '관심을 항상 갖고 고민하고 끊임없이 생각하면 길이 있다.'라는 조언이 가장 기억에 남고, 이 조언은 현재도 지도교수님에 비하면 많이 부족하지만 무엇이든 고민하고 생각하는 습관이 되었다. 그리고 현재 필자가 석사과정 학생의 논문을 지도할 때 항상 언급하는 단골 멘트가 되었다.

필자는 연구를 수행하는 과정의 가장 기본은 선행 연구를 꾸준히 살펴보고 공부하는 것이라고 생각하였다. 우선은 연구 주제에 대해 내 스스로가 잘 알고 있어야 연구를 수월하게 수행할 수 있고, 추후 연구 결과를 분석도 풍부해 질 수 있다. 이를 위해 자신이 연구 주제를 정했다면 그 주제에 대해 국내외 선행 연구 문헌을 모두 읽어 볼 것을 권한다. 자신의 연구 주제와 관련한 논문의 참고문헌을 읽었을 때, 본인이 그 내용을 거의 다 알고 있다면 박사학위논문을 위한 준비가 되었다고 볼 수 있다. 필자가 박사학위 논문을 작성하던 시기에 비하여 현재 국내외 수학교육 연구는 더욱 활발히 진행되고 있어서, 국내외 참고문헌을 꼭 읽어보고 생각할 시간을 충분히 갖기 추천한다. 더불어 선행 연구를 저널, 석사학위 논문, 박사학위 논문으로 나누어 본인의 주제에 대한 이론적 배경 탐구 뿐 만 아니라 연구 방법을 어떻게 했는지, 연구 방법에 따른 연구 결과를 어떻게 작성하였는지를 살펴보는 것이 중요하다. 이를 위해서 선행 연구들을 자신의 분류 방법에 따라 잘 정리하여 기록하는 것도 필요하다.

필자는 국내외 선행 연구의 문헌을 근거로 수학적 신념체계를 범주화하였고, 신념체계, 수학적 신념, 수학적 신념체계가 무엇인지 기술할 수 있었다. 더불어 범주화한 수학적 신념체계의 하위요인을 분석하고, 이 하위 요인 간 상관분석, 회귀분석을 근거로 중심요인을 파악하였고, 이 수학적 신념체계에 대해 분석하고 파악하고자 하였다. 또한, 국내외 선행 연구의 연구 결과와 필자의 연구 결과의 공통점과 차이점을 분석하고 이를 통해 국내외 학생들의 수학적 신념에 유사하지만 한국 학생만의 특성도 있음을 밝힐 수 있었다.

➲ 연구자를 위한 조언

선행 연구는 연구의 길을 마련해준다. 수많은 국내외 논문을 읽으면서 생각해보고, 어느 순간 자신의 연구 분야 논문의 참고문헌을 봤을 때 적어도 거의 알고 읽어봤던 논문이라면, 자신의 연구에 대해 자신만의 길을 마련했다고 볼 수 있다.

연구 결과를 어떻게 나타낼까?

연구를 진행하는 과정에서 연구 계획서라는 기본 틀을 작성했더라도 한 권의 논문을 작성하는 것은 어려운 일이다. 더욱이 일반적인 글과 논문은 작성방법도 다르고, 본인이 생각하는 바를 글로 표현하는 일은 어려운 일이다. 평소 생각에 가둬두었던 것을 글로 표현하고 본인이 담고 싶은 의미를 정확하게 표현하기 위해서는, 자신이 수행했던 연구 과정을 타인에게 설명하고 연구 결과를 명확히 작성하는 연습이 요구된다. 필자는 논문에 수행한 연구의 과정과 결과를 잘 구조화하여 표현하고자 하였고, 자신이 이 연구를 위해 어떤 내용을 공부하고 어떻게 수행하여 얻은 결과가 무엇이고 그 결과를 근거로 확보한 논리적 타당성이 무엇인지 제시하고자 하였다.

➲ 연구자를 위한 조언

필자는 논문 작성에 어려움을 겪으면서, 다른 박사논문은 어떻게 작성되었는지 참고하여 표현을 따라 써보기도 하고, 어떤 날은 단 한 줄도 작성하지 못 하는 날도 있었고, 어떤 날은 10페이지 넘게 작성하는 날도 있었다. 시간을 두고 꾸준히 작성해야 하고 논문은 자신의 연구 결과를 자신의 연구 목적에 맞게 합리적으로 도출할 수 있어야 한다. 더불어 다른 이가 본인의 논문을 읽었을 때, 연구의 결과를 잘 파악할 수 있도록 기술하거나 시각화하여 제시하고자 노력해야 한다.

논문 심사는 어떻게 진행될까?

필자는 논문심사가 논문 작성의 마무리 단계라고 생각하였다. 하지만, 이는 커다란 오판이었다. 논문 심사는 논문의 전체 틀에 대해서 다양한 관점으로 살펴볼 수 있는 하나의 중요한 과정이었고, 논문 작성의 그 출발선과 같았다. 필자는 3차에 걸쳐 논문 심사를 진행하였고, 그 기간은 약 2개월 소요되었다. 논문 심사를 위해 수학교육 전문가 5인으로 구성된 심사위원회가 조직되는데, 미완의 완성이었던 논문을 심사해주시고 깊이 생각할 수 있는 질문과 조언으로 논문을 풍성하게 해주신 심사위원회에 참여해주셨던 교수님들께 다시 한번 감사의 인사를 드립니다.

다시 논문 심사로 돌아와서, 1차 심사를 위해 PPT로 발표자료를 준비하면서 한번 더 논문에 대해 생각해 볼 시간을 가질 수 있었고, 1차 심사에서 심사위원회의 주옥같은 조언은 날 것과 같은 논문이 정갈해지고 중심을 잡아 가는 것을 느낄 수 있었다. 2차 심사에서는 1차 심사 논문과 다르게 작성한 내용을 중심으로 발표하여 조언을 얻어 논문에 반영하여 수정하고, 최종 심사에서 3차 심사의 마지막에 심사위원회의 논의를 통해 박사학위논문으로 합격했다는 확인을 받으며 심사는 마무리 되었다. 심사위원회의 심사는 마무리 되었지만, 박사학위논문 파일을 제출하기 전까지 작성과 수정은 반복되었다. 이러한 과정은 논문의 질적 향상을 위한 하나의 과정이었다. 총 3회의 논문 심사 일정동안 거의 밤새면서 논문을 수정하고, 수정하면서 이게 맞는 걸까? 논문을 접어야 하나 심각하게 고민했던 적도 있었지만 그럴 때마다 지도교수님께서 중심을 잡아주시고 본질을 관통하는 조언으로 논문 심사와 논문 작성도 잘 마무리 할 수 있었다.

➲ 연구자를 위한 조언

논문 심사 과정은 논문의 마무리가 아니라 또 다른 시작이다. 논문의 구조와 내용을 더 정교하게 다듬고 논문의 질을 높이는 과정이다. 논문 심사위원회에서 제기하는 문제점을 깊이 고민하고 적극적으로 의견을 수용하려는 태도가 필요하다.

당시 필자의 논문 심사위원장이셨던 교수님께서 3차 마지막 심사에서, 이 박사논문은 필자의 연구자의 길에 10년 이상은 따라 다니게 될 내용이니 잘 다듬고 앞으로도 이에 대해 더 깊이 고민하면 좋겠다라는 조언을 해주셨다. 그때는 이 말이 무슨 의미인지 제대로 이해하지 못했다. 이 글을 작성하면서 뒤돌아보니 모든 필자의 연구의 기반은 박사학위 논문이었다. 박사학위논문을 준비하고 작성할 때와 같이 하나의 연구를 위해 학문적으로 많은 내용을 공부하고 고민할 시간을 확보하기 어렵다. 박사 학위논문의 주제에 대해 가장 잘 알고 이해하는 사람이 본인이 되므로, 그 전문가가 되는 과정 속에서 여러 문헌, 연구들을 깊이 있게 공부하고 연구 성과를 만들어내는 그 과정과 시간을 즐겼으면 좋겠다는 조언도 드리고 싶다.

끝나지 않는 여정

2012년 8월 박사학위를 받고, 경인교육대학교를 시작으로 신라대학교, 광주교육대학교에서 강의를 하였다. 박사학위 논문을 마무리 한 후 1년여 동안 연구보다는 강의에 몰두하다가 이종희 교수님의 조언으로 박사학위 논문을 정리하여 저널에 발표하고 이후 수학적 신념의 주제를 구체화하여 추후 후속연구를 진행하였다. 이후 2015년 3월 계명대학교 자연과학부 수학전공에서 조교수로 입직하여 교직이수자 및 교육대학원 학생을 지도하였고, 수학에 대한 기초 교양과목을 강의하였다. 대학에 진학한 후 수학에 대해 여전히 흥미를 지니고 재미있게 학습하길 바라는 마음으로 학생들을 교수하고 연구하였고, 이후 2021년 3월 진주교육대학교로 조교수로 입직하여 초등예비교사를 지도하고 다양한 연구를 진행하고 있다. 이 과정에서 지도교수님께서 자신감을 가질 수 있도록 응원해주셨고, 지속적으로 학문에 매진하도록 일깨움을 주셨다.

최근에는 우연한 기회로 직업기초능력평가 수리활용의 문항 검토에 참여하면서 직업기초능력평가의 취지와 의미를 이해하게 되었고 이 평가를 수학의 유용성을 충분히 반영하면서 수학교육 뿐 만 아니라 교육과정과의 연계성을 강화할 수 있는 방안을 마련하고자 연구하고 있으며 이와 관련한 다양한 연구하고 있다.

아직도 학문적으로 부족하지만 내가 좋아하고 재미있어 하는 분야에서 열심히 하고 학생들이 수학 학습을 조금이나마 재미있게 공부할 수 있는 환경을 만들 수 있도록 노력하고자 한다.

이렇게 학문에 대하는 자세나 태도를 알려주신 이종희 교수님께 평소에는 표현하지 못했지만 감사한 마음만을 지니고 있었는데, 이 자리를 빌어 다시 한번 감사한 마음을 전합니다. 교수님과 함께 했던 시간을 통해 배웠던 것을 실천하고자 노력하고 있고, 무언가를 끊임없이 관심을 두고 연구를 지속적으로 할 수 있는 힘이 되어 주셔서 감사합니다.

➲ 연구자를 위한 조언

박사학위는 자신이 학문의 세계에서 얼마나 작은 존재인지를 깨닫고 겸손해지는 인증서이다. 박사학위 논문은 자신의 연구의 출발선이고 때론 연구 인생을 지탱해주는 버팀목이 되기도 한다. 어떤 방향으로든 자신만의 연구를 지속하는 그 과정 속에서 희노애락을 느끼며 성장할 것이고, 연구는 끝이 없는 길임을 인식하게 될 것이다.

교사의 수학적 언어에 반영되는 교수 양식에 관한 분석

박지현

수학교육학 연구는 인생의 벗이다.

때로는 힘들고 어렵지만,

항상 그 자리에서 마음의 위안이 되어준다.

필자는 2012년 8월 “교사의 수학적 언어에 반영되는 교수 양식에 관한 분석”이라는 제목으로 박사학위 논문을 완성하고, 수학교육학 전공의 문학박사 학위를 취득했다. 이 연구는 교사의 인지 양식을 수학 교수.학습을 위한 핵심적인 요인으로 간주하고, 수학 교수 상황에서 교사의 언어를 통해 발현되는 교수 양식을 탐색하였다는 데 의의가 있다.

논문내용 둘러보기

수학 수업에서 교사는 지식의 변형과 전달을 일차적으로 책임지는 소통의 주체로 활동하게 된다. 이처럼 수학적 지식을 전달하는 교사의 역할이 중요함에도 불구하고 그 동안 수학 교사의 교수 유형을 체계적으로 분석할 수 있는 방안이 마련되지 못했다. 그러므로 수학 교사에 의한 지식의 변형과 전달 방식을 체계적으로 분석할 수 있는 방안과 실제 수업에서 나타나는 수학 교수 양식의 유형에 대해 탐색해 보았다.

인지적 사고 양식과 수학의 특성에 대한 선행 연구들은 각각의 특성을 시각적 측면과 분석적 측면으로 분류하는 경향이 있으며, 이 두 측면과 관련된 여러 가지 요소들을 설정하고 있다. 선행 연구들을 종합하여 시각적 양식과 분석적 양식을 양극단의 수학 교수 양식으로 설정하고, 두 양식을 대등하게 활용하는 경향으로 혼합적 양식을 가정하였다. 또한, 인지적 양식 연구와 수학의 특성 및 수학 학습 양식에 대한 선행 연구에서 시각적 측면과 분석적 측면의 관련 요소로 설정하고 있는 다섯 가지 측면을 추출하여, 시각적 양식과 분석적 양식의 분석 지표가 될 하위 요소들을 선정하기 위한 상위 범주로 활용하였다.

사고와 언어에 관한 선행 연구들은 교사의 언어에는 교사의 사고가 반영되어 나타나며, 교사의 언어는 지식을 통한 의사소통 과정에서 학생의 사고에 반영됨을 밝히고 있다. 이를 통해 교사의 인지적 사고 경향성을 의미하는 교수 양식은 각기 다른 유형의 교수 언어로 발현될 수 있다는 것을 알 수 있다. 따라서 고안된 분석틀을 이용해 실제 수학 교사들이 수업에서 사용하는 수학적 언어에 대한 빈도 분석과 질적 사례 분석을 통해 실제 수업 장면에서 세 가지 수학 교수 양식이 나타나는 양상에 대해 분석하였다. 또한, 내용 영역별, 학교급별, 경력별, 성별 교차 분석을 실시하여 교수 양식에 영향을 미칠 수 있는 요인을 탐색해 보았다.

연구 결과, 시각적 양식과 분석적 양식 각각에 대한 15가지 사고 요소를 다섯 가지 범주로 통합한 수학 교수 양식 분석틀을 설정하였다. 수학 교수 양식 분석틀의 다섯 가지 범주는 각각 수치적 인식에 대한 선호, 변화에 대한 선호, 연결성에 대한 선호, 직관에 대한 선호, 이미지 또는 기호에 대한 선호에 관한 것이다. 이 분석틀을 이용해 실제 수업에서 교사들이 사용하는 수학적 언어에 대해 분석한 결과, 수학 교수 양식은 실제로 시각적 양식, 분석적 양식, 혼합적 양식으로 나타났다. 특히, 혼합적 양식은 혼합되는 방식에 따라 결합적 양식과 융합적 양식이라 명명한 서로 다른 두 가지 유형이 발견되었다. 또한 각각의 교사별로 다섯 가지 범주 중 특정 범주에 대한 설명에 강세가 나타나는 것을 확인하였고, 대상 교사들이 공통적으로 선호하거나 선호하지 않는 요소가 있음을 밝혔다. 집단별로 교수 양식이 나타나는 양상을 분석한 결과 수학 교수 양식은 다른 변인 보다는 교사 경력에 따른 영향을 많이 받는 것으로 나타났다.

수학 교사의 교수 양식에 관한 본 연구는 수학 교사들의 수업 방식에 대한 옳고 그름을 판단하기 보다는 수학 교사들의 교수 방식을 분석할 수 있는 방법을 도출하였다는 데 그 의의가 있다. 많은 선행 연구에서 학생의 학습 양식이 교사의 교수 양식과 조화를 이루지 못할 때 학생들은 교사의 설명을 이해하지 못하고 낮은 학업 성취도를 나타낸다는 것을 설명하고 있다. 따라서 본 연구에서 제시한 수학 교수 양식을 분석할 수 있는 체계적인 분석틀과 분석 방안을 바탕으로 교사들이 교수 양식을 다각도로 파악하고, 개선할 필요가 있을 것이다.

무엇을 연구할까?

필자가 중.고등학교 학생이었을 때, 필자를 비롯한 주변 친구들은 잘 가르치시는 선생님과 잘 가르치시지 못하는 선생님을 구분하곤 했었다. 이러한 경험은 고등학교 교사로 재직할 당시에도 이어졌는데, 소위 필자와 좀 친한 학생들은 어떤 선생님이 잘 가르치시고 어떤 선생님은 잘 가르치시지 못한다는 이야기를 해주곤 하였다. 그런데 이러한 경험이 반복되면서 깨달은 점은 학생마다 잘 가르친다고 생각하는 기준이 다르다는 것이었다. 학생들의 '잘 가르침'의 기준은 본인이 얼마나 잘 이해가 되느냐였는데, 특히 수학 교사에 대해서 어떤 학생은 식을 중심으로 간결하게 설명해주는 교사가 잘 가르친다고 보는 경우와 그래프나 그림을 그리거나 시뮬레이션이 담긴 영상 자료를 바탕으로 설명해주는 교사가 잘 가르친다고 보는 경우가 있었다. 이러한 경험은 수학 교사들이 학생들을 지도하는 방식이 실제로 차이가 있을까? 차이가 있다면 구체적으로 차이가 있을까?라는 궁금증으로 연결되었다. 마침 이때 한국교육과정평가원에서 수학 교사들의 수업을 컨설팅하는 연구에 참여할 수 있는 기회가 주어졌고, 수학 교사들의 수업을 전사한 자료를 검토하고, 실제 교사들을 만나서 면담을 하는 과정에서 교사들마다 수학을 가르치는 방식이 다를 수 있겠다는 생각을 하였다.

이즈음에 필자는 수학교육과 박사 과정에 입학하여 첫 학기에 지도교수님의 수업을 들었는데, 이때 학생들의 수학에 대한 인지적 사고 양식을 분류하는 선행 연구들을 살펴보면서 결국 학생과 교사가 같은 '사람'임을 고려하면 교사들의 수학 교수 양식도 몇 가지로 분류해볼 수 있을 것이라는 생각을 하였다. 이후 박사 과정 수업을 들으면서 인지적 사고 양식이나 학습 양식을 주제로 하는 선행 연구들을 지속적으로 살펴보았다. 선행 연구들은 수학 학습에서 학생들의 학습 양식이나 사고 양식을 규명하고 있었으나 수학 교사들의 교수 양식에 주목한 경우는 드물었다. 당시에는 수학 교육에서 학생들의 학습 특성에 대한 연구나 창의성과 같이 어떤 특성을 효과적으로 지도하는 모델에 대한 연구가 주를 이루고 있었고, 교사 교육에 관한 연구는 대부분 교사 지식(PCK)을 중심으로 이루어지고 있었기 때문에, 교사의 수학 교수 양식을 규명하는 연구가 의미가 있겠다는 생각을 하였다. 이러한 생각들을 정리하여 지도교수님과 박사학위 논문 주제에 관해 상의를 하였고, 교사가 수학을 가르칠 때 사용하는 언어에 반영되는 교수 양식을 분석하는 방법을 고안하는 연구를 수행하게 되었다.

➲ 연구자를 위한 조언

논문 주제를 정하고자 할 때는 자신의 수학 교육적 경험을 떠올려볼 것을 추천한다. 이 경험은 비단 수학 교사로서의 경험만을 의미하는 것이 아니며, 학습, 연구, 지도 등 수학 교육과 관련된 모든 경험을 의미한다. 자신의 경험을 떠올려보면 특히 인상 깊었던 장면이나 기억에 남는 연구 결과들이 있을 것이다. 이러한 경험의 조각들을 잘 연결해나가다 보면 나의 관심사가 무엇인지 드러나는 시점이 올 것이다. 이를 위해서 수학 교육뿐만 아니라 관련된 다양한 지식과 경험을 쌓아 어떤 교육 현상을 포착해내는 연구자의 민감성을 높이는 것은 필수이다.

연구를 어떻게 설계하고 수행해야 할까?

연구자마다 선호하는 연구 방식이 있다. 필자는 양적 연구보다는 질적 연구를 선호하는 경향이 있으며, 연구 주제에 맞는 체계적인 틀을 먼저 설정하고 이를 기반으로 어떤 현상을 분석해나가는 방식으로 연구를 수행하는 것을 선호한다. 이에 박사학위를 위한 연구는 분석틀을 개발하고 이를 바탕으로 교사의 수업을 분석하는 질적 사례 연구를 중심으로 진행하되, 분석틀의 타당성을 확보하고자 분석틀 개발을 위해서는 선행 연구에 대한 분석과 더불어 요인 분석을 실시하기로 하였다.

연구를 위해서 먼저 수학 교수 양식을 규명하여 분석할 수 있는 틀을 마련하고, 이 틀에 기반하여 수학 교사들의 실제 수업 자료를 분석하는 방식을 연구를 진행하기로 하였다. 연구를 체계적으로 진행하고자, 근거 이론에서 활용하는 세 가지 순차적 코딩 절차를 연구에 적용하기로 하였다. 질적 연구 방법의 하나로 분류되는 근거 이론은 개방 코딩-축 코딩-선택적 코딩의 순으로 연구를 진행한다. 이 아이디어를 기반으로 다양한 선행 연구로부터 수학적 사고 요소들에 대한 분석하여 수학 교수 양식 분석틀(안)을 상정하고, 분석틀(안)에 포함된 사고 요소들에 대한 수학 교사 및 전문가 인식 조사를 통한 요인 분석을 실시하여 사고 요소들이 유사한 특성을 중심으로 하나의 양식으로 묶일 수 있는지를 검증하였다. 이를 통해 도출한 수학 교수 양식 분석틀을 활용하여 수학 교사들의 실제 수업 자료에 대한 분석을 실시하였고, 이를 바탕으로 개발한 분석틀이 수학 교수 양식을 규명하는 데 적합한지를 검증하고 실제 수업에서 수학 교수 양식이 나타나는 양상을 밝히고자 하였다.

연구를 설계할 때 주안점을 둔 것은 수학교육학 연구로서의 독창성을 확보하기 위해, 수학 교수 양식은 일반적인 교수 양식과 다르게 수학의 학문적 특성에 기반해야 한다는 것이다. 필자는 수학이라는 학문의 특성이 다른 교과와 다르게 어떤 지식을 시각적 형태와 분석적 형태로 표현할 수 있다는 점을 고려할 때, 교사들이 선호하는 지도 방식이 있을 수 있을 것으로 보고 분석틀을 설계하였다.

필자는 몇 가지 프로젝트에 참여할 기회가 주어져, 수학 교사들의 수업 사례를 다양하게 접할 수 있었으며, 해당 교사들과도 지속적으로 만날 수 있는 기회가 마련되어 각각의 교사들의 성향이나 수업 특징을 용이하게 파악할 수 있었다. 다만 수업 사례를 분석하려고 했을 때, 수업에서 확인할 수 있는 다양한 현상 중 어떤 것을 분석 대상을 할 것인지를 정해야 했다. 이때 피아제나 비고츠키가 인지적 사고가 언어로 발현됨을 강조하였던 것에 착안하여, 수학 교사의 교수 양식도 수학 수업에서 사용하는 언어를 통해 발현될 것이라는 아이디어를 얻었고, 교사들이 수학 수업을 위해 사용하는 언어를 분석 대상으로 설정하였다.

➲ 연구자를 위한 조언

연구 방법을 선정하기에 앞서 수학교육학 분야에서 대표적으로 활용되는 연구 방법에 대해 상세하고 정확하게 이해할 필요가 있다. 연구 논문을 기반으로 연구 방법을 이해하기 보다는 이론서를 중심으로 각각의 연구 방법이 가지는 특징과 활용 방법에 대해 숙지할 필요가 있다. 이와 더불어 교육학 분야에서 최근에 새롭게 활용되는 연구 방법이 있는지 탐색해보기를 권장한다. 연구 방법에 대한 충분한 이해를 바탕으로 연구 주제에 적합한 연구 방법을 선정하거나 몇 가지 연구 방법을 조합하여 새로운 연구 방법을 창출해 낼 수 있을 것이다.

또한 연구 방법을 적용하는 데 있어서 신중을 기하기를 당부한다. 연구 방법에 따라 연구 결과가 달라질 수 있는데, 논문을 작성하거나 심사하는 과정에서 연구 방법 적용에 오류가 있음이 밝혀진다면 다시 연구를 진행해야하는 어려움에 부딪히게 된다. 따라서 연구 방법을 적용하여 연구를 진행하는 순간순간마다 연구 방법을 적절하게 적용하고 있는지, 수집한 자료가 연구 주제에 적합한지, 자료에 대한 분석은 적절하게 이루어졌는지 등을 지속적으로 점검하여 타당한 연구 결과를 도출하도록 해야 한다.

연구 결과를 어떻게 나타낼까?

자료에 대한 분석이 완료되고, 주요 연구 결과가 도출되어 지도교수님에게 연구 결과를 보완하기 위해 수집 추가적으로 어떤 분석을 수행해야할 것인지에 대한 조언을 구할 때쯤 논문 작성에 대한 고민을 시작하였다. 박사학위 연구를 시작하면서 교수님께서 연구 주제와 관련하여 조사한 선행 연구들을 주제별로 한 파일에 정리해놓고 본인의 생각도 함께 작성해 놓으라는 조언을 해주셨기 때문에, 논문 작성에 대한 고민이 시작되었을 때 이미 많은 양의 선행 연구 자료가 정리된 파일을 가지고 있었다. 이 자료는 논문의 이론적 배경을 작성하는데 유용하게 활용할 수 있었다.

선행 연구 자료, 연구를 위해 수집한 자료, 분석 결과 등에 대한 방대한 자료들을 하나의 논문으로 논리정연하게 제시하는 것이 생각보다 쉽지 않았다. 논문을 작성하면서 보완점도 발견이 되었고, 연구에 대한 새로운 아이디어도 얻을 수 있었다. 실제로 논문을 작성하는 과정에서 경력 교사와 신규 교사 간의 교수 양식의 활용 방식에 차이가 있을 것으로 보고, 추가 자료 수집 및 분석을 통해 연구를 좀 더 확장하였다.

연구 결과를 독자들이 읽는다고 생각하니, 내가 설정한 연구 문제에 대해 어떤 결과가 도출되었는지가 명료하게 드러나도록 작성해야 되겠다는 생각이 들었다. 이 때문에 많은 논문에서 연구 문제와 연구 결과가 동일한 구조를 갖도록 작성한다. 필자의 논문도 표와 같이 주요 연구 문제에 따라 장을 나누고, 세부 연구 문제와 유사한 구조로 절을 구성하여 각각의 연구 문제가 연구를 통해 어떻게 해결되었는지를 쉽게 파악할 수 있도록 하였다. 연구 결과로 제시할 수 있는 많은 내용이 있었으나 논리적 타당성을 잃지 않으면서 최대한 간결하게 내용을 작성하고자 하였으며, 많은 부분을 시각화하여 제시하려고 하였다.

연구 문제	논문 목차
1. 인지적 측면에서 수학 교사의 교수 양식을 체계적으로 분류할 수 있는가? 1-1. 수학 교사의 교수 양식은 인지적 측면에서 어떻게 나눌 수 있는가? 1-2. 수학적 사고 요소들을 범주화하여 수학 교수 양식 분석틀을 만들 수 있는가? **2. 교사가 실제 수업에서 사용하는 수학적 언어는 수학 교수 양식과 그 하위 범주에 따라 어떻게 분류되는가?** 2-1. 수학 교수 양식은 교사의 수학적 언어를 통해 어떻게 나타나는가? 2-2. 수학 교사의 집단별 분류에 따라 교수 양식은 어떤 차이가 나타나는가?	Ⅳ. 수학 교수 양식 분석틀 설정 A. 수학적 사고와 관련된 인지적 요소의 탐색 B. 요인 분석 결과 C. 수학 교수 양식 분석 지표 설정 Ⅴ. 수학 교수 양식 사례 연구 A. 사례 분석 결과 B. 수학 교수 양식의 비교 분석

➲ 연구자를 위한 조언

논문 작성을 시작할 때, 목차에 대한 고민을 하게 된다. 논문의 목차는 결국 전체 논문의 체계를 나타내는 것이라 할 수 있는데, 목차를 고민하는데 너무 많은 시간을 보내기보다는 본격적인 논문을 작성하는데 시간을 많이 투자하는 것이 좋다. 논문을 작성하고 심사를 받게 되면 논문의 목차는 계속해서 바뀌게 되므로 처음 시작할 때는 큰 그림을 그리는 정도로만 목차를 설정하고, 세부 목차는 차차 만들어가는 것이 좋다.

연구 결과는 연구 자료에서 드러난 현상을 그대로 기술하는 것이 아니라 연구 주제에 기반하여 의미있는 결과를 도출하고 이에 대한 논리적 타당성을 입증하는 내용이 기술되어야 한다. 논문은 연구자의 개인적인 생각을 작성하는 공간이 아니기 때문이다.

논문 심사는 어떻게 진행될까?

필자의 박사학위 논문 심사는 2012년 3월 말부터 6월 초까지 이루어졌다. 지도교수님께서 3월 말 정도부터 논문 심사를 진행하자는 말씀을 해주셨을 때가 아직도 기억에 남는다. 이때부터 논문심사위원회 구성, 심사 날짜 선정, 논문 심사를 위한 예비 논문의 가제본 완성, 발표 자료 준비 등 논문 심사를 위한 준비가 이루어졌다. 먼저 논문 심사를 위해 수학교육 전문가 5인으로 구성된 심사위원회가 조직되었는데, 미완의 예비 논문을 심사해 주시고 논문의 질적 향상을 위해 조언을 해주신 심사위원회에 다시 한 번 감사의 인사를 드린다.

박사학위 논문 심사는 3회의 위원회 심사와 1회의 공개 발표로 진행되었다. 1차 심사를 위해서 먼저 1주일 전에 예비 논문 가제본을 심사위원회에 전달하였다. 1차 심사 발표를 위해서 약 2주간 프리젠테이션 준비를 하였는데, 박사학위 논문의 전반적인 내용을 담다 보니 90장에 가까운 발표 자료가 만들어졌다. 발표 자료를 만든 후에는 발표 준비를 했는데, 이때 논문을 다시 차분히 읽어보면서 예상되는 질문을 생각해보고 그에 대해 답변을 어떻게 할 것인지 생각해보았다. 이 과정에서 논문의 보완할 점을 발견하였고, 이 중 일부는 스스로 개선 방안을 마련하여 수정하였으며, 일부는 심사 과정에서 심사위원회의 조언을 바탕으로 개선할 수 있었다.

심사 당일에 1시간 반 정도 논문에 대한 발표를 하고, 이후 1시간 정도 심사위원회의 질의에 응답을 하는 시간을 가졌다. 연구자는 발표를 통해 연구 결과의 논리적 타당성과 박사학위를 위한 연구로서의 가치에 대해 심사위원회를 설득할 수 있어야 한다. 1차 심사를 통해서 이론적 배경 중 연구 결과에 크게 영향을 미치지 않는 내용을 삭제하고, 선행 연구의 순서를 조정하여 연구 결과와의 연결성이 높아질 수 있도록 하였으며, 연구 결과를 보완하여 좀 더 다양한 측면에서 결과가 도출될 수 있도록 하였다.

2차 심사에서는 1차 심사를 통한 개선 사항을 중심으로 40분정도 발표를 하였고, 심사위원회의 질의응답이 이어졌다. 2차 심사에서는 1차 심사를 통한 수정 내용의 적절성, 연구 내용의 논리적인 타당성과 그에 대한 해석의 적절성에 대한 심사가 이루어졌다. 2차 심사를 통해서 연구 결과에 대한 해석을 좀 더 세부적으로 보완하였고, 연구 논문이 전체적으로 논리적 체계를 갖출 수 있도록 정련하였다. 3차 심사에서는 논문이 전반적으로 논리적인 구조를 갖추고 있는지, 연구 결과를 명료하게 잘 드러내는지 등에 대한 심사가 이루어졌다. 3차 심사의 마지막에는 연구 논문이 박사학위를 수여할만한 가치가 있는지를 결정하는 심사위원회의 논의가 이루어졌으며, 논의 후 심사위원회의 공식적인 확인을 통해 심사위원회의 심사가 마무리되었다.

이와 같은 심사위원회의 심사와 함께 1회의 공개 발표 심사가 있었다. 공개 발표에는 수학교육과 대학원생들이 자율적으로 참여하여 논문에 대한 궁금한 사항과 의견을 제시하였는데, 같이 수학하는 동료들에게 연구 결과를 설명하고 새로운 관점에서 처음으로 연구 내용을 접했을 때 어떠한 생각과 의견이 있을 수 있는지를 확인할 수 있는 좋은 시간이 되었다. 약 2개월간에 걸친 심사 과정에서 같이 박사 과정을 수학하던 선생님들로부터 물심양면으로 많은 도움을 받았다. 이 자리를 빌어 당시 함께 수학했던 박사 과정 선생님들께도 다시 한 번 고마움을 전한다.

➲ 연구자를 위한 조언

논문 저자는 논문의 구조와 내용을 가장 잘 알고 있음과 동시에 논문의 미진한 부분도 가장 잘 알고 있다. 따라서 논문 심사 과정에서 논문의 타당성과 가치에 대해 심시위원회를 설득하려는 노력과 함께, 심사위원회에서 제기하는 문제점을 깊이 새기고, 논문의 질적 향상을 위해 방어적인 태도보다는 적극적으로 의견을 수용하려는 태도를 가져야 한다.

또한 전반적인 박사 논문 심사 과정에서 논문 수정 방향을 지도교수님과 지속적으로

상의할 필요가 있다. 지도교수님은 심사위원회의 일원이자 심사위원회에서 연구자의 논문을 가장 잘 알고 계시는 분이다. 따라서 심사 전에 논문 수정이 완료되면 지도교수님께 수정본을 전달 드리면서 심사위원회의 의견에 대한 수정 방향과 내용에 대해 말씀드리는 것이 심사를 원활하게 진행하는 데 도움이 된다.

끝나지 않은 여정

필자는 2012년 8월에 박사학위를 받고, 같은 해 9월에 한국교육과정평가원에 입사하여 10년째 재직 중이다. 한국교육과정평가원에서 교육 평가 분야의 수학 교육 정책에 관한 연구를 주로 맡아서 수행하고 있다. 입사 초기에는 수학.과학 성취도 추이변화 국제비교 연구(TIMSS)의 수학 분야 연구를 전담하였고, 국제 컴퓨터정보 소양 연구(ICILS)도 함께 담당하였다. TIMSS를 통해 국제적인 수학 교육 동향에 대한 연구 결과를 도출하면서, 2015 수학과 교육과정 개정을 위한 시사점도 마련하였다. 2017년부터는 단위 학교의 학생평가와 관련하여 성취평가제, 과정 중심 평가, 학생 평가의 타당도 분석 연구 등을 수행하였는데, 특히 과정 중심 평가의 기틀을 잡고 전국 교사를 대상으로 하는 연수를 주도하면서 학교 현장의 평가가 변해가는 과정을 확인할 수 있어서 보람을 느꼈다. 최근에는 국가수준 학업성취도 평가를 컴퓨터 기반 평가로 전환하는 연구를 담당하고 있는데, 이 연구를 통해 지필 평가 시대를 마무리하고 컴퓨터 기반 평가의 시대로 진입하게 되면서 우리나라의 수학 교육도 새로운 전환점을 맞이할 것으로 보인다. 새로운 수학 교육의 시대에 새로운 아이디어와 연구 방법을 바탕으로 수학교육학 논문을 쓰게 될 후배들에게 아낌없는 격려를 보내며, 박사 논문을 완성하고 연구자로서의 보람있는 삶을 영위할 수 있게 해주신 이종희 교수님에 대한 존경의 마음을 담아 이 글을 마무리 한다.

➲ 연구자를 위한 조언

박사학위는 연구를 위한 주춧돌이다. 박사학위는 연구가 평생의 업임을 인증하는 인증서와 같은 것으로, 지속적으로 연구를 수행해야 한다. 박사학위를 받고 나서야 비로소 내가 연구자로서 얼마나 미약한 존재인지를 깨닫게 되는데, 이때 자신감을 잃지 말고 주변의 선배 연구자들의 도움을 받아 연구를 지속해 나가다보면 어느새 훌륭한 연구자로서 성장해 있는 자신을 발견하게 될 것이다.

미래형 수학 교실의 규준 연구

이소민

> **수학교육학 연구는 씨앗을 싹틔워 기르는 일을 연구하는 것이다.**
>
> 수학은 씨앗이다. 수학교육학은 씨앗을 싹틔워 기르는 일을 연구하는 학문이다. 농부가 귀한 작물을 싹 틔워 기르기 위해 비, 바람, 햇볕 등 여러 요인을 살피듯, 수학교육학 연구는 학생 개인의 삶과 인류사회의 미래를 위해 수학을 가르치는 일에 관하여 인간, 사회, 경제, 환경 등 여러 측면을 포함하는 폭넓은 연구이다.

필자는 2013년 2월에 "미래형 수학 교실의 규준 연구"라는 제목으로 수학교육학 전공의 문학박사 학위를 취득했다. 이 논문은 변화하는 교육환경에 따라 수학교육에 대한 사회적 요구가 변화함을 인지하고, 이러한 사회적 요구에 부합하는 학습공간으로서의 미래형 수학 교실에 대하여 물리적 환경과 함께 교수학습 측면에서의 규준을 제시하였다는 점에서 의의를 갖는다.

논문내용 둘러보기

본 연구에서는 진화 심리학과 이중 과정 이론을 근거로 하여, 수학적 성장에 있어서 수학에 특화된 환경적 지원의 중요성과 수학 학습 과정에 있어 교수적 노력의 필요성을 주장하고, 이를 근거로 미래 사회의 수학적 요구를 충족시킬 수 있는 미래형 수학 교실의 구축과 개념에 대해 논하였다. 그리고 미래형 수학 교실의 발전 방향에 대해 고찰하기 위해서 델파이 방법을 통해 미래형 수학 교실에서의 규준을 제시하고, 이의 구현 가능성 탐색을 위해 수업을 시연하여 이를 분석하였다.

본 연구의 기저에는 생물의 생존을 위한 '적응'을 기본 개념으로 하며 학습을 생존을 위한 것으로 보는 진화 심리학의 견해와, 인지과정을 S1, S2 두 체계의 상응 과정으로 보는 이중과정 이론의 견해가 놓여있다. 진화 심리학의 원격성의 함의, 통속지식의 함의, 동기부여적 기질의 함의와 수학적 사고 과정을 S2의 메타 인지적 과정으로 보는 이중과정 이론으로부터 수학 교실 구축에 관하여 고찰하였다. 그리고 미래 교육에 관한 여러 연구들을 고찰하여 변화된 수학적 요구를 살펴보았다. 이로부터 미래 사회의 수학적 요구를 반영한 미래형 수학 교실의 개념 및 미래형 수학 교실에서의 규준을 제시하였다.

진화 심리학에서 주장하는 원격성의 함의는 교수의 필요성에 대한 궁극적 설명을 제시하고 있다. 인간 본성에 기초한 생물학적으로 1차적인 능력과 형식적으로 체계화된 2차적 능력 사이의 원격성으로 인해 학문적 역량을 습득하기 위한 교수의 필요성이 생겨난다는 것이다. 통속지식의 함의는 인간의 본성과 통속지식이 생물학적으로 2차적인 능력이 요구되는 수학 학습과정과 상충될 수 있으나, 한편으로는 형식적인 학습에서 이해를 돕는 요소가 될 수 있으므로, 학생들이 수학 학습에서 겪는 어려움을 이해하고 수학적 개념을 가르치는데 이용할 수 있는 통속지식의 요소들을 개념화하는 교수적 접근을 하도록 수업 환경을 구성하고 학습 활동을 계획해야 한다는 것이다. 동기부여적 기질의 함의는 인간에게는 문제해결의 욕구가 내재되어 있으므로 가공의 상황이 의미가 있기 때문에, 수학 수업에서는 학생들의 본성적인 호기심과 생존과 관련된 동기부여적 기질을 충족시키면서도 교수적으로 효과적인 활동을 위해 가공의 상황을 구성하여야 한다는 것이다. 이러한 가공의 상황은 학습 활동이 학생들의 생존을 위한 활동의 연습이 되어야 한다는 사회적 · 문화적 요구에 부합되어야 하며, 동기부여적인 본성적인 욕구를 충족시키는 것이라야 한다.

이중과정 이론의 입장에서 보면, 수학적 사고 과정은 문화적 진화 과정을 반영하며 느리고 의식적인 노력을 요하는 S2 체계를 요구하는 동시에 S1-S2 협응 과정을 모니터링하는 메타 인지적 과정이다. 수학 학습과정에서 메타 인지 과정인 S2의 회귀적 속성이 촉진될 수 있도록 체계적인 교수적 설계와 적절한 환경적 지원이 필요하다. 미래 교육에 관한 여러 연구들은 사회 · 문화의 변화된 수학적 요구를 시사한다.

본 연구에서는 이러한 연구들을 토대로 하여 수학적 능력의 요소, 수학 영역에 특화된 학습기제, 어려운 수학의 학습에 부합되는 교수 · 학습 지원 환경, 시대가 요구하는 수학 교육의 특성 구축 등 네 가지 측면에서 수학 교실의 구축에 관하여 고찰하였다.

또한 수학 교실에서는 학생들이 살아갈 미래 사회에의 적응 위한 수학 학습이 일어나기 위한 적절하고 특화된 환경적 지원이 가능해야 한다는 점에서 미래형 수학 교실의 개념을 정립하려 하였다. 이에 따라 미래형 수학 교실을 학생들의 미래 사회에의 적응을 위한 수학적 힘의 신장에 초점을 두고, 나아가 창의 인성을 갖춘 미래의 인재로 성장하기 위한 핵심 역량의 함양을 위해서 다양한 맥락에서의 수학적 체험이 일어나도록 수학에 특화된 환경과 시스템의 지원이 구축된 수학 수업 전용 교실로 정의한다. 즉 학생들의 수학적 창의성, 문제해결, 추론, 의사소통 능력을 신장시키기 위하여 수학 영역에 특화된 학습 환경이 구축되고 이의 활용을 통해 풍부한 수학적 경험이 이루어지는 수학 학습을 위한 전용 교실이다. 미래형 수학 교실에서는 학생들이 자기 주도적으로 학습하며, 정보 통신 기술(ICT)을 기반으로 다양한 교구와 테크놀로지를 활용하여 다른 사람과 협력하면서 수학을 학습하고, 교사는 이러한 환경적 지원을 기반으로 교수 · 학습 전략을 계획하며 학생 개개인의 수준과 요구를 모니터하고 융통적 차별화를 통해 학생들의 교육적 성장을 위한 교수적 지원을 하고 적절한 평가를 시행한다.

이러한 미래형 수학 교실에서의 특화된 교수적 지원이 이루어지기 위해서는 수학 교실의 환경과 교사, 학생, 수학 학습 내용이 잘 오케스트레이팅 되어야 하며, 이를 위한 규준이 마련되어야 한다. 따라서 본 연구에서는 사회 · 문화의 발전에 따른 수학적 요구의 변화와 이론적 고찰내용을 반영하여 수업을 이루는 요소인 환경, 교사, 학생, 수학 교육의 과정적 측면에서 규준을 제시하였다. 델파이 전문가 집단의 의견을 4차에 걸쳐 수렴하여, 환경적 측면을 복합성, 융통성, 자유로운 이동성 범주로 나누고 6개의 규준을 제안하였고, 교육전문가이자 학습지원자로서의 교사 측면의 규준 10개, 주도적인 학습자로서의 학생 측면의 규준 8개, 수학 교육의 과정적 측면의 규준 11개를 제안하였다.

그리고 미래형 수학 교실에서 규준의 실효성을 고찰하기 위해 수업을 계획하고 시연하였다. 현 상황에서 실현 가능한 범위 안에서 수업을 계획하고 시연하였기 때문에 의도한 수업을 구현하는데 한계는 있었으나, 이를 미래형 수학 교실에서의 규준에 비추어 분석하여 미래형 수학 교실의 향후 발전 방향을 위한 방안에 대한 시사점을 얻을 수 있었다.

연구의 시작 – 공부가 필요한 교사, 연구자가 되기로 결심하다.

필자가 대학원 과정을 시작한 것은 학문을 심도 있게 다루는 연구자가 되기 위한 것보다는 중학교에서 아이들을 가르치면서 보다 좋은 교사가 되기 위한 갈증을 해소하기 위함이었다.

초보 교사로 고군분투를 하면서, 아이들의 사고과정이나 수학심리에 대한 공부를 혼자 하는 것보다 대학원이라는 교육과정 속에 들어가면 체계적으로 공부할 수 있을 거라는 생각을 하고 있을 무렵이었다. 어느 날 근무하는 중학교로 배달된 수학학회지에 지도교수님의 소식이 실린 것을 보고, 석사졸업 이후 오랜만에 연락을 드렸다. 교수님과의 이런저런 얘기 중에 모교에 박사과정이 생긴 것을 알게 되었고, 공부를 위해 대학원을 진학하게 되었다. 대학원 과정을 공부하면서 학문적 지식 습득의 즐거움을 느낄 수 있었고, 교사 생활을 하면서 생겼던 여러 가지 교수학습에 대한 의문점들이 해소되었다. 반면 새로운 의문들이 점점 늘어갔다. 이러한 의문들은 현장 경험에서의 고민을 학문적 고찰로 해결해 보고자 하는 태도를 갖게 했고, 학문적 역량은 부족하지만 어느새 연구자로서의 길에 서 있는 자신을 발견했다.

연구 주제 선정 – 오랜 방황 끝의 선택과 집중.

필자는 오지랖이 넓은 성정이라, 선택과 집중을 잘 못하는 편이다. 수학교육 연구에서도 coursework 중에 접한 다양한 주제에 관심이 생겨서 이런저런 생각들을 하다 보니, 논문 연구 주제를 정하지 못하고 11년이라는 논문 연한이 다가왔다. coursework이 끝나고 논문 주제를 정하지 못한 채 흐르는 시간 속에서도 관심이 가는대로 특수교육, 뇌과학, 유전자 상담, 인지심리학 등 여러 분야의 논문과 책 등을 읽고 강연에 쫓아 다녔다. 물론 각 분야를 깊게 공부했다기 보다는 흥미와 호기심을 충족할 정도의 얕은 공부였지만, 박사논문을 쓰는 과정에서 논지를 펼쳐가는데 영향을 미쳤다고 생각한다.

지도교수님께서는 죄송한 마음에 연락도 못 드리는 필자에게 한 학기에 한 두번 정도 먼저 연락을 해오셨다. 지도교수님과의 대화는, 침잠해가는 삶에 대한 의욕과 포기하려던 연구에 대한 의지를 불러일으키곤 했다. 여러 분야에서 헤매던 나의 학문적 관심의 중심에 수학교육학이 자리잡을 수 있었던 것도 지도교수님 덕분이었다.

coursework이 끝나고 처음 논문 주제를 정하게 되었을 때, 우수한 학생보다는 어려움을 겪는 학생들에게 관심이 많고, 일상생활에서도 철학적인 질문과 인간의 심리에 관심이 많은 편이라서, 수학교육 관련해서도 어려움을 겪는 학생의 문제를 해결하는 연구를 해보고 싶었다. 특수교육이나 뇌과학, 유전자학에 대해 관심을 가졌던 것도, 학생들이 학습에 어려움을 겪는 원인 규명에 대한 갈증에서 시작되었던 것이었다. 논문을 쓰기로 결정하기로 한 뒤, 대학원에서 연구를 시작하게 된 초심으로 돌아가, 교사로서 현장에서 느끼는 갈증과 연구자로서 가장 관심 있는 주제가 무엇인지 내면을 들여다 보았다.

석사논문을 쓸 때는 수학적 개념 습득 시 겪는 어려움의 원인을 밝혀보고 싶어서, Vinner(1983)의 논문에서 출발해서 개념정의와 개념이미지 간의 격차발생원인에 대해 연구를 했다. 수학 영역 중 기하학에 흥미가 있어서, 학생들을 지도할 때도 기하단원의 교수학습계획을 세울 때가 가장 재미있다. 그래서 기하 단원의 내용을 소재로 개념정의와 개념이미지 간의 격차를 살펴보았다. 연구 과정에서 학습자, 교육과정, 교사 측면에서 원인을 찾게 되었고, 현장에서 느꼈던 것에 일치하는 사실과, 예상과 다른 의외의 사실에 연구실행에 흥미를 느꼈던 기억이 되살아났다. 그래서 학습 과정에서의 어려움 원인, 기하 영역의 학습이라는 두 가지 키워드로 연구 주제를 고민하던 중, van Hele의 기하학습 수준이 평면기하에 대한 학습이라는 사실에 주목하게 되었다. 그래서 공간기하학적 사고 수준이라는 주제를 놓고 고민하게 되었다. 아동의 공간인지발달과 공간능력검사에 관한 논문들을 읽고 van Hele의 기하학습 수준 평가지를 분석하는 등 나름 연구과정을 거쳐 공간 기하학적 사고수준 측정 문항을 개발했다. 중학교 1학년 학생들에게 실시해서 사고수준을 정한 기준이 적절한지 검토도 하는 등의 노력을 하고 학술연구대회에서 발표도 했으나, 박사학위논문으로 발전시키기에는 연구방법과 결과분석 측면에서 부족한 부분이 많았다. 여러 번 지도교수님을 뵙고 논문 주제에 관해 논의를 하였으나, 연구의 필요성이나 목적, 연구 문제를 정하는 과정이 쉽지 않았다. 연구의 필요성에서 논문을 읽는 사람이 설득이 될 만한 논리를 기술하는 것과, 구체적이고 타당성 있는 연구 문제를 구성하는 것이 어려웠다. 결국 공간기하학적 사고 수준 측정 문항 개발이라는 주제를 포기하고 다시 방황을 하기 시작했다.

2012년에 한국과학창의재단의 연구과제로 [선진형 수학교실의 수업모델 개발]을 수행하는 팀에 들어오라는 지도교수님의 연락을 받고 팀원들과 함께 미래의 수학교육과 수학 수업모델에 관한 연구를 하게 되었다. 이 과정에서 변화하는 교육환경에서 수학교육이 나아갈 방향과 수학교실의 구성, 수학수업 모델에 관해 여러 측면에서 고찰해 볼 수 있었다. 연구과제 수행결과를 [미래형 수학교실 및 수업모델 개발] 이라는 연구보고서로 작성하는 단계에서, 연구과제의 내용을 토대로 학위논문을 작성해보면 어떻겠느냐는 제안을 받았다. 그러나 연구보고서와 학위논문은 그 방향성이 다르기 때문에, 이 주제로 어떻게 학위논문 연구의 방향을 잡아야 할지 감이 오지 않았다. 그래서 연구과제 수행과정을 다시 되짚어 보았다. 수업모델 개발을 위해 미래 사회의 수학적 요구에 부합되는 환경이 구축된 미래형 수학 교실을 정의하고, 미래형 수학교실에서의 수업모델을 연구하는 과정에서 여러 선행 연구들을 살펴보았었다. 수학 학습을 위해 특화된 수학 교과 교실의 환경 구축 필요성을 주장하고 있지만, 수학의 학문적 특성과 이론적 근거에 의해 설명하고 있지 않으며, 또 여러 연구들이 학생들의 효율적인 수학 교수학습을 위한 수학 교실의 환경에 대해 언급하고 이의 활용 방안에 대해 논의하고 있으나, 물리적 환경과 인적 환경을 포괄하여 수학 교실의 환경의 구축에 대한 논의를 하고 있지 않다는 사실을 확인할 수 있었다.

그래서 이론적 토대 위에서 미래형 수학 교실의 개념과 그 구축에 관하여 고찰하여, 미래형 수학 교실에서의 규준을 제시하고, 이를 구현한 수업 시연을 통해 미래형 수학 교실의 실효성 고찰을 논문의 연구과제로 정하였다.

➲ 연구자를 위한 조언

논문 주제는 연구자가 연구의 필요성을 먼저 인식하는 것이 첫걸음이다. 연구자 스스로 연구 필요성을 느끼지 못하면, 논문을 읽는 독자들도 연구의 의미에 대해 의문을 가지게 될 것이다. 필자도 학문적 관심을 가지고 있던 분야가 아니라, 처음엔 이 주제로 논문을 써야할까 의문이었다. 한국창의재단의 연구과제를 정리하고 있을 무렵, 이 연구 결과에서 주장한 내용들에 대해 수학교육의 필요성 측면에서 궁극적 설명을 하는 이론적 근거를 마련할 필요가 있다는 생각이 들었다. 연구의 필요성에 대한 이론적 근거를 정리한 것을 가지고 이 생각을 말씀드렸을 때 지도교수님께서 딱 한 마디 하셨다. "이제 됐다." 그 때의 지도교수님의 말씀과 표정이 지금도 생생하다.

연구의 필요성과 목적을 정하는 것은 건축에 비유하면 토대를 닦는 일이다. 아마 연구를 하는 사람에게 가장 어렵고 힘겨운 단계가 연구의 필요성을 인식하고 연구 목적을 세우고 연구 문제를 정하는 일일 것이다. 필자 역시 이 과정을 혹독하게 겪었고, 결국 학위논문의 주제가 정말 밝혀보고 싶었던 주제가 아닌 사실에 아쉬움이 남는다. 연구 주제를 정하기 위해 여러 가지로 모색하던 시기를 되돌아보면, 결국 기하학의 학습을 위한 인지심리학적 이론적 토대 마련이라는 주제를 고민하고 있었고, 다른 학문의 공부를 할 때나 다른 수학 영역을 연구할 때도 그 주제와 연결지어 생각했었다. 그러나 이를 연구 진행이 가능한 연구 문제로 정하는 단계를 넘지 못했다.

연구는 논문으로 작성되지 않더라도, 그 여정 자체가 의미 있는 일이라고 생각한다.

그러나 연구한 내용을 논문으로 작성하기로 결정했다면, 우선 연구 문제를 잘 정해야 한다. 관심 있는 문제가 연구가 필요한 것인지를 문헌 연구 고찰과 관련 있는 경험을 통해 인식하고 나면, 연구 진행이 가능한 연구로 설계해야 한다. 이 과정에서 연구자로서의 여러 가지 욕심을 덜어내고, 구현 가능하고 구체적인 연구 문제로 정립해야 한다.

연구 방법의 계획
-'왜?'라는 물음에 답하는 것으로부터 시작하다.

수학교육학에서의 기본적인 질문은 '무엇을', '어떻게', '왜'이다. 필자의 미래형 수학 교실에 관한 연구는 '어떻게', '왜'의 두 가지 물음에 대한 연구였다. 미래형 수학 교실에 대해 3가지 측면의 연구 문제를 정립하고 연구 방법도 이에 따라 계획하였다. 지도교수님께서는 문헌연구와 실험연구로부터 규준을 세우고, 델파이기법으로 이에 대한 신뢰도와 타당성을 확보하자고 말씀해 주셨고, 이에 따라 다음과 같이 연구 설계를 했다.

첫 번째, 미래형 수학 교실의 구축과 개념을 제시하기 위해 이론적 고찰을 하였다. 수학교육에서 무엇을 가르쳐야 하는지에 대한 연구, 어떻게 가르쳐야 하는지에 대한 교수학습방법 관련 연구들은 많으나, 수학을 왜 가르쳐야 하며, 학생들이 왜 수학을 어려워하는가에 대한 이론적 고찰을 한 연구는 없었다. 미래형 수학 교실의 개념과 방향은 이러한 '왜'라는 질문에 답하는 것으로부터 출발하기로 연구 방법을 정했다.

두 번째, 미래형 수학 교실의 규준을 정립하기 위해서는 규준 설정을 위한 문헌 연구와 델파이기법을 연구 방법으로 정하고, 미래형 수학 교실은 '어떻게' 구축되어야 하는가에 대한 답을 찾으려 했다.

세 번째, 미래형 수학 교실의 실효성 확인을 위해서 수업 계획안을 개발하고 이를 시연하여 수업 모델의 현장 적용 및 분석을 하였고, 델파이기법을 통해 정립한 미래형 수학 교실의 규준의 적절성을 확인해보려 했다.

➲ 연구자를 위한 조언

과학이나 사회학 등의 분야에서와 마찬가지로 수학교육학 연구영역에서도 절대적인 진리가 존재하는 것이 아니라, 여러 학설이 주장되고 이에 대해 학문공동체의 합의가 이루어지고 받아들여지게 된다. 따라서 논문에서는 연구 문제에 대해 연구자가 내린 결론의 신뢰성과 타당성을 확보하는 게 중요하며, 이를 위해 연구 문제에 따른 연구 방법을 잘 선정, 계획해야 한다.

여러 논문작성 관련 서적에서 이야기하고 있는 내용이지만, 연구 방법에 대해 간단히 언급해보고자 한다. 양적 연구를 통해 연구 결과를 도출하고자 하는 경우, 적절한 표본 집단의 선정과 분석하고자 하는 내용에 적합한 통계 기법의 적용이 중요하다. 질적 연구의 경우, 연구 대상의 선정과 대상의 반응에 대한 분석이 중요하기 때문에 양적 연구보다 연구 대상 선정에 더 신경써야 하며, 분석틀을 구성하는 것이 무엇보다 중요하다. 최근 사회적 관계나 활동들이 비대면으로 이루어지는 상황이 되면서, 문헌 연구들도 많이 이루어지고 있다. 수학교육학 분야에서도 문헌연구의 일환으로 교육과정이나 교과서 분석이 이루어지고 있다. 문헌분석의 경우 자료들을 통해 분석하고자 하는 요소가 분명해야 하며, 연구자의 주관에 대한 신뢰성과 타당성 확보를 위해 분석틀의 구성이 무엇보다 중요하다. 자료들로부터 수집한 요소들을 분석틀에 따라 범주화하는 작업을 할 때에도 연구자가 단독으로 하는 것이 아니라, 여러 전문가의 의견을 반영하여 범주화해야 연구자의 결론에 대한 신뢰성과 타당성을 인정받을 수 있다.

연구 수행 과정 - 개인적인 견해의 객관화 과정을 거치다.

연구 수행은 설정한 연구과제에 따라 진행되었다. 우선 미래형 수학 교실의 구축과 개념을 정의하기 위해 진화심리학과 이중과정 이론을 고찰했다. 이 이론에 근거하여, 수학교육의 필요성 및 수학 학습이 어려운 이유를 제시하고, 미래 교육에 관한 선행 연구 내용들과 관련하여 미래형 수학 교실의 특화된 환경 구축 필요성을 주장했다.

미래형 수학 교실의 규준 정립을 위한 틀을 만들기 위해 여러 문헌들을 고찰하여 정리했다. 교과 교실 수업 활성화를 위한 연구, 수학 교실의 운영

실태 및 활용 방안에 관한 연구, 미래의 학교 수학에 관한 연구, 교과 교실의 환경 수정 및 활용에 관한 연구, 교실의 물리적 환경 수정의 원리에 관한 연구 등의 문헌 연구를 통해 수업요소 4가지 추출 및 규준의 큰 범주를 설정했다.

논문은 자신의 개인적인 견해를 학문공동체의 동의를 얻어 객관화시키기 위한 과정이며, 따라서 논문에서 중요한 것 중 하나가 설득력 있는 논지 전개를 하는 것이다. 본 연구자가 선행 연구 고찰 및 현장경험을 토대로 미래형 수학 교실의 규준 정립을 위한 틀을 마련했지만, 이 규준이 설득력을 얻기 위해서는 전문가 집단의 여러 견해를 통해 검증을 받는 단계가 필요했다. 그래서 지도교수님의 조언대로 델파이 조사를 통해 규준을 완성해 가기로 했다.

델파이 조사에 참여하는 전문가 집단 패널은 모두 12명으로 구성하였다. 수학 교사로서의 현직 경험이 있으며 대학 및 한국 교육과정 평가원, 영재교육원 등에서 근무하고 있는 수학교육 전문가 7명, 석사 학위 이상의 학력을 가지고 있으며 수학 교과 교실을 사용해 본 경험이 있는 현직 교사 3명, 현직 경험이 있으며 교육청에서 수학교육 및 미래의 스마트 교육 관련 업무를 담당하고 있는 장학관 2명으로 구성하였다. 설문에 참여한 12명의 전문가 집단 패널들은 미래형 수학 교실에 관한 연구에 참여한 경험이 있거나 수학 교과 교실에서 수업을 진행해 본 경험이 있다. 델파이에 참여하는 집단 구성 단계에서 전문가 패널들과 직접 면담 혹은 통화를 통해 본 연구의 목적을 설명하고 참여를 부탁하였다. 학문 단체나 교사 연구회 등에서 인연이 있는 전문가들에게 부탁을 하였는데, 감사하게도 모두 흔쾌히 허락해 주셨으며, 델파이 과정에서 학문적 측면과 현장 측면의 식견에 따른 의견들을 제시해주어 많은 도움이 되었다. 4차의 델파이 조사과정을 거치면서, 문헌 연구를 토대로 수립된 미래형 수학 교실의 규준은 전문가들의 의견을 반영하여 수정, 보완되었다.

미래형 수학 교실의 개념과 규준의 실현 가능성을 모색해 보기 위해 수업을 계획하고 본 연구에서 제시한 규준을 수업 분석 필터로 하여 분석하였다.

모의 수업 시연에서는 수학에 특화된 교수적 지원을 통해 수학적 능력을 신장시키고, 사회 . 문화의 수학적 요구를 반영하는 수업 계획을 세웠다. 또한 핵심 역량에 관한 문헌 조사를 통해 수학 교육 과정을 통해 신장하도록 요구되는 핵심 역량을 파악하였으며, 국가 수준의 수학 교육 과정 목표와 수학 교육 여건의 변화를 파악하여 시대가 요구하는 수학 수업의 변화를 반영하는 수업을 계획했다. 그리고 미래 교육의 방향에 따라 집단지성, 적시학습, 개인화 교육, 시뮬레이션을 구현할 수 있는 환경적 지원시스템의 활용을 위해 학습 매체로 스마트폰을 활용했다. 수업은 학급당 인원수가 감소되고 있는 경향을 반영하여 중학교 3학년 학생 16명을 대상으로 하여 계획되었다. 필자가 지도하고 있는 학생들 중 임의로 선택된 16명의 학생들은 수학 학업 성취도에 있어서 상중하에 속하는 학생이 모두 포함되어 있다. 당시 계획된 수업에서 사용해야 할 3G 이상의 스마트폰이 아닌 2G 핸드폰을 소지한 학생들도 있으나, 현실적인 문제를 파악하고 실제적인 제언을 하기 위해 이 학생들도 수업에 참여시켰다. 학생들은 실험 참여보다는 선생님과 색다른 수업을 한다는 기대감으로 재밌어하며 수업에 참여했다. 그래서 수업 중 활동에도 스스럼없이 반응을 했기 때문에, 학생 측면의 규준 설정에 큰 도움이 되었다. 미래형 수학교실의 물리적 환경을 가능한 범위에서 조성한 수학교과 교실에서, 90분간 수행된 수업을 동영상 촬영을 하였으며 촬영된 내용을 전사했다. 수업 동영상과 수업 전사를 자료로 하여 수업을 분석하였다.

➲ 연구자를 위한 조언

필자는 연구 수행과정에서 지도교수님을 자주 찾아뵙지 못했다. 스스로 생각해도 너무 부족한 결과물을 가지고 찾아가서 조언과 지도를 구하기가 부끄러워, 지도교수님께 연락드리고 찾아뵙는 일이 힘들었다. 그때의 습관 때문에 지금도 10번의 망설임 끝에 1번 연락을 드리게 되곤 한다. 지도교수님은 내가 부족한 부분을 평가하고 야단을 치는 분이 아니라, 아직은 연구가 서툰 나의 연구과정을 함께 달려주시며 격려와 조언을 해주시는 분이다. 논문을 쓰는 과정에서 지도교수님께 나의 부족함을 드러내는 것을 두려워하지 않길 바란다.

필자가 논문을 쓸 때만 해도 연구윤리 및 생명윤리를 위해 IRB 심사절차를 준비해야 하는 과정은 없었다. 그래서 델파이 조사에 참여하는 패널이나 모의 수업에 참여하는 학생들에 대한 임상시험계획서 심사과정 없이 연구 대상을 선정하였었다. 요즘은 연구윤리와 생명윤리가 엄중해져서 반드시 심사과정을 거쳐야 하는 것으로 알고 있다. 연구 수행 전에 심사과정에 대해 미리 파악하고 준비하시길 바란다.

연구 결과분석 - 용두사미와 화룡점정의 갈림길.

연구 결과분석은 미래형 수학 교실의 규준, 미래형 수학 교실의 규준 적용 두 가지 측면에서 진행되었다. 미래형 수학 교실의 규준은 이론적 고찰과 델파이 조사를 통해 환경 규준, 교사 규준, 학생 규준, 수학교육의 과정적 측면 규준으로 구성되었다. 환경 규준은 물리적 환경의 복합성, 융통성, 자유로운 이동성 측면에서 6가지의 규준을 정립하였다. 교사 규준은 델파이 조사를 통해 전문가들의 의견을 수렴한 결과, 교사의 여러 측면을 수업 전문성 영역에 통합적으로 반영하여 10가지 규준을 정립하였다. 학생 규준은 미래 사회에서 요구하는 역량 함양의 측면에서 8가지를 제시하였다. 수학 교육의 과정적 측면 규준은 국가교육과정을 의미 하는 것이 아니라, 학습 내용, 학습 과제, 학습 매체, 교수학습 전략, 등 교사와 학생 외에 수업 흐름에서 작용하는 모든 측면에 대한 포괄적인 규준 11가지를 제시하였다.

미래형 수학 교실에서의 수업을 계획하고 시연하여 4가지 측면에서 정립한 규준을 적용 가능성을 고찰하였다. 수업 시연에서 필자의 수학적 상상과 예견되는 물리적 환경을 온전히 구현하지 못했기 때문에 여러 가지 한계가 있었고, 결과분석에서는 미래형 수학 교실을 구축하고 규준을 세울 때 이 한계점들로부터 얻을 수 있는 시사점을 기술하려 했다.

시간이 지난 지금 생각해보면, 연구 결과분석은 논문에서 가장 아쉬운 부분이다. 코로나19로 인해 학교는 타율적 진화를 할 수밖에 없는 상황이 되었고, 학교와 수업은 변화의 물결에 휩싸이게 되었으며, 미래교육이 보다 빨리 소환되었다. 필자가 좀더 심도있는 고찰과 현장경험을 토대로한 교육적 상상력으로 미래형 수학교실의 규준을 제시했었더라면, 지금 이 시기에 어떤 기여를 할 수 있지 않았을까 하는 아쉬움이 남는다.

➲ 연구자를 위한 조언

학위논문에서 연구자의 전문성이 가장 명료하게 드러나는 부분이 연구 결과분석 부분이 아닐까 생각한다. 연구의 필요성을 인지하고 연구 과제를 설정해서 연구 방법을 계획하고 실행하는 것도 연구 역량을 요구하는 과정이지만, 연구 수행과정에서 발견하거나 수집된 현상 및 데이터들을 분석해서 자신의 견해를 논리적으로 설득하는 과정이야말로 연구자의 전문성과 학문적 역량을 드러내는 과정이라고 생각한다. 수행과정에서 도출한 내용을 다른 연구들과 차별화되는 연구자의 견해로 분석하기 위해서는, 다양한 관점들에 대한 고찰에서 얻어지는 안목이 있어야 한다고 생각한다.

필자의 연구에서는 미래 사회의 수학적 요구와 발전된 교육 인프라, 그리고 이러한 교육환경에서의 교수학습내용에 관한 수학적 상상력이 연구 수행 결과의 분석에 녹아 있어야 한다. 지금 다시 보니, 이런 측면이 잘 드러나지 못해서 지금의 변화된 교육적 환경 대한 시사점을 보다 풍부하게 제시하지 못한 아쉬움이 크다. 논문에서 연구자의 역량이 충분히 드러나고 수학교육학 영역에서 의미 있는 논문이 되기 위해서는, 우선 연구자가 관련된 다양한 영역들에 대해서도 관심을 가지고 지속적으로 연구해야, 단순히 연구 수행과정의 결과에 대한 기술만을 하지 않을 수 있다.

논문 심사 – 논문의 완성도를 제고하는 마지막 기회.

일반적으로 박사학위 논문심사는 심사위원장과 지도교수님을 포함하여 전문가 5명의 위원회가 구성되어 진행되고, 최소 3번 이상 진행된다. 필자는 3번의 심사를 받았다. 첫 번째 심사에서는 연구의 이론적 배경의 타당성에 대한 질문을 많이 받았다. 진화심리학과 이중과정 이론을 기반으로 하여 수학교육의 필요성을 주장하는 것의 타당성에 대해 질문을 받았고, 논문 내용 전개의 재구성을 통해 가독성을 높일 필요가 있다는 심사의견을 들었다. 이론적 배경 부분의 내용을 대폭 줄이고 두 번째 심사를 받았는데, 연구 내용에서 주장하는 내용을 명확하게 전달되기 위해 논문 내용 전개의 재구성을 하라는 심사의견을 반복해서 들었다. 지금 생각해보면, 심사위원들이 재구성하라는 측면과 내가 이해한 측면이 달랐던 것 같다. 세 번째 심사에서는 좀 더 삭제 혹은 수정 보완해야 할 부분에 대한 의견을 듣고 심사를 마무리했다. 심사를 맡아주셨던 교수님들께서 그동안 수고 많았다는 말로 심사를 마무리해 주셨고 제출마감에 쫓겨 논문이 출간되었다.

➲ 연구자를 위한 조언

박사논문 심사는 연구에 대한 비판이라기 보다는 보다 완성도 높은 논문을 위한 조언을 받는 것이라는 생각으로 임하면 된다. 그러므로 심사위원들의 조언의 의도를 파악해서 이를 논문 수정에 반영하는 것이 중요하다. 심사위원들이 심사의견을 제시할 때, 이를 정확히 반영하기 위해서는 조언을 정확히 파악했는지 확인하는 것이 필요하다. 논문심사 과정을 통해 충분히 수정보완하여 보다 완성도 있는 논문이 되기 위해서는 제출마감을 고려하여 여유있게 심사를 받기를 권한다.

끝나지 않은 여정 - 박사 논문 그 후

"아는 만큼 보인다.", "알면 사랑한다."는 말이 있다. 박사과정에서 접한 여러 지식들과 사고, 경험했던 학문적 고민들은 학생들을 이해하는데 도움이 되었다. 교수학습과정에서 이전에는 보이지 않던 것들이 보이고, 학생들의 반응에 대한 해석과 교수학적 처치가 달라지게 되었다. 방황하고 갈등하던 시간도 있었지만, 어쨌든 박사 논문은 마무리 되었고, 현장에서 학생들의 성장을 지원하는 교사로서의 삶은 현재 진행 중이다.

필자는 학위를 받고 난 후 곧바로 대학원 강의를 시작하게 되었다. 학위를 받았을 때가 마침 대학원의 한 강좌를 맡을 사람이 필요한 시기여서 준비도 하지 못한 상태에서 강의를 시작하게 되었다. 학위 후 곧 강의를 하게 된 것은 두 가지 측면에서 내 삶에 의미를 부여해 주었다. 우선 첫 번째는 연구를 하던 생활패턴의 흐름이 지속될 수 있었던 점이다. 강의준비를 하면서 수학교육이론에 대해 계속 공부를 하고 논문과 서적을 찾아보게 되었다. 만약 곧이어서 강의를 하지 않았다면, 자신을 추스르며 계속 연구를 하지 못했을 것 같다. 두 번째는 부족한 나 자신이 성장하는 것은 물론, 후배 교사들에게 멘토가 될 수 있는 기회가 되었다. 평소 선배로부터 받은 것들을 후배들에게 전해주어야 하고, 그러기 위해 나이가 들어가면서 멘토 역할을 해야 한다는 생각이 있었다. 대학원 강의는 연구자와 교사로서의 경험을 통해 내가 가지고 있는 것들을 나누어 줄 수 있는 기회가 되었다.

교단에 서 있는 시간이 어느 정도 쌓인 교사라면, 교단에 서는 일이 가지는 무게와 함께 학교 현장에서 교사로서의 이상을 구현하는 것이 결코 녹록치 않다는 사실을 알 것이다. 필자에게 있어 박사 논문을 쓰는 과정은, 교단에서 무게를 견디고 교사로서의 이상 구현을 위해 노력하는 과정의 일부였다. 논문은 마무리 되었지만, 그 과정은 여전히 현재진행 중이다.

➲ 연구자를 위한 조언

박사학위를 받으면, 학자로서 어떤 형태와 크기이든 영향력을 갖게 된다. 흔히 박사학위는 연구자로서의 삶을 시작해도 좋다는 허락의 의미라고 한다.

박사 논문을 쓰고 있을 때, 근무하고 있는 학교의 교장 선생님께서 말씀하셨다. 박사 논문을 쓰는 것은 아이를 낳는 것과 같다고. 복중에서 시간이 흐르면 아이가 태어나는 것처럼, 시간이 흘러 연구 내용이 쌓이면 논문이 나온다는 뜻으로 해주신 말씀이지만, 지금은 좀 다른 의미로 다가온다. 아이를 낳으면, 아이를 성장시켜야 하는 시간이 시작된다. 마찬가지로 논문을 통해 학위를 받으면, 논문을 쓰면서 축적한 학문적 소양과 학위를 받음으로써 얻은 학자로서의 영향력을 확장시켜야 하는 시간이 시작된다. 논문의 완성은 아이를 키우듯 연구자로서의 역량을 지속적으로 신장시켜야 하는 시간의 시작임을 기억하시길.

코로나19로 인한 급격한 교육 현장 변화의 물결 속에서 필자가 깨달은 한 가지는, 교육 현장의 변화는 학교의 발전이 아니라, 학생의 성장을 위한 것이어야 한다는 것이다.

마찬가지로, 많은 연구자들의 피와 땀은, 학문 혹은 학문공동체의 발전이 아니라, 학자로서의 연구자의 성장을 위한 것이어야 한다. 지금 이 순간에도 끊임없이 성장해 가고 있는 여러 연구자들에게 응원을 보낸다.

다이어그램 활용을 통한 수학 문제해결 과정의 기호학적 분석

이소정

수학교육학 연구는 육아와 같다.

필자가 엄마로서 가정에서 수학을 가르쳐줄 때, 전달하고자 하는 수학적 개념과 아이가 이해하는 것이 다를 수 있음을 인정해야 한다. 그리고 아이가 개념을 더 잘 이해할 수 있도록 고민하고, 노력하는 것으로 아이가 한 단계씩 나아가는 것을 바라보며 아이의 학습에 도움을 줄 수 있었다는 믿음과 보람을 느끼는 일련의 과정은 수학교육을 통해 내가 얻고자 했던, 그리고 얻을 수 있었던 것들과 맞닿아 있다.

필자는 2014년 2월에 「다이어그램 활용을 통한 수학 문제해결 과정의 기호학적 분석」이라는 제목으로 수학교육학 전공의 문학박사 학위를 취득하였다. 이 논문은 문제해결 과정에서 어려움을 겪는 학생들이 문제를 구조적으로 해결할 수 있도록 다이어그램을 활용하는데 초점을 두고 진행되었다.

논문내용 둘러보기

필자는 본 연구를 진행하기 위하여 문헌 연구를 기반으로 연구의 주제와 연구 문제에서 사용되는 용어를 몇 가지 정의하였다. 연구에서 중요하게 사용되는 다이어그램은 문제와 문제를 해결할 수 있는 개념을 구조적으로 이해할 수 있는 기하적 표현을 의미하는 시각적 참조물(또는 도구)이다. 그리고 문장제 문제를 해결하는 과정에서 자주 언급되는 문장제의 구조라는 것은 문장제를 이루고 있는 언어 및 구문이 형성하고 있는 것으로 문장제에 함축되어 있는 요소가 모여서 만들어진 전체적인 얼개를 의미한다. 또한 학생이 수학적 의사소통이나 문제해결 과정에서 기호라는 매개를 통해 의미를 부여하게 되는데, 여기에서 구성되는 일련의 의사소통 과정 혹은 문제해결 과정을 의미의 구성이라고 정의하였다. 나아가 문제해결 시, 문제를 구조적으로 파악하기 위하여 자료나 정보(또는 키워드)를 추출하여 수학적 개념을 적용시켜 문제의 구조를 재정립할 때 기호를 통해 먼저 주어진 대상이 의미를 부여하고, 해석한 후, 해석한 내용을 표현하는 기호화 과정을 Peirce의 삼원적 요소로 분리하여 분석하는 것을 기호학적 분석이라 명명하였다.

필자는 위와 같은 핵심 용어를 사용하며 이 연구가 필요한 이유를 세 가지로 정리할 수 있었다. 첫째, 문장제 해결에 어려움을 겪는 학생들에게 문장제를 해결하는 과정에서 다이어그램 활용의 어려움을 살펴보는 것도 의미 있는 일이며, 학생들에게 문제해결의 여러 단계 중 어떤 단계에서 다이어그램을 활용하는 전략을 제시하여 도움을 줄 수 있는지, 문제해결 과정에서 다이어그램 활용 양상을 살펴볼 필요가 있었다. 둘째, 문장제 해결에 어려움을 겪는 학생들에게 문장제를 구조적으로 해결할 수 있는 문제해결 모형을 제시하여 학생들이 어려움을 극복할 수 있는 방안을 모색할 필요가 있었다. 셋째, 다이어그램을 활용하여 문장제를 해결하는 과정에서 나타나는 기호화 과정을 분석하고, 학생이 문제를 어떻게 인식하고 해석하여 표현하는지 기호학적으로 분석함으로써 어떠한 부분이 미흡하여 문장제 해결에 어려움을 겪었는지 알아보고, 그 어려움을 극복할 수 있는 방안을 모색할 필요가 있다고 판단하였다.

위와 같은 논문을 작성하는 동안 필자가 겪었던 경험을 후배 연구자에게 들려주고 싶다.

무엇을 연구할 것인가?

필자는 이전의 연구 결과보다 더 나아가 학생들이 문장제 문제해결 과정에서 활용할 전략을 구체적으로 마련해주기 위한 노력이 필요하다고 생각했었다. 그 노력의 일환으로 학생들의 문제해결 과정을 탐색하여 학생들이 문제를 구조적으로 이해하여 해결할 수 있는 방안을 모색할 필요가 있다고 판단했다. 이와 같은 인식을 기반으로 문제해결 과정과 관련된 선행 연구들을 토대로, 여러 문제해결 전략 중 다이어그램을 활용하는 전략을 활용하기에 적절한 문제해결 과정이 무엇인지 살펴본 후, 학생들에게 문제를 구조적으로 이해하고 해결할 수 있는 방안을 마련하기 위한 이론적 토대를 구축하고자 노력하였다.

선행 연구들을 통해 알 수 있었던 점은 학생들이 기호의 의미에 대하여 잘 해석하고 기호를 잘 사용할 수 있으면 좀 더 쉽게 문제를 해결할 수 있었다는 것이다. 또한 학생들이 문제해결 상황에 함축되어 있는 의미를 담은 구조를 잘 이해하기 위해서, 그리고 문제해결 과정에서 문제 상황에 포함된 수학적 개념을 잘 표현하기 위해서는 문제에 제시된 조건들을 식이나 다이어그램으로 잘 나타낼 수 있어야 함을 알 수 있었다.

한편, 여러 문헌 연구를 통해 우리가 흔히 말하는 그림(picture)이나 그리기(drawing)와는 다이어그램이 조금 다르다는 사실을 알 수 있었다. 다이어그램은 구조의 표현이고, 특히 수학교육에서 다이어그램은 수학적 지식의 구조를 의미하면서 동시에 그 대상에 대한 해석이 필요한 표현이다. 그리고 다이어그램은 그 자체로서 수학적 대상이 될 수 있으며, 또 다른 대상의 구조를 해석해야 하는 표현이므로 기호학적 관점에서 다이어그램을 바라볼 수 있다고 필자는 판단하였다. 이를 반영하여 다이어그램을 기호의 범주에 포함시켜서 연구와 관련된 사항들을 고려하였다.

필자는 문제해결에 어려움을 겪은 학생들에게 그 어려움을 극복할 수 있는 구체적인 방안을 마련하고자, 먼저 학생들이 문제해결 과정에서 작성한 답안 유형을 분석하여 학생들의 다이어그램 활용 양상이 어떠한지 살펴보았다. 또한 문제해결에 어려움을 겪는 학생들에게 문장제를 구조적으로 파악하고 문제를 해결할 수 있도록 방정식 · 부등식 활용이라는 단원에 알맞게 재해석된 N-IDEAL 문제해결 모형을 설계하여 제시하고, 학생들이 보여주는 문제해결 과정을 기호학적으로 분석하여 그들이 어려움을 겪은 부분이 무엇인지 확인하여 이를 극복할 수 있는 방안을 구체적으로 살펴보고자 하였다.

문제해결 과정에 관한 문헌 연구를 하면서 필자는 연구 주제에 맞추어 새로운 문제해결 과정을 해석하고 분석할 수 있는 모형을 고안하고, 이를 바탕으로 연구 자료들을 기호학적으로 분석하기까지의 과정을 경험하였다. 이때 필자는 선배들의 선행 연구들이 진행되었던 부분이 있어서, 그리고 교수님의 조언 덕분에 기호학에 조금 더 쉽게 접근할 수 있었다. 기호학을 수학교육학에, 특히 이 연구에서 수학 문제해결 과정을 기호학적 관점으로 분석할 수 있는 기틀이 마련되어 있었던 점이 행운이었다.

➲ 연구자를 위한 조언

필자는 연구를 위해 문제해결 과정 속에서 다이어그램과 그것의 기호학적 의미를 분석하고자 관련된 선행 연구들을 읽고, 연구노트에 메모를 하거나 정리해두었다. 석사 학위 과정 수업 중에도 종종 공부하면서 좀 더 관심을 가진 주제의 저널이나 학술지를 따로 모아 두었는데, 그 파일 안을 살펴보니 학생들이 수학개념을 공부할 때나 문제를 해결할 때 나타낸 표현들을 기호학적으로 분석해보고 싶다는 메모가 많이 보였다. 이를 토대로 박사 학위 과정의 모든 수업을 들을 때마다 관심을 가졌던 기호학, 문제해결 과정과 같은 키워드를 중심으로 떠오르는 아이디어를 메모하고, 관련된 문장이 보이면 그 저널을 찾아보고, 정리하는 노력을 했었다.

필자가 공부하고자 하는 주제와 연구 문제의 키워드를 ESM, JRME, JMB등과 같은 저널에서 탐색하여 읽고, 적어두고, 생각해보는 과정을 수년간 지속했다. 그러면서 교수님께 찾아가 읽은 저널에 대한 이야기들을 해보았는데 구름 속을 걷는 것과 같은 머릿속으로 교수님의 연구실 문을 두드리고 앉아서 교수님의 말씀을 들으면, 어느 새 쾌청하게 정리되는 것을 자주 경험하였다. 이 논문을 위해 문헌 연구를 하던 중 구체적인 방향 설정을 위해 이론들을 융합시키고 구조적으로 연결시키는 과정에서 어려움을 겪던 차에 교수님과 나누었던 에피소드가 떠오른다. “문장제 문제를 해결할 때 식을 안 쓰고도 풀 수 있는 아이들, 식을 잘 쓰고 문제를 푸는 아이들, 식을 못 써서 문제를 해결 못하는 아이들도 있지? 그런데 식을 안 쓰거나 못 쓰는 아이들 중에 그림을 그려서 푸는 애들도 있잖아. 그림을 그려서 문제를 잘 해결한 아이들은 식 못 썼다고 문제해결에 실패했다고 봐야할까? 그림 그리기 전략은 아무 의미가 없을까?"라고 하셨을 때, 교수님과 마주 앉아있던 필자는 '아하'가 저절로 튀어 나왔던 것이 기억난다. 위와 같은 대화들을 통해 이 연구의 핵심 키워드인 '다이어그램'을 정의하고 문제해결 과정에서 의미를 부여하여 기호학적으로 접근할 수 있었던 것도, 교수님을 뵙고 다시 책상 앞에 앉았을 때 논문의 몇 단락이 단숨에 정리되기도 하는 신기한 경험을 할 때에 교수님에 대한 경외심이 쌓여갔다.

필자의 경험 상, 연구자가 관심을 가지고 있는 키워드나 주제에 관한 문헌 연구를 하면서 메모한 것들이 논문의 방향을 설정하는데 유용했다. 그리고 그 메모를 통해 발전된 생각을 교수님께 말씀드리고 궁금했던 부분을 질문하면서 논문의 주제가 명확해졌었다. 나아가 연구를 진행하기 위해 어떤 공부를 해야 하는지 구체적으로 생각할 수 있었다.

어떤 방법으로 연구할 것인가?

필자는 이 연구를 위해 연구 문제별로 다른 연구 방법을 적용하였다. 첫 번째 연구 문제인 문장제 해결에 어려움을 겪는 학생들은 문장제 해결을 위한 식을 세우는 데 다이어그램을 어떻게 활용하고 있는지 알아보기 위하여 중학교 2학년 학생들을 대상으로 2007 개정에 따른 교과서의 연습 문제와 종합 문제를 일부 수정하여 3개의 문항을 제시하였다. 문헌 연구를 통해 범주화한 다이어그램의 유형을 토대로 사전 목록에 의한 코딩 방법을 사용하였다.

두 번째 연구 문제인 문장제 해결에 어려움을 겪는 학생들이 문장제를 구조적으로 파악하고 해결할 수 있도록 도와주는 문제해결 모형을 고안하기 위하여 문헌 연구를 통해 Polya의 문제해결 4단계와 Schoenfeld(1985) 그리고 Bransford와 Stein(1984)의 IDEAL모형이 무엇인지 살펴보고, 이를 통해 이 연구의 목적과 주제에 알맞도록 IDEAL 모형을 재구성하였다.

세 번째 연구 문제인 이 연구에서 고안한 문제해결 모형을 통해 학생들이 다이어그램을 활용하여 문장제를 해결하는 과정에 대한 기호학적 분석이 시사하는 바가 무엇인지 알아보기 위하여 두 번째 연구 문제에서 고안한 문제해결 모형의 각 단계에 Peirce의 삼원적 요소를 활용하여 학생들의 문장제 해결 과정을 기호학적으로 분석하였다. 3명의 사례 연구 대상자들에게 적용하여 기호학적으로 분석하는 것이 구체적으로 무엇인지 살펴보았고, 이를 통해 3명의 학생들이 문장제를 해결하면서 보여준 미흡한 부분이 무엇인지 면밀히 살펴보았다. 나아가 의도적으로 표집된 3명의 학생들의 문제해결 과정을 기호학적 관점에서 분석하기 위해 질적 연구 방법 중에서도 사례에 대한 집중적인 묘사와 분석적인 방법을 취하는 사례 연구 방법을 택하였다.

이 연구에서 진행한 질적 연구의 타당성을 높이기 위하여 면담과 관찰, 이를 녹음한 MP3 파일, 전사물, 검사지, 학생들이 면담과정에서 작성한 자료, 현장 노트 등을 통해 자료를 수집하여 삼각검증법에 적용시키고, 과제별로 면담이 끝난 후 전사한 내용을 토대로 왜곡된 사실 등이 있는지 의견을 물어보며 참여자가 검토하도록 하였다. 또한 이 연구의 목적과 주제에 따라 과제별 면담을 진행하고, 같은 구조의 문제를 제시하여 문제해결 과정을 반복적으로 관찰하였으며, 2명의 박사학위 소지자와 2명의 교사에게 조언을 받는 등 동료 검토가 진행되었다. 더욱이 필자는 연구의 진행을 위한 전반적인 절차에 참여하였으며, 질적 연구를 진행하는 과정에서는 이론적 민감성을 지니기 위하여 노력하였으나 필자의 주관적인 견해가 포함되기도 하였다.

더욱이 타당성과 더불어 신뢰도를 높이기 위하여 과제별 설문지를 요청할 때와 면담 과정에서 연구자의 위치를 언급하고, 타당성 향상 전략과 동일한 전략으로 삼각검증법에 적용시켰다. 또한 본 연구를 위해 전반적인 자료 수집 방법과 자료 분석 방법을 서술하고, 이론적 배경을 구축하기 위한 문헌들을 검토하여 자료 분석 준거를 마련하는 등 감사추적 전략을 활용하였다.

3개의 연구 문제해결을 위해 설문에 참여한 학생은 100명이다. 그 중에서 자신의 생각을 최소한이라도 표현한 학생들은 과제 1, 2에 86명이며, 과제 3에

100명이다. 그 중에서 3명의 학생을 심층적으로 관찰하며, 대화와 면담을 통해 진행하였다. 연구 대상으로 선택한 학생들은 문제해결 시, 다이어그램을 활용하는 것에 대한 거부감이 거의 없고, 긍정적으로 받아들이는 학생으로 제한하여 선정하였다. 연구 대상자에게 인터뷰에 대한 사전 동의를 구하였다. 인터뷰하는 과정을 녹음하였고 그 내용을 모두 전사하고, 문제해결 과정을 작성한 검사지에 분석틀을 적용하여 분석하였다.

➲ 연구자를 위한 조언

연구자는 연구를 진행하면서 연구 주제와 연구 문제에 적절한 연구 방법을 찾는 것이 중요하다. 더불어 자료를 분석한 방법 또한 매우 중요하다. 필자의 경우, 자료의 분석 및 분해, 개념화, 이론을 형성하도록 통합하는 과정에 의미를 두고 학생들의 설문지를 취합하여 비교, 검토하며 비슷한 특징을 가진 것끼리 분류하고 이를 범주화하였다. 학생들의 답안을 분석할 때에는 사전목록에 의한 코딩에 기반하여 확인한 빈도에 따라 통계적으로 유의미한 답안을 분석하였다. 그러고 나서 사례 연구에 적절한 분석 방법을 활용하였으며, 최종 자료들을 분석할 때에는 나선형 분석 과정에 입각하여 진행하였다.

연구는 어떻게 수행했는가?

필자가 연구를 진행하면서 가장 심혈을 기울였던 부분은 학생들이 문장제를 구조적으로 해결할 수 있도록 고안된 N-IDEAL 문제해결 모형을 고안해내는 것이었다. 이에 학생들이 나타낸 문장제 해결 과정에 대하여 기호화 과정을 분석하기 위해, IDEAL 문제해결 과정을 재구성하였다. 문제해결자가 다이어그램을 통해서 문제의 구조를 어떻게 파악하였는지 살펴보고 이를 수식으로 나타내는 과정을 확인하여, 문장제를 해결하면서 학생들이 기호화 과정을 어떻게 나타내는지 파악하고자 하였다.

기존의 IDEAL모형을 N-IDEAL모형으로 새롭게 제시한 이유는 학생들이 문제를 해결하다보면, 문제를 보고 곧바로 문제해결을 위한 식이 떠올라

원활하게 문제해결 과정이 진행될 때도 있지만, 그렇지 않은 경우도 있기 때문이다. 이때 문제를 보고 식을 세우는 것이 어려운 경우 여러 가지 문제해결 전략 중, 표 만들기나 그림 그리기 등과 같이 다이어그램을 활용하는 것을 대안으로 선택하여 문제해결에 적용시켜 성공적인 문제해결에 도달하도록 안내하였다. 이러한 점이 여느 문제해결 과정과 달리 N-IDEAL 문제해결 모형에는 대안의 탐색(E)이라는 과정이 포함된 문제해결 과정이다.

필자는 N-IDEAL 문제해결 과정의 각 단계를 기호의 삼원적 요소인 대상체, 표현체, 해석체가 의미작용을 반복할 때마다 의미가 구성된다고 보는 관점에 그 기반을 두고 살펴보았다. N-IDEAL 과정의 각 단계에서 적용되는 수학적 표현 도구이자 기호인, 다이어그램을 활용하는 여러 측면과 다이어그램이 대상체 또는 해석체 또는 표현체가 되기도 함을 고려하여, 문제해결 과정 중 어떠한 단계에서 의미가 잘 구성되는지도 함께 살펴보았다.

필자가 연구를 진행하면서 세 가지 연구 문제에 대한 연구 결과는 다음과 같다. 첫 번째 연구 문제와 관련하여 학생들이 작성한 답안을 통해, 학생들이 문장제를 해결하는데 어떻게 다이어그램을 활용하는지 그 양상을 분석하였다. 학생들이 문제의 유형이나 문장제를 이루고 있는 텍스트에 대한 구문론적 해석과 모방의 영향을 받아 특정 다이어그램의 유형을 선택함을 확인하였다. 문제해결에 어려움을 겪은 학생들이 문제를 해결하면서 다이어그램을 활용하는 양상 중 공통적으로 드러난 특징은 식을 작성하기까지 많은 고민을 하고 시행착오를 겪으며, 인지적 · 분석적 도구의 측면에서 다이어그램을 활용하고자 시도를 하지만 그 과정이 쉽지 않아 문제의 구조가 반영된 유의미한 다이어그램을 그리지 못하거나, 다이어그램을 그렸지만 이를 활용하여 문제해결을 위한 식을 세우는 과정으로 잘 이행되지 않음을 확인할 수 있었다.

위의 결과를 통해 문장제를 해결하는데 곧바로 식을 세우는 것에 어려움을 느끼는 학생들이 다이어그램을 활용하여 문제를 해결하는 것에 대하여 어떠한 양상을 보여주는지 살펴보았다. 나아가 문제해결 시, 학생들이 다이어그램을 활용하는 답안 유형을 분석하고 이를 토대로 IDEAL 모형을 재구성하여 N-IDEAL 문제해결 모형을 고안하였다. 이는 문제의 구조를 파악하여 식을 세울 수 있도록 다이어그램을 활용하는 전략을 '다른 대안의 탐색(E)' 단계에 삽입하여 구조적으로 문제를 해결할 수 있는 모형을 설계한 것이다. 또한 이 모형을 토대로 연구 대상자들이 보여준 각 단계별 문제해결 행동, 그 단계에서 일어나는 기호화 과정과 문제를 보고 식을 세우지 못한 경우에 대하여 다이어그램의 효율적인 활용 여부와 올바른 식을 세웠는지에 대한 여부를 도식화하고, N-IDEAL 문제해결 모형에 따라 나타나는 기호화 과정에 코드를 부여하였다.

이를 통해, 학생들의 문제해결 과정을 기호학적으로 분석하여 문제해결 각 단계에 나타나는 기호화 과정에서 학생들이 어떠한 문제점을 드러내어 문제해결에 어려움을 겪었는지 상세히 알 수 있었다. 사례 연구 대상자들과의 면담을 분석한 결과에서도 알 수 있듯이 문제해결 과정에서 모든 학생이 같은 어려움을 겪는 것은 아니었다. 이러한 과정에서 알 수 있는 사실로부터, 학생들을 가르치는 수학교육자는 그들의 문제해결의 과정을 면밀히 살펴보고 어떠한 부분에서 어려움을 겪는지 정확히 파악하여 학생들이 어려움을 극복할 수 있도록 안내하는 것이 중요함을 다시 한 번 인식할 수 있었다.

➲ 연구자를 위한 조언

본 연구는 IDEAL 모형에 Peirce의 삼원적 요소를 활용하여 문제해결 과정을 기호학적으로 분석하였는데, 학생들의 문제해결 과정을 기호학적으로 면밀히 분석하면, 문제해결의 각 단계에서 어떠한 부분이 미흡하였는지 알 수 있으므로 그 부분에 대한 어려움을 극복할 수 있는 구체적인 방안을 학생들 각자에게 안내할 수 있었다. 이때에도 교수님께서 해주신 조언은 주옥같았다. 연구 결과를 해석할 때, 너무 기호학적으로 치우쳐서 분석하지 않는 것이 좋겠다고 말씀해주시며, 수학교육적인 측면에서 분석이 이루어져야함을 매 순간 강조하셨다.

한편, 연구 결과를 작성하면서 유의해야할 점은 연구 문제와의 관련성이 당연히 제시되어야 하며, 진행된 연구를 뒷받침해주는 타당한 이론이 있어야 한다는 것이다. 이때, 불필요한 내용을 작성하지 않아야 하며, 연구 주제와 연구 문제를 항상 떠올리며 적절한 내용을 작성할 수 있어야 한다고 배웠던 부분을 느끼고 경험하며 심사과정을 진행할 수 있었다.

연구자는 연구를 시작하면서 심사 과정이 끝나는 순간까지 왜 이 연구가 필요한지, 타당한지, 그리고 연구 주제와 관련하여 적절한 연구인지를 끊임없이 고민해야한다. 이는 아주 당연한 것이고 기본적으로 지니고 있어야 하는 부분임을 연구자 누구나 알고 있지만 연구를 진행하면서 종종 간과하는 순간이 찾아온다. 이를 유의하며 심사 과정이 끝날 때까지 주의를 기울이면 좋겠다. 그리고 심사 과정에서 여러 심사위원들께서 연구 방향이 좀 더 분명하게 드러나도록 다양한 관점에서 질문을 하시고, 그에 적절한 조언도 아낌없이 해주신다. 심사를 받는 시간에 꽤나 긴장이 되어 어떤 부분을 수정해야 하는지 말씀을 듣고도 간과하는 경우가 있으니, 조언해주시는 내용을 메모하면서 수정해 나가기를 추천한다. 물론 심사위원들의 혜안이 메모된 논문 원고를 받아들고 수정하면 충분할 수도 있다. 그러나 심사위원 간의 견해 차이가 있을 수도 있으며, 심사 과정에서 그 분들의 의견을 반영하거나 또 다른 의견을 제시해야할 수도 있으므로 메모를 해둔다면 매우 유용할 것이다. 이 방법은 필자 또한 먼저 학위를 받은 선배들에게 도움을 받은 방법이기도 하다.

박사 논문 그 후

박사 논문을 작성하기 위해 공부했던 이론적 배경 탐구 과정에 석사 과정 때 수강했던 당시의 수업 참고 자료들이 많은 도움이 되었다. 박사 논문을 쓴다는 것은 꿈을 이루기 위한 결실의 과정이며 그 성취감은 무척이나 매력적이다. 그 결실을 바탕으로 수학교육에 대한 연구에 정진하고자 한다면 굳은 의지와 집념도 필요하다고 생각된다. 물론 필자는 그 의지를 지속해서 가질 수 없었지만 말이다. 박사 논문에서 기호학을 배경으로 수학 문제해결

과정을 분석한 연구를 진행한 후, 같은 해 3월에 출산을 하며 지속적인 연구를 할 수 없었다. 그 기간이 잠시라고 생각했었다. 그러나 소위 말하는 경력이 단절되는 것을 경험하였다. 그 경험은 여태 진행 중이지만, 심사 과정 중에 건강히 잘 버텨준 것도, 지금까지 잘 자라오고 있는 아이에게 감사해하며 한 사람의 아내로, 한 아이의 엄마로 묵묵히 자리를 지키고 있다. 아이의 수학 공부를 봐 줄 때에 문득 학위 과정 중 저널에서 읽었던 초등 수학의 내용이 머릿속에 스칠 때, 표현할 수 없는 복합적인 감정이 찾아오기도 한다. 그런 순간이 아직도 남아 있는 것을 마주할 때는 내 마음 속에 아직 아쉬움이 남아있구나 싶다. 몇 년이라는 시간이 흘러도 아이의 수학 교과서, 수학 동화책, 수학 문제집 등을 볼 때 자주 아쉬움이 찾아오는 것은 아마도 학위 과정을 시작하면서 알게 된 학문의 즐거움, 배움의 즐거움 때문이었을 것이다. 그 즐거움에 흠뻑 빠져서 어떤 주제에 대하여 고민하고, 검색하고, 관련 문헌을 찾아내고, 공부하면서 지냈던 시간에 대한 그리움일지도 모르겠다.

➲ 연구자를 위한 조언

연구 중에 만난 일부 학생들은 문제의 구조를 해석하는 과정에서 많은 어려움을 겪고, 해석한 것을 표현하는 과정에서 무엇을 어떻게 표현해야 하는지 잘 모르고 있었다. 또한 문제를 해결하기 위하여 알고 있는 핵심 개념사이의 관계를 잘 알고 있어도, 이를 적절한 다이어그램이나 식으로 표현하는 것에 어려움을 겪고 있음을 기호학적 분석을 통해 알 수 있었다. 이와 같은 사실은 학생들이 문제를 해결하면서 생성했던 아이디어들을 수학적으로 표현할 수 있는 능력을 갖출 수 있도록 수학교사나 수학교육자들이 도와주기 위한 노력이 요구됨을 시사한다. 그러나 그 노력의 방향과 방법이 구체적으로 어떠해야 하는지 논의하지 못하였으므로 후속 연구가 진행될 수 있기를 기대해본다.

필자가 연구를 통해 확인할 수 있었던 사실 중의 하나는 교사와 학생 모두 다이어그램이 유용한 표현 도구라는 사실을 알고 있을지라도, 일부 학생들은 다이어그램을 활용하는 것을 꺼리기도 하고, 다이어그램을 활용하는데 어려움을 경험하거나, 효과적으로 다이어그램을 활용하기 위한 지식이 부족함을 확인할 수 있었다. 이는 비단 학생에게만 관찰되는 현상은 아니었다. 교사들이 다이어그램을 활용할 수 있는 능력이 부족하기 보다는 자신이 익숙한 수학적 표현을 활용하여 수업을 진행하려는 경향이 있기 때문에, 일부 교사들 중 다이어그램을 활용하는 것에 부정적인 견해를 가진 교사들도 명백히 존재할 것이다. 이러한 교사들에게 수업을 받는 학생이라면, 아마도 다이어그램을 활용할 수 있는 기회가 적을 것이므로 교사나 교과서 등이 구성하는 수업환경과 관련된 연구를 진행해보는 것도 유의미하리라 생각된다.

덧붙여 필자는 많은 학생들을 연구 대상으로 선정하여 다이어그램을 활용하는 것에 긍정적인 견해를 가지고 있는 학생들이 그렇지 않은 학생들보다 성공적인 문제해결에 도달하는 경우가 많은지 확인하고, 다이어그램을 활용하여 식을 세우는 능력이 향상되었음을 통계적으로 분석하여 그 결과를 실제 수업에 적용시켜보는 연구가 필요하다고 제안한다.

중등 수학 교사의 수학적 지식의 교수학적 변환에 관한 연구

배수경

수학교육학 연구는 수학 리터러시 나침반이다.

수학교육은 자신을 둘러싼 세상의 현상을 제대로 읽어낼 수 있는 수학 리터러시를 키우는 과정이다. 그렇기에 현장을 기반으로 한 지속적인 '수학교육학 연구'만이 수학교육을 그 본질의 방향으로 회귀시킬 것이다.

필자는 2015년 2월에 "중등 수학 교사의 수학적 지식의 교수학적 변환에 관한 연구"라는 제목으로 수학교육학 전공의 문학박사 학위를 취득했다. 이 논문은 수학교육학 분야의 교수학적 변환론 측면에서 수학적 지식의 교수학적 변환에 대한 특성을 살펴보았다는 점에 의의가 있다.

논문내용 둘러보기

교사는 학생의 배움에 그 누구보다 큰 영향을 주는 존재이다. 강력한 교육적 의도를 품고 매 수업 시간마다 자신이 가르치고자 하는 지식이 무엇인지 파악하고 그것을 어떤 방식으로 가르칠 것인지 계획하는 교육의 주체인 것이다. 그런데 교사가 학생에게 '가르친 지식'은 과연 본래의 학문적 지식이 갖고 있던 의미를 완전무결하게 잘 보존하고 있는 것일까? 또, 과연 교사로부터 학생에게 전달되는 지식은 교사의 의도와 계획대로 온전히 전달되고 있는 것일까?

논문에서는 4명의 중등 수학 교사를 대상으로 그들이 교육과정과 교과서를 기반으로 수업을 계획하면서 선언한 '가르칠 지식'과, 수업을 통해 실제로 '가르친 지식'을 비교 분석함으로써 중등 수학 교사의 수학적 지식의 내적 교수학적 변환과 외적 교수학적 변환에 대한 특성을 살펴보았다. 또한 이를 바탕으로 교사들이 이러한 교수학적 변환을 하게 된 요인들을 찾아냄으로써 교수학적 변환에 영향을 끼친 각 교사의 교수학적 누스페어(didactic noosphere)[2]를 밝히고 더 나아가 이들 교사의 수학적 지식에 대한 교수학적 변환을 도식화한 후 이에 대한 시사점을 찾아보았다.

연구 문제의 결과를 얻기 위해 본 논문에서는 중학교 2학년 '삼각형의 성질' 단원에서 외심에 대한 개념을 다루는 수업을 하는 중학교 수학 교사 중에서 교육적 성향과 교육 경력으로 구분하여 4명을 선정하였고, 이들에 대한 사전 면담, 수업, 사후 면담 및 심층 면담을 통해 자료를 수집하였다. 또, 이 자료들을 대상으로 교수학적 변환의 관점에서 중등 수학 교사의 수학적 지식의 교수학적 변환을 분석하였으며 이를 토대로 중등 수학 교사의 수학적 지식에 대한 교수학적 변환의 도식을 제시하였다.

연구 문제와 그에 따른 주요 결과는 크게 두 가지로 요약된다.

먼저, 연구 문제1인 '교수학적 변환의 관점에서 교사의 수학적 지식에 대한 교수학적 변환은 어떻게 이루어지는가?'에 대해 '지식의 선언'과 '환경의 재조성'의 차원으로 나누어 그 관찰된 결과를 도출하였다.

또한, 이 과정에서 관찰된 것을 기반으로 수학적 지식의 교수학적 변환 시 교사에게 영향을 준 요인을 살펴보아, 포괄적 누스페어의 차원에서는 의사 주도적 영역의 8가지 요인, 주도적 영역의 11가지 요인을 추출하였고, 국소적 누스페어의 차원에서는 의사 주도적 영역의 8가지 요인, 주도적 영역의 7가지 요인을 추출하였다.

다음으로 연구 문제2인 '교수학적 변환의 관점에서 교사 유형별 교수학적 변환의 특성은 어떻게 나타나는가?'에 대해 교수학적 변환의 관점에서 나타난 교사 유형별 교수학적 변환의 특성으로서 나타나는 공통적인 것과 그 외 수업 성향과 교육 경력에 따른 교사별 특성을 각각 도출하였다.

중등 수학 교사의 수학적 지식의 교수학적 변환은 포괄적 누스페어에서 국소적

2) 본 연구에서는 사이버 공간을 포함한, 어떤 종류이건 가르치는 일에 대한 성찰이 이루어지는 모든 정신적 공간을 의미한다.

누스페어로부터의 외적 교수학적 변환으로 먼저 시작된다고 볼 수 있다. 하지만 실제로 교사가 수업을 계획하는 단계에서 자신의 외적 교수학적 변환에 대한 자각은 거의 불가능하다. 교사가 분명히 자각할 뿐 아니라 주도적으로 이루어나가는 교수학적 변환은 교과서와 교사용 지도서를 기반으로 한 내적 교수학적 변환의 단계이다. 이러한 내적 교수학적 변환은 지식의 선언과 환경의 재조성이라는 두 가지 축으로 이루어지는데 이 두 가지는 별개의 것이 아니라 서로 영향을 주면서 어우러지고 이로 인해 수학적 지식의 교수학적 변환의 여러 가지 방식이 결정된다.

먼저 가르칠 지식으로서 수학적 개념을 선언하고 그 수학적 개념을 가르치기 위해 그 수업에서의 주요한 도입 활동을 결정한다. 이 도입 활동을 어떠한 것으로 선택하느냐에 따라 수학적 개념과 관련된 매개 수학적 개념이 달라질 수 있으며 이러한 일련의 과정으로 인해 수학적 개념의 정의도 변경될 수 있다.

교육과정이나 교과서의 해당 단원에서는 가르칠 수학적 개념으로서 선언하지 않았던 수학적 개념이라도 교사의 교육적 성향에 따라서는 수학적 개념으로 선언되어 가르쳐질 수 있다. 이러한 결과는 해당 수업에 임할 무렵 교사 개인만의 의사결정이라기보다는 그 교사의 교수학적 누스페어로부터 비롯된 것이다.

이와 같이 교사의 교육적 성향과 교육 경력에 따라 가르칠 수학적 개념이 선언되고 환경의 재조성이 구성될 뿐 아니라 실제 수업에서 가르친 수학적 개념에 대한 교수 순서 및 교수 시간의 배당이 결정된다. 이러한 일련의 과정을 거쳐 수학 교사의 수학적 지식에 대한 교수학적 변환이 일어나게 된다.

수학 교사의 수학적 지식에 대한 교수학적 변환은 단순히 교사 개인이 가진 요인에 의한 것이라기보다는 그 교사의 포괄적 누스페어와 국소적 누스페어로부터 비롯되어 축적하게 된 교사의 목표, 자원, 지향 등에 의해 영향을 받은 것임을 이 연구를 통해 밝히고자 하였다.

무엇을 연구할까?

너무 오래되어서일까? 솔직히 박사논문의 키워드를 만난 시점에 대한 정확한 기억은 없다. 다만, 석사 과정의 주제가 '영재교육'이었음에도 불구하고 어느 날 대학원 수업 중 읽은 페이퍼 속에서 '교수학적 변환론'이라는 단어를 쿵 하고 만난 첫 느낌만이 선명하게 남아 있다. 결혼과 출산을 먼저 치른 후 남들보다는 뒤늦게 임용고사에 도전하였고, 그 후 부임한 첫 학교에서 입학했던 교육대학원이었다. 당시엔 교육지원청 영재교육원 강사로서 활동하던 중이었기에 나의 관심은 온통 영재교육뿐이었다. 그렇게 모든 공부의 소실점이 영재교육이었지만 "교수학적 변환론"은 박사 과정을 들어가고 나서도 항상 내 가슴 속에 차마 버리지 못 하는 키워드로 남아있었다. 어렴풋이 알긴 하겠는데 그 정체를 정확히는 알 수 없었던 주제였고 실제로 국내에서의 관련 연구는 매우 초창기였던 시절이었다.

그 후 박사 과정을 하면서 석사 논문 주제였던 영재교육을 박사 연구 주제로 이어나가는게 당연하다고 생각했지만 가슴 속에 남아 있던 이 숙제를 해결하지 못 하니 박사 과정 수료 후 3년이라는 시간을 흘려보내면서도 논문의 첫 줄조차 시작하지 못 했다.

바쁜 학교생활과 교육방송 강의에 빠져서 논문은 거의 포기할 무렵, 나에게 마치 영화같은 일이 일어났다. 2012년 7월에 제12회 국제수학교육대회가 우리나라에서 열리게 된 것이다. 사진으로나 보던 '펠릭스 클라인 메달'과 '한스 프로이덴탈 메달' 수여식을 내 눈으로 보게 되다니 그 얼마나 가슴 떨리는 일인가? 교무부장으로 바쁜 학교생활이었지만 이것만큼은 놓칠 수가 없었다. 수업을 교환하여 일주일동안 공강없이 수업을 다 해 내고, 서울 강남 코엑스로 달려갔다.

첫째날 너무 뒤에 앉아서 잘 안 보였던 터라 둘째날은 몇 천 석이 마련된 기조강연장에 거의 첫 번째로 입장하여 맘에 드는 좌석 하나를 차지했다. 너무나 넓은 장소였기에 두 번째로 입장한 그 분이 바로 내 앞에 앉을 줄은 꿈에도 몰랐다. 그저 누가 하필 내 앞에 앉나싶어 슬쩍 봤을 뿐인데 단박에 그 분이 누구인지 알아봤을 뿐만 아니라 거의 포기하고 있었던 논문을 완성할 수 있겠다는 확신으로 심장이 격하게 뛰기 시작했다.

그 분은 바로 교수학적 변환론을 80년대부터 주창하여 발전시킨 프랑스의 Chevallard 교수님이었다. 물론 그 분은 나를 모르기에 그 짧은 찰나 큰 용기를 끌어올려 나를 소개해야 했다. 내가 얼마나 당신의 이론에 깊은 관심을 갖고 있는지, 더 많이 알고 싶은데 영어 논문을 찾기가 어려워 갈증이 깊어지고 있다는 등. 그 때 교수님은 1초도 쉬지 않고 나에게 말했다. 내년에 당신이 주관하는 관련 학회가 프랑스 마르세유에서 열리니 오라! 그리고는 이메일 주소를 적어주시며 연락하라고 하셨다. 학교에서 교무부장을 맡고 있던 내가 4월에 열리는 프랑스의 학회를 어떻게 갈 수 있을지 고민할 여유조차 없었다. 가겠노라고, 반드시 가겠노라고 내뱉고 그 분의 연락처를 덥석 건네받았다.

호기롭게 답변한 것치고는 금방 현실을 자각할 수 밖에 없어 살짝 우울해질 무렵 NTTP라는 교사 연구년제 신청 공문이 눈에 들어왔다. 마침 그 때가 지원 기간이었다. 이 기회를 놓치면 박사논문은 영영 쓸 수 없겠다는 확신이 들었기에 그렇게 1년간의 연구년제를 신청하고 합격하게 되었으며 불가능하게만 보였던 프랑스 학회 참석은 나에게 리얼한 현실이 되었다.

그 때 마르세유에서 만난 Chevallard 교수님의 한국인 제자 김선생님, 스페인 Lamon Llull 대학의 Marianna 교수님은 학회에 참석하기 전부터 이메일로 미리 소통하며 도움을 주었을 뿐만 아니라 너무나 심오한 철학적 개념을 이해하느라 괴로워하는 날 위한 토론에 기꺼이 시간을 할애해 주셨다.

사실 이런 모든 일이 가능했던 것은 박사논문 지도교수님 덕분이었다. 원래 학위논문의 주제는 교수님께서 가시는 큰 길의 한 자락을 함께 탐색하는 것이 평탄한 법인데 교수님의 연구와는 전혀 접점이 없어 보이는 생소한 주제를 붙들고 나섰던 것이다. 그럼에도 불구하고 교수님은 조금의 거리낌 없이 응원해 주시고 지지해 주셨다. 연구자의 관점에서 예리한 질문도 해 주셨을 뿐만 아니라 고민의 늪에서 영 헤메고 있을 무렵에는 항상 힘이 되는 조언을 아끼지 않으셨다. 만약 교수님께서 생소한 주제를 불편해 하셨다면 어땠을까? 아마 난 영영 그 어떤 논문도 완성하지 못 했을 것이다.

프랑스에서 만난 Chevallard 교수님의 한국인 제자와는 당시 교수님의 불어 논문을 함께 번역하고 읽으며 철학의 경계선 즈음에 있는 논문의 본 뜻을 이해하려고 무던히 애를 썼다. 영어도 아닌 불어이기에 너무나 고통스러운 시간이었지만 이 시간을 견딜 수 있었던 것은 주제에 대한 관심의 깊이 덕분이었다. 수학의 개념을 어떻게 교수학적으로 변환하는가에 대한 관심이 항상 교과서와 같은 책 작업이나 학교 수업에 반영되곤 했다.

물론, 연구를 하는 과정 중에서도 책으로 읽으며 막연히 세웠던 가설들이 나의 연구로 인해 구체적인 결론으로 도출되는 것이 신기하고 가슴 벅차올랐다. 나의 관심 주제가 지도교수님의 연구의 길과 딱 들어맞는다면이야 더할 나위없는 축복이겠으나 만약 그렇지 않더라도 조금은 자신이 가장 관심있는 주제에서 그 접점을 찾아야 할 것이다. 접점이 영 없을 것 같지만 지도교수님과 질문과 답변을 이어나가면서 생각지 못 했던 접점을 찾는 희열을 맛 보게 될 것이다. 그리고 그것이 호흡이 긴 박사 논문의 완성도를 높이고, 힘들지만 나의 에너지를 지속적으로 투입할 수 있는 방법이다.

➲ 연구자를 위한 조언

만약 교사라면 평소 나의 수업을 촬영하여 들여다보고 그 속에서 연구 주제를 찾는 것을 추천한다. 물론 교사가 아니더라도 자신이 하고 있는 활동이나 나도 모르게 손이 가서 읽고 있는 페이퍼를 보면 나의 관심이 무엇인지 알 수 있다.

학술대회나 수학교육학회 등도 단골손님처럼 다니고, 평소 글에서만 보았던 저자들이나 교수님들께 과감한 질문과 나의 소개를 해 볼 것을 추천한다. 그 분들이 짧지만 날카롭게 던져주시는 소통의 한 마디는 소심해져 있는 연구자에게 큰 힘과 초석이 된다.

어떤 방법으로 연구할까?

내가 전력을 다 할 수 있는 연구주제를 선택했다면 연구의 절반은 이룬 셈이라고 위로할지 모르겠다. 하지만, 현실에서는 이제부터가 진정한 시작이다. 연구방법은 어설프게 세워놓고, 연구자가 검증하고 싶은 연구 문제를 꾸역꾸역 억지로 끌고만 간다면 기껏 모아놓은 자료를 휴지통에 버리고 1년 후 처음부터 다시 시작하는 재앙이 닥칠 지도 모르기 때문이다. 그만큼 연구방법을 튼튼하게 구상해 놓는 것이 중요하다.

많은 선배들이 이러한 조언을 강조했고 실제로 이러한 실패의 과정을 겪으며 수료에 그치고 마는 동료들을 많이 봐 왔기에 마음을 단단히 먹을 수밖에 없었다. 시간이 없었지만 연구방법에 대한 강의와 책을 다시 정독했고 수학교육만이 아니라 다른 과목의 논문도 읽으며 연구방법에 대해 가장 신중하게 접근했다.

본 연구는 교수학적 변환론이라는 이론으로부터 추론된 가정을 먼저 세우지 않고, 순수하게 수업을 관찰함으로써 연구자의 순수한 직관적 이해로부터 이론을 구성하고 결과를 추출하고자 했다. 교사가 다수의 학급에서 반복하여 수업을 하는 동안에는 단순히 계획된 수업을 그대로 재생하는 것이 불가능하고, 수면 위에 드러난 것만을 특성으로 설명하기는 어렵기에 다분히 질적인 성격을 가진다. 따라서 수학 교사가 어떻게 수학적 지식을 변환하는지 그 특성을 알아보고 그 이면에 숨겨진 요인을 분석하기 위해서 질적 사례연구 방법을 택한 건 당연한 일이었다.

내가 선택한 주제를 위한 질적 사례연구는 특별히 중학교 2학년 특정 단원의 수업 장면이 필요했기에 수업 교사의 선정, 수업의 시기, 동영상 촬영 방법, 면담 방법 등이 모두 사전에 치밀하게 계획하지 않으면 안 되었다. 특히 한 교사당 맡은 반의 모든 수업이 고스란히 관찰되어야 했고 수업 후 바로 면담하지 않으면 해당 수업 당시 교사의 생각을 관찰하기 어려웠기에 애초 교사의 선정 단계부터 깊은 고민의 연속이었다.

본 논문의 연구에서는 '반구조화된 면담'으로 진행하였으며 개방적 질문과 탄력적 진술을 고려하여 면담하였다. 면담의 자료는 포화(Saturate)될 때까지 수행했으며 필요시 대면 면담 후 전화 인터뷰로도 보충하였다.

연구대상이었던 4명의 교사 선정도 추후 연구 문제 관찰에 매우 큰 영향을 주기에, 사전에 문헌연구를 통해 선정의 틀을 마련하여 진행하였다. 먼저 면담을 깊이 있게 진행하려면 연구자와 래포가 잘 형성된 사람이어야 하기에 주변인들을 총동원하기 시작했다. 하지만 나와 직접적인 관계에 있는 사람들 중에서는 중2를 담당하고 있는 경우가 그리 많지 않았다. 대신 그 과정에서 16명의 교사를 추천받았고 Raymond의 수학 학습과 수학 교수에 대한 교사의 신념의 범주화를 위한 준거를 바탕으로 제작한 설문지를 통해 교사의 성향을 구분하고 최종적으로 4명의 연구 대상을 선정하였다. 이 중 2명은 연구자와 직접적으로 아는 사이가 아니었기에 사전 면담을 통해 최선을 다해 래포를 형성할 기회를 만들었다. 다행히 같은 지역의 교사들은 그들은 나의 방송 강의나 교사 연수를 들어본 교사들이었기에 단시간에 친밀도를 높일 수 있었다.

연구 설계는 2013년 3월에, 연구대상 선정은 같은 해 9월, 수업자료 수집은 9-10월에 이루어졌고 교사당 동영상의 개수는 20개 내외였다. 교사가 가르친 지식과 학생에게 실제로 가르쳐진 지식은 별개의 문제였기에 학생 노트, 사후 면담 등의 자료도 포함되었다.

80여개의 수업 동영상은 모두 전사되었는데 수업은 재촬영이 불가한 탓에 사전에 다른 단원을 촬영해 보아서 음향이나 카메라 위치 등등을 미리 수정하였다. 보통은 연구자가 교실에 참여하여 관찰하고 촬영하기 마련이지만 연구자가 동시에 4개 학교를 방문하는 것도 불가할 뿐더러 학교에 외부인이 장기간 와서 관찰하는 것에 대해 부담스러워 하는 것이 현실이었기에 사전에 촬영 허가를 위한 관리자 방문 외에는 일절 학교 방문을 하지 않았다.

전사하는 과정도 쉽지 않았지만 이는 물리적인 수고로움이라 견디기만 하면 되는 반면, 가장 고민되고 어려운 부분 중의 하나는 '코딩' 과정이었다. 4명 교사의 수업 동영상에 대해 지식의 선언과 환경의 재조성의 차원에서 개방 코딩을 지속적으로 시행함으로써 분석의 준거를 소영역 단위로 추출할 수 있었고 이 소영역 단위를 축코딩하여 중영역을 범주화하였다.

범주 도출에 대해서는 국내 전문가 2인에게 1차 수정, 국외 전문가 1인에게 2차 수정, 마지막으로 국외 전문가 2인에게 3차 수정을 함으로써 완성할 수 있었다.

➲ 연구자를 위한 조언

가장 중요한 것은 연구가 시작되기 전, 시뮬레이션을 통해 연구방법을 치밀하게 계획하는 것이다. 수학교육의 자료를 살펴보는 것은 당연하지만 수학이 아닌 다른 과목의 연구자료를 살펴보는 것도 추천하고 싶다. 또한 연구주제 선정이 끝났다고 학회 등지에 발을 끊을 것이 아니라 연구방법에 포커스를 두고 꾸준히 참석하는 것을 권한다.

이 과정에서 지도교수님과 소통하는 것은 절대적인 일이다. 일이 다 벌어지고 난 다음에 지도교수님께 보고를 드리면 자칫 부족한 점을 보완할 시기를 놓치게 된다. 지도교수님께 자주 찾아뵈어야 하고 특히 자료를 수집하기 전에 최대한 연구방법에 있어서 면담을 자주 드리는 것이 좋다. 예를 들어 1, 3주 수요일과 같이 일정한 시기를 정해놓고 이메일로 소통하는 것도 고려해 봄직한 방법이다.

연구는 어떻게 수행했는가?

교사로서 학교수업을 하는 것뿐만이 아니라 교무부장이라는 행정업무를 맡고나서는 연구는 커녕 논문 작성은 거의 불가능하다고 판단했다. 당시에는 EBS 교육방송 프로그램 강사도 겸하고 있었고 입시를 앞둔 두 아이 건사도 해야 하는 내 인생 최고의 바쁜 나날이었기 때문이다. 수료한 지는 이미 오래되었기에 논문 작성만을 위해 연수휴직을 하는 것은 불가했는데 그 때 찾아낸 보석같은 제도가 바로 NTTP연구년이었다.

나에게는 물리적인 시간 확보가 무엇보다 중요했기에 연구년에 들어가면서 하루 일과를 정하고 대학의 박사연구실을 매일 출근했다. 다행히 연구실에는 다른 연구원도 함께 있어서 심리적으로 침제되는 것을 방지할 수 있었지만 가장 도움이 된 것은 식사 후 산책 등의 시간을 통해 논문에 대한 가벼운 토론을 할 수 있었다는 점이다. 주제가 다른 연구를 할 경우 서로에 대해 던지는 가감없는 질문과 논의는 상당한 도움이 된다.

나의 연구의 절반은 2013년 4월에 참석한 마르세유 대학 학회에서 갖고 온 영어 논문을 포함해 Chevallard 교수님의 불어판 페이퍼를 번역하는 일이었다. 영어 논문은 평소에 공부하면서도 했던 작업이라 크게 어렵지 않았으나 전혀 알지 못 하는 언어인 불어판 페이퍼는 불어 전공자와 협업을 하는 수 밖에 없었다. 너무나 철학적이면서도 창의적인 표현이 가득했기에 불어 전공자의 1차 한글 직역판을 받아들고서 다시금 큰 절망에 빠졌다. 불어판과 크게 다르지 않은 외계어였던 것이다. 분량으로는 정말 짧은 글이었지만 이 글을 2차 번역하는 고통의 시간은 상당히 길었다. 다행인 것은 그 고통의 시간만큼 이론에 대한 깨달음은 조금씩 나아졌다는 것이다.

연구를 하다보면 분명히 슬럼프의 기간이 오기 마련이다. 이 때만큼 슬기로운 대처가 필요한 시기가 없다. 만약 이 시기에 잠수를 타거나 회피의 시간 여행을 오래 하게 된다면 논문의 완성은 불가하다. 자신없고 부끄럽더라도 이러한 슬럼프의 시기에 학술대회를 도전하는 게 자극이 될 거라 생각했다. 연구의 한 부분이 매듭지어질 무렵 '2013 대한민국 수학교육관련학회 연합학술대회'에 그 때까지의 연구를 정리해 제출했다. 물론 다른 사람들의 질문이나 의견이 도움되기도 했지만 가장 큰 소득은 발표의 과정에서 내 스스로 떠올린 질문과 자기 반성이었다. 사실 내 연구에 대한 이해도가 가장 높은 사람은 바로 나다. 그래서 부족한 부분도 내가 제일 잘 파악할 수 있다. 이 학술대회를 통해 동영상을 다시 분석하고 새롭게 코딩하여 좀더 정교한 결과를 도출해 낼 수 있었다.

➲ 연구자를 위한 조언

자신에게 주어진 환경을 잘 파악한 후 박사 논문을 쓰기에 최선인 물리적인 시간과 환경을 본인에게 제공해야 한다. 이 시기는 분명 선택과 집중을 할 때이다. 박사논문은 석사논문과는 질과 양, 2가지 측면에서 모두 압도적이기에 이 때 집중하지 않는다면 10년동안 써야 할 지도 모른다.

연구 결과를 어떻게 나타낼까?

아기를 뱃 속에 품고 있는 동안은 하루 빨리 낳고 싶겠지만 아이를 키워본 사람이라면 출산 후가 더 힘들다는 팩트를 잘 안다. 논문도 이와 비슷하다. 연구 과정 중 전사를 하거나 분석을 하거나 하나하나의 일정을 소화하는 건 그럭저럭 할 만하다. 하지만 그러한 결과물들을 엮어서 잘 표현해 내는 건 또 하나의 어려운 관문이다.

시간대별로 서술하는 게 좋을지, 연구 대상별로 서술하는 게 좋을지, 그저 분석을 나열한 것으로 맺는 게 좋을지, 이 모든 결과를 하나의 도식으로 마무리하는 게 좋을지, 고민은 끝이 없다.

하지만 어떻게든 해 내야만 한다. 이 무렵 다른 사람의 논문을 잘못 읽으면 번지르르하게 잘 나 보이는 방식을 베끼고 싶은 유혹에 빠져들지도 모른다.

다른 시기라면 모르겠지만 이 시기에는 내가 서술한 논문을 반복하여 읽고 이를 나만의 유니크한 방식으로 표현하는 것이 좋다고 생각한다. 적어도 나의 논문이 나답게 보여야 하지 않겠는가?

나는 방송을 했던 경험을 살려 논문도 독자가 읽으며 이해하기 편한 방식으로 표현하려고 애썼다. 연구결과의 도출 과정을 먼저 크게 그려주고 '수학적 지식에 대한 교수학적 변환의 교사별 사례'를 서술했다. 그 후 연구 문제 1, 2에 대한 결과를 차례로 서술하였으며 최종적으로 연구에 대한 결론과 제언을 제시하였다. 그리고 이 결론의 부분에서 '중등 수학 교사의 수학적 지식의 교수학적 변환의 도식'과 '반복된 수학 수업에 대한 교수학적 변환의 도식'으로 매듭을 지었다.

글을 전문적으로 쓰는 자가 아닌 수학 전공자이기에 지금 이 글을 쓰면서 다시 보게 된 나의 논문은 수정할 곳 투성이로 보인다. 그러니 막 글을 마친 당시에는 어떠했겠는가? 수도 없이 내 스스로도 수정했지만 어느 시점이 되면 내 눈으로는 더 이상 틀린 부분이 잘 보이지 않는다. 비문 투성이인 것은 두말할 것도 없다. 먼저 두 전공자군에게 내 논문을 보일 필요가 있다고 생각했다. 먼저, 같은 전공자군이다. 적어도 꼼꼼하게 읽어줄 3명 이상의 편안한 사람, 그러면서도 부드러운 격려보다는 날카로운 지적을 아끼지 않을 사람을 선정하는 것이 좋다. 최대한 미래의 나의 부끄러움을 줄여줄 사람들인 것이다.

다음으로는 국어전공자군이다. 전공 내용이 어느 정도 완성도가 높아진 시점에 나의 논문의 윤문을 맡겨야 한다. 꼼꼼한 분이라면 1명도 충분하다. 그래야 비문을 확실히 줄일 수 있다. 이러한 과정을 통해 나의 논문은 목표점을 향해 달려갈 수 있었다.

➲ 연구자를 위한 조언

다른 이에게 나의 논문을 맡기기 전에 내 스스로 충분히 읽고 수정해야 한다. 논문의 양이 많기 때문에 매일 전체를 후다닥 읽기보다는 하루에 한 부분씩 맑은 정신으로 읽고 수정하기를 권한다.

결과의 표현이나 도식의 방식들도 다른 영역의 논문을 참고할 것을 권한다. 수학교육의 맥은 살리되 수학교육에만 매몰되지 않도록 말이다. 교육학은 공통으로 흐르는 맥락이 있다. 교수학적 변환론 역시 다른 교과에서는 어떻게 바라보고 있는지 읽음으로써 도움을 받았던 기억이 있다.

논문 심사는 어떻게 진행될까?

나의 논문은 당시 깊이 있게 연구되어 널리 알려진 이론이 아니었기에 심사를 해 주신 교수님들께서 던지신 것은 지적보다는 이론과 연구에 대한 질문이 먼저였다. 학자들이 납득할 수 있도록 이해시키는 일은 정말 진땀나는 일이 아닐 수 없었다.

하지만 나의 경우는 오히려 이러한 과정이 그간의 고생을 씻어주는 보람된 시간이었다고 감히 말할 수 있을 것이다.

석사논문 지도교수님께서도 박사 심사를 해 주셨는데 정말 학자다우신 호기심으로 함께 토론해 주시고 조언을 해 주셨으며 무엇보다 박사 지도교수님께서는 심사를 받는 동안 내가 명쾌하게 설명하지 못 하는 부분에 대해 보완할 점을 챙겨주셨다.

심사 단계 중 같은 연구자들을 대상으로 나의 논문을 발표할 기회도 있었는데 이 때는 이전 학술대회에서 발표한 경험이 많이 도움이 되었다.

새로운 개념을 기저로 하는 연구는 논문을 맺을 때까지 너무 큰 고통이 따르지만 논문 심사를 하는 동안은 학자들과의 토론을 통해 전혀 기대하지 않았던 연구의 기쁨을 맛보는 선물의 시간이 되었다. 물론 내가 자신있게 답변을 못 해 학자들을 납득시키지 못 한다면 좌절의 시간일 수도 있겠지만 만약 그렇다면 그 논문은 다시 더 연구를 하고 세상에 내 보내는 것이 본인에게도 도움이 될 것이다.

심사의 과정을 두려워하기보다는 학자들의 조언을 하나도 놓치지 않아 내 논문을 한 단계 끌어올릴 기회로 삼아야 한다. 부끄러움은 한 순간이다. 그 분들은 모두 나의 논문을, 흔쾌히 자신의 서명을 해 주실 정도의 논문 수준으로 높여주시기 위해 그 자리에 와 주신 것이다.

> **➲ 연구자를 위한 조언**
>
> 녹음은 필수이다. 메모를 다 할 수 없을 뿐더러 단편적으로 적어놓으면 나중에 연결을 하기 힘들다. 녹음으로 메모의 시간을 줄이고, 대신 나의 질문의 양은 최대치여야 한다. 교수님들이 던져주신 지적에 대한 대안의 아이디어도 최대한 그 분들과 함께 있는 동안 찾는 것이 좋다.

끝나지 않은 여정

교사였던 나는 박사학위를 받은 후, 지고 있던 무거운 돌덩이를 내려놓은 듯 홀가분함을 느꼈다. 박사 학위 수여식에 참석한 남편도 진심으로 축하해 주며 수료로 끝내겠다던 나를 재촉한 보람을 누렸다.

감사하게도 교육대학원에서 강의도 맡아 교사로서 현장의 생생한 경험을 버무려 대학원생들과 호흡할 수 있었다. 돌아보면 이 시기 교육대학원 강의가 내가 할 수 있는 가장 귀한 경험이었으며 가장 큰 보람이라고 할 수 있다.

교육전문직으로 일하며 강의를 손에서 놓을 수 밖에 없었지만 지금도 그 때의 기억을 떠올리면 가슴이 벅차오른다. 조금 아쉬웠던 지점은 스페인 Lamon Llull 대학의 Marianna 교수님에게 가서 박사 후 과정을 하면 어떨까 고민만 하다가 포기한 것이다. 두 아이들과 떨어진다는 것 때문에 포기했지만 그 때 그 과정을 밟았더라면 나의 인생은 또 다른 징검돌을 놓고 있을지 모르기 때문이다.

물론 가지 않은 길이기에 아쉬울 뿐이지 현재 걷고 있는 이 길을 후회하는 것은 아니다. 교사로서 현장에서 아쉬움없이 수업했고, EBS 방송을 통해 새로운 교수학적 소통을 경험했으며 무엇보다 이러한 경험들을 바탕으로 저자로서, 번역가로서 다양한 활동을 했기에…. 무엇보다 이러한 모든 경험을 바탕으로 "교수학적 변환론"의 바다로 가는 길에 징검돌 하나 당당하게 놓는 일을 완수했기 때문이다.

앞으로 하나의 남은 꿈은 평가의 수단이 아닌 진정한 수학의 맛을, 온라인을 통해 널리 알리고 싶다는 것이다. 은퇴 후가 될지, 교육 현장에서 미리 시작하게 될지 모르겠지만 어찌 되었건 그러한 활동에 철학과 깊이를 담게 될 수 있다면 그건 바로 내가 썼던 이 학위논문 덕분일 것이다.

➲ 연구자를 위한 조언

길은 길로 연결된다. 대학에서 강의를 하는 게 목표가 아니더라도 연구자로서의 시간을 가져 보는 것은 인생의 큰 경험이다. 특히 교사라면 승진만을 위한 연구가 아니라 순수한 학문을 연구한 시간 덕분에 내가 미처 예상하지 못 했던 새로운 길이 열리는 소소한 기쁨을 맛보게 될 것이다.

초등학교 학부모와 학생의 수학학습가치 인식과 수학학습관여행위 분석

강미선

수학교육학 연구는 나의 사명이다.

아이들은 첫 수학을 가정에서 부모로부터 배운다. 따라서 수학 교사가 아닌 모든 부모들에게도 수학교육학적 지식이 필요하다. 수학교육학의 연구 결과를 대중과 공유하는 일은 수학교육의 바람직한 개선을 위해 꼭 필요한 일이며, 나의 사명이다.

필자는 2015년 8월에 "초등학교 학부모와 학생의 수학학습가치 인식과 수학학습관여행위 분석"이라는 제목의 논문으로 문학박사 학위를 취득했다. 이 논문은 우리나라 학생들이 수학을 좋아하지는 않으면서 열심히 수학공부를 하는 이유와 수학에 대한 가치를 어떻게 인식하고 있는지가 학부모의 수학 학습관여와 관련이 있음을 밝혔다는 점에서 연구의 의의가 있다.

논문내용 둘러보기

하나의 체계를 이루어 그 사회에서 전승되며 개인의 행위에도 영향을 주는 인지적 · 정의적 개념 중에는 '가치'가 있다. 가치 인식은 우리 사회의 집단적 가치관을 포함하여 세대 간에 전달되는 특성이 있으므로 우리나라 학생들의 긍정적 수학학습가치 인식을 형성하기 위해서는 학생과 학부모를 함께 연구하는 것이 필요하다. 특히 초등학생들은 자신만의 확고한 가치 인식을 형성하기 이전에 부모가 인식하는 가치의 영향을 받을 수밖에 없다. 초등학교 학부모와 학생의 수학학습가치 인식이 수학학습관여행위와 어떻게 연관되는지에 대한 탐색이 필요하다.

본 연구는 부모와 자녀의 쌍을 연구대상으로 하여 수학학습가치에 대한 인식을 탐색함과 동시에 수학학습관여행위를 분석하는 것을 목적으로 하였다. 이를 위해 먼저, 초등학교 학부모용과 학생용 수학학습가치 검사 도구와 초등학교 학생용 수학학습관여행위 검사 도구를 개발하였다. 다음으로 초등학교 학부모와 학생의 수학학습가치 인식의 특성과 수학학습가치 인식에 대한 부모-자녀의 상관관계를 규명하고, 셋째로는 초등학교 학부모와 학생의 수학학습관여행위의 특성과 수학학습관여행위에 대한 부모-자녀의 상관관계를 규명하였다. 마지막으로, 수학학습가치 인식과 수학학습관여행위의 상관관계와 수학학습관여행위에 대한 수학학습가치 인식의 영향을 탐색하였다.

연구방법은 양적 분석과 질적 분석 두 가지를 사용하였다. 양적 분석 방법으로 초등학교 학부모용과 학생용 수학학습가치 검사 도구와 초등학생용 수학학습관여행위 검사 도구를 개발하였다. 수학학습가치의 경우 문헌 분석을 토대로 하위요인과 문항을 구성하여 학부모용과 학생용 검사 도구를 개발하였고, 수학학습관여행위의 경우에는 학부모용 기존 검사 도구인 Cai(2003)을 번안 · 수정한 후 이를 활용하여 학생용 수학학습관여행위 검사 도구를 새로 개발하였다. 이에 대해 초등학교 학부모와 학생을 대상으로 검사를 실시하여 검사 도구의 신뢰도와 타당성을 검증하고, 학부모와 학생 196쌍으로부터 수집된 총 4가지 자료에 대해 각각 요인 평균을 구하고 빈도 분석을 실시하여 초등학교 학부모와 학생의 수학학습가치 인식과 수학학습관여행위의 특성을 파악하였다. 또한 Kendall's τ 상관계수를 사용한 상관분석을 실시하여 수학학습가치 인식과 수학학습관여행위에 대한 부모-자녀의 관계를 파악하고, 단계적 회귀분석을 실시하여 수학학습관여행위에 대한 수학학습가치 인식의 영향을 탐색하였다.

질적 분석 방법으로는 초등학교 학부모와 학생 4쌍에 대한 심층 면담을 실시하였다. 이를 통해 양적 분석 결과에 대한 실제 맥락에서의 의미를 심층적으로 분석하였다.

본 연구 결과는 다음과 같다.

첫째, 초등학교 학부모가 인식하는 수학학습가치의 하위요인 6가지(내재가치, 사회적도구가치, 개인미래가치, 사회적의무가치, 타인가치, 자신감가치)가 확인되었고, 초등학생이 인식하는 수학학습가치의 하위요인은 5가지(내재가치, 사회적가치,

개인미래가치, 타인가치, 자신감가치)로 확인되었다. 수학학습관여행위의 하위요인은 5가지(직접지도, 관리와 대화, 학습방법연구, 체험학습환경조성, 격려와 신뢰)로 확인되었다.

둘째, 초등학교 학부모가 인식하는 수학학습가치가 자녀에게 전달되고 있다. 특히 내재가치, 사회적도구가치, 개인미래가치, 타인가치가 자녀에게 전달되고 있었다. 이 과정에 대한 질적 분석 결과, 학부모가 자신의 우선 가치를 자녀에게 전달하는 방법은 주로 언어적인 설득이었으며 부정적인 언어 표현을 동반한 경우가 발견되었다.

셋째, 초등학교 학부모가 가장 많이 하는 수학학습관여행위와 학생이 가장 원하는 수학학습관여행위가 서로 같았지만 그 내용은 다를 수 있다.

넷째, 초등학교 학부모와 학생의 수학학습가치 인식과 수학학습관여행위 간에 강한 정적 상관관계가 있다는 것이다. 또한 행위의 의도와 내용에 있어 학부모와 자녀 간에 인식 차이가 있다.

다섯째, 학부모의 수학학습관여행위에 자녀의 가치 성향이 반영되지 못한 경우 부모-자녀 사이에 갈등이 생겼으며 이는 학생들의 정의적 특성에 부정적인 영향을 미칠 우려가 있다.

본 연구는 가치와 행위라는 관점에서 우리나라 초등학교 학생들의 교육적 결과에 미치는 초등학교 학부모의 수학학습가치 인식과 수학학습관여행위에 대한 연구의 기초를 마련하였다는 점에서 의의가 있다. 본 연구를 시작으로 우리나라 학생들의 인지적 · 정의적 특성의 균형적 발달을 위한 실제적 대안 마련을 위하여 수학학습가치와 수학학습관여행위에 주목한 다양한 후속 연구가 필요함을 제기하였다.

무엇을 연구할까?

필자가 이 논문 주제를 어떻게 잡았는지를 설명하려면 석사 과정에서부터 시작해야 한다. 우선 고백하자면, 필자가 연구자의 길로 들어서게 된 계기, 즉 석사 과정에 입학하게 된 동기는 향후 학자로서의 삶에 대한 거창한 포부가 있어서가 전혀 아니었다. 필자는 사범대학 졸업 후 사립고등학교에서 수학 교사 생활을 짧게 한 후 개인적인 사정으로 학교를 나왔다. 그 후 사교육 현장에서 중등학생들을 지도하면서 대학생 때 수학교육학을 제대로 공부하지 않았다는 반성과 학문에 대한 갈증이 생겼고, 더 늦기 전에 공부를 시작해야겠다는 결심이 생겨 석사 과정에 들어갔다. 그 당시 필자는 다섯 살짜리 아이를 둔 삼십 대 중반의 여성이었다. 늦은 나이에 대학원에 다니며 외국 논문을 읽는 것은 매우 버거운 일이었지만 배운다는 만족감에 즐거웠다. 새롭게 배우는 내용들도 다 좋았다. 그 자체로 만족하여 굳이 석사학위를 받지 않아도 좋다고 생각했다. 사실 석사학위 논문을 어떻게 써야 하는지 전혀 감을 잡지 못하고 있었던 것도 석사학위를 준비하지 않은 중요한 이유 중 하나였음을 고백한다.

석사 과정 수료를 하고 몇 년이 지난 어느 날이었다. 훗날 필자의 박사학위 지도교수가 되신 교수님께(필자의 석사학위 지도교수님은 다른 교수님이셨다) 안부 인사를 드리러 연구실로 찾아갔다. 교수님께서는 "왜 아직도 석사학위 논문을 쓰지 않냐?"고 물으셨고, 필자는 무엇을 써야 할지 모르겠다고 답했다. 그러자 교수님께서는 당시 필자가 집필한 《개념잡는 초등수학사전》을 거론하셨다. 그 책은 수학 단행본 분야에 '수학사전'이라는 하나의 장르가 생기게 한 책이다. 교수님은 "수학 사전을 쓰는 동안 수학 용어에 대한 연구를 이미 하지 않았냐?"고 말씀하시면서 "그 연구를 석사학위 논문으로 쓰면 되겠네."라고 하셨다. 한 방 맞은 기분이었다. 완전히 새로운 연구가 아니라도, 평소 자신이 관심을 갖는 분야를 주제로 한다면 석사학위 논문을 쓸 수 있을 것 같았다. 연구를 하고 있으면서도 바로 그것이 연구였다는 것을 모르고 있었는데, 교수님께서 일깨워주신 것이었다. 그리하여 수학 사전을 집필하기 위해 수학 교과서를 분석한 것을 바탕으로 '초등수학 교과서 표현의 적절성 분석'이라는 제목의 석사학위논문을 완성하게 되었다.

석사학위를 받고 나자, 학업을 계속하고 싶다는 생각이 들었다. 곧바로 박사 과정에 진학했고, 석사학위 지도교수님의 허락을 받아 박사 과정에서는 현재의 지도교수님의 제자가 되었다. 2년 간의 박사 과정 중에도 여러 편의 수학 교양서를 집필하고 학부모나 교사 대상의 특강을 하는 등 활발한 활동을 했다. 수학전문 저자와 강연자로 활동면서, "수학은 개념이 중요하다. 수학 개념을 잘 가르쳐야 한다."고 주장했기 때문에 당연히 박사학위 논문도 <유리수 개념 분석>이나 <소수 개념 분석>등 수학 개념을 분석하는 연구로 해야겠다는 막연한 생각을 하고 있었다. 하지만 그런 연구는 이미 여러 훌륭한 선배 연구자가 다 해 놓았기에 포기했다. 그 외에는 딱히 필자가 도전할 만한 것을 찾기가 어려웠다. 박사 과정을 수료하고 나서도 논문 주제에 대해서도 전혀 감을 잡지 못하고 있었다. 석사 때와 마찬가지로 '꼭 박사학위를 받아야하나?'에 대해 회의적인 생각이 들었고, 수학교육학에 대해 배운 것으로 만족하면 된다는 생각을 방패 삼아 학위 취득을 포기하고 있었다.

그러던 어느 날 지도교수님께 안부 인사를 드리러 갔다. 이런저런 근황 이야기를 나누면서 당시 개인적으로 진행하고 있던 학부모와 자녀 대상의 무료 상담에서 있었던 여러 가지 에피소드들과 그 작업에서 알게 된 것들에 대해 신 나게 말씀을 드렸다. 가만히 듣고 계시던 지도교수님께서는 "그러면 지금 하고 있는 그것을 박사학위 연구 주제로 하면 되겠네."라고 말씀하시는 게 아닌가! 학부모 대상 연구라고? 필자는 또 한 대 얻어맞은 것 같았다. '학부모'라는 연구대상은 그때까지 필자가 한 번도 생각해보지 않은 연구대상이었다. 지도교수님께서는 "연구 주제와 연구대상을 어디 멀리서 찾지 말라."고 하시면서, "자신이 늘 관심을 가지고 있던 그 주제가 자신의 연구 주제이다"라고 하셨다. 필자는 거의 평생을 학부모를 대상으로 강연을 하고 수학교육 대중화를 위한 활동을 해왔지만 '연구대상'을 제한적으로 생각하고 있었던 것이다. 지도교수님의 그 한 마디는 석사학위 논문 때와 마찬가지로 필자 자신이 깊은 관심을 가지고 늘 연구하고 있으면서도 정작 나 자신은 깨닫지 못하고 있던 것을 일깨워주신 한 마디였다. 그리하여 박사 학위 연구 주제는 학부모의 수학학습관여행위와 수학학습가치로 정해졌다.

➲ 연구자를 위한 조언

박사 과정에 들어간다는 것은 연구자가 되겠다는 것과 같고, 박사학위 논문 주제는 그 이후의 행보에도 큰 영향을 준다. 그렇기에 박사논문이라고 하면 뭔가 거창한 것 같고 대단한 연구를 해야 할 것 같은 부담이 든다. 필자가 사회에서 만난 사람들 중에는 이러한 부담에 짓눌려서 박사논문을 포기하고 수료에 그친 분들도 있었다. 필자 역시 그럴 상황에 처해 있었다. 논문 주제를 잡았다는 것은 이제 쓸 수 있다는 것을 의미한다. 필자의 경우 박사학위 논문을 완성하는 과정에서 가장 어려웠던 것이 논문 주제를 잡는 것이었다. 하지만 앞에 제시한 것처럼 논문 주제를 자신이 평소 가장 관심이 있었던 부분에 초점을 맞추면 당신도 박사 논문을 쓸 수 있다!

무엇을 연구할 것인가 하는 주제는 그 누구보다 자신이 이미 알고 있다. 하지만 그것을 스스로 의식하는 것은 쉽지 않다. 정작 자신이 자기 자신을 잘 모르기 때문이다. 그럴 때는 지도교수님과 의논해 보는 게 상책이다. 필자를 늘 지켜보았으며 연구자로서의 길을 앞장 서 가신 지도교수님의 통찰에 기대는 것이다. 논문에 대한 대화만 하기 위해 지도교수님 연구실을 방문하는 게 아니라 평소에도 지도교수님과 자주 대화를 나누는 게 필요하다. 논문을 쓰는 일은 전적으로 필자와 지도교수님과의 '콜라보레이션'라고 볼 수 있다. 학생으로서 지도교수님께 평소 고민이나 평소 하고 있는 일에 대해 자주 말씀드리는 등, 지도교수님이 필자를 객관적으로 관찰할 수 있는 기회를 많이 드리면 객관적인 눈과 통찰력으로 필자에게 길을 제시해 주실 것이다. 연구 주제와 대상만 정하고 나면, 절반은 지난 것이다.

어떤 방법으로 연구할까?

필자는 양적 연구와 질적 연구를 병행했다. 양적 연구로는 학부모와 학생을 대상으로 한 설문조사를 했는데, 이러한 설문 문항을 만들기 위해서는 먼저 이론 연구를 수행해야 한다. 양적연구만으로는 그러한 연구결과가 나오게 된 그 이면에 대해 파악하기는 어렵다. 그래서 필자는 연구에 참여한 학부모와 자녀들 중에 4쌍의 학부모-자녀를 대상으로 질적 연구를 실시했다.

➲ 연구자를 위한 조언

연구방법을 정하는 것은 매우 중요하다. 양적 연구를 하기 위한 설문지를 직접 제작하려면 타당성과 신뢰성을 확보하는 과정이 추가되어야 한다. 필자의 경우에는 다행히 아직 국내에 소개되지 않은 미국 학자의 연구가 있어서 그 연구(Cai, 2003)를 번안하여 사용했다. 그런데 이렇게 하려면 자신과 비슷한 연구를 한 사전 연구를 찾아내야 한다. 핵심 키워드로 논문을 많이 검색해 보기를 바란다.

연구는 어떻게 수행했는가?

필자는 양적 연구와 질적 연구 중에서 먼저 양적 연구를 진행했다. 양적 연구에 사용된 설문은 사전-사후로 나누기 위해 초등학교 2군데를 섭외했다. 설문 결과는 엑셀로 저장하고 SPSS프로그램을 사용해서 분석했다. 질적 연구에 참여한 사례자들은 온라인으로 지원 신청을 받았다. 45쌍에 대해 면담을 실시했고, 그 중에서 본 연구와 직접 관련이 있는 4쌍에 대해 심층 분석했다. 연구 참여에 대한 서약서를 받고 면담 과정을 녹음을 했으며, 녹음 내용은 전사했다.

➲ 연구자를 위한 조언

설문 대상 학교를 섭외하려면 담당 선생님과 서로 소통이 잘 되는 학교를 섭외하는 것이 좋다. 필자의 경우에는 인맥을 활용했다. 한 학교는 조카가 다니는 학교였는데, 먼저 이메일로 담당 교사들에게 연구의 취지에 대한 설명을 하여 허락을 받았다. 다른 학교는 수년 전에 필자 아이의 담임 선생님이셨던 학년 부장 선생님께 부탁을 드렸다. 신규 교사보다는 부장 선생님의 영향력이 큰 편이다. 다른 학년 부장 선생님께 잘 부탁을 해 주셔서 설문지 수거도 잘 되는 등 어렵지 않게 설문 조사를 진행할 수 있었다.

심사 과정에서는 그 학교를 섭외하게 된 이유와 연구대상에 6학년을 제외한 대한 설명을 추가하라는 지적을 받았다. 이처럼 심사 과정에서 지적받지 않으려면, 논문 초고를 쓸 때 연구대상에 대해 속으로만 생각하지 말고 세세한 내용을 되도록 다 기록해두는 게 좋다.

질적 연구 과정에서 면담을 녹음한 것을 전사하는 것에는 시간과 노력이 꽤 많이 걸린다. 필자의 경우에는 아르바이트 학생에게 부탁했고, 나중에 녹음을 들으며 잘 전사가 되었는지 확인했다. 또한 SPSS를 잘 다루지 못해서 처음에는 전문가에게 의뢰했는데, 앞으로 연구자의 길을 가려면 연구할 때마다 누군가에게 계속 부탁하기는 어렵고, 번번히 수정해달라고 하기도 어렵다. 필자의 경우에는 앞으로 계속 연구를 하려면 지금이라도 배워야할 것 같아서 개인지도를 받아가며 공부했다. 크게 어렵지 않으니 석박사 과정 때 미리미리 배워두기 바란다.

연구 결과를 어떻게 나타낼까?

연구 결과를 논리적으로 서술하는 것은 결코 쉽지 않은 일이다. 우선 연구 결과를 몇 가지로 정리했다. 가장 의미 있었던 연구 결과를 첫째로 잡고, 그 다음의 순서를 정하는 방식으로 나타내는 방식으로 하나씩 정리해 나갔다. 필자의 경우, 필자가 의미있게 생각한 연구결과 이외에도 필자가 미처 생각하지 못한 의미있는 연구결과가 있음을 심사 과정에서 깨닫기도 했다. 그것을 바탕으로 연구결과의 순서를 바꾸기도 했다.

➲ 연구자를 위한 조언

논문을 쓰는 과정에서 계속 쓰고 읽고 지우고 하다보면 과연 제대로 쓰고 있는 건지 확신이 서지 않는다. 이럴 때는 전혀 이 연구에 문외한인 친구나 가족을 대상으로 '설명'을 해 보는 게 좋다. 상대가 전혀 알아듣지 못해도 상관없다. 시간만 내어주면 된다. 내용을 잘 모르는 분들로부터 매우 본질적인 질문을 받을 수도 있어서 그 또한 큰 도움이 된다. 또한, 다른 박사논문의 서술 방식을 따라 쓰는 방법도 좋다. 필자의 경우에는 예전에 같은 학교에서 근무했던 국어교사 출신의 친구에게 내용 설명을 하고 궁금하거나 이상한 점이 있는지를 물어보았다. 그리고 그 친구에게 답을 한 것을 다시 문장으로 정리를 했는데, 이렇게 하는 게 중심을 찾는데 도움이 되었다.

논문 심사는 어떻게 진행될까?

논문심사위원회는 총 다섯 분으로 구성되었고, 총 세 번의 심사가 진행되었다. 논문 심사를 받기 전에 논문을 요약한 PPT를 제작해서 발표하는 과정이 있었다. PPT 자료를 만들다보면 이 연구가 어떤 연구인지 요약하기도 쉽고, 부족한 점도 눈에 잘 들어온다. 첫 심사가 진행된 날 심사위원분들은 출력한 논문을 읽으시면서 필자의 발표를 들었다. 논문 초고가 많이 부실했기 때문에 과연 심사를 통과할 수 있을지 의문인 상황이었지만 연구에 대한 진심을 담아 열정적으로 발표를 했고, “연구자의 발표를 들으니 의미있는 연구였다는 생각이 듭니다.”는 말을 들었다. PPT를 발표를 들은 심사위원분들께서는 연구의 의의와 진행 과정에 대해 자신의 전문 분야의 관점에서 날카로운 질문을 하셨다. 필자의 연구는 양적 연구와 질적 연구를 함께 했는데, 양적 연구에 대해서는 잘 몰라서 통계를 잘 아는 친구의 도움을 수시로 받았다. 심사 과정에서 가장 큰 위기는 Kendall’s τ 상관계수를 사용한 상관분석을 하는 것이었다. 심사위원분께서 다음 심사에서는 데이터를 분석하여 Kendall’s τ 상관계수를 도출해오라고 하셨는데, 어떻게 하는 건지 몰라서 이제라도 박사논문을 포기해야 하는 게 아닌가 싶을 정도였다. 그러다 양적 연구를 잘 알고 있는 다른 연구자들을 찾아다니며 도와달라고 부탁을 했고, 여러 친구의 도움을 받아 잘 해결할 수 있었다. 이뿐 아니라 필자는 논문을 쓰는 동안 여러 동료들의 도움을 많이 받았다. 문장 쓰는 법부터 시작해서 하나하나 코치를 해준 선배 연구자도 있었다. 동료연구자들의 도움이 없었다면 아마 중간에 포기했을 것이다. 또한 심사위원분들께서도 큰 도움을 주셨다. 지적을 해주심과 동시에 막다른 골목에서 어쩔 줄 모르고 있을 때, “이런 경우는 이렇게 해 보는 게 어떤가?”하는 식으로 제안을 해 주셨다. 심사는 평가를 받는 과정으로만 생각했었는데, 심사위원분들의 가르침으로부터 심사 과정 또한 하나의 귀한 학습의 과정임을 깨달을 수 있었다.

➲ 연구자를 위한 조언

심사 과정에서는 심사위원 한 분 한 분의 지적을 자세히 듣는 것이 필수적이다. 심사가 끝나면 집에 돌아와 심사위원분들의 지적을 되새기면서 꼼꼼히 수정을 해야 한다. 잘 기억이 나지 않는 내용은 심사위원분들께 연락해서 여쭙는 것도 필요하다. 심사위원들은 평가자이면서도 완성도 있는 논문이 될 수 있도록 연구자를 도와주시는 분들이다. 적극적으로 도움을 요청하자.

심사를 받는다는 것은 두려운 일이다. 그래서 여기서 도망치고 싶은 마음이 들 수도 있다. 그렇더라도 정신줄을 꽉 붙잡고 "조금만 더 하면 된다."는 마음으로 이겨내야 한다. 이때 가족이나 가까운 친구에게 도와달라고 말하는 용기도 필요하다. 박사학위청구 논문을 쓴다는 건, 어느 한 사람의 일생에서 한 번 있을까말까하는 경험이다. 누구에게나 처음 겪는 어려운 일임을 인정하고, 무조건 혼자 다 하려고 하려는 욕심을 버리고 도움을 청하자. 여러분의 주변에 여러분을 도와줄 수 있는 사람들이 생각보다 많다는 걸 발견할 수 있을 것이다.

끝나지 않는 여정

박사학위 논문을 받고 난 이후 필자의 신변에서 가장 달라진 점이라면 대학에서 강의를 할 수 있게 되었다는 것이다. 필자가 박사학위를 받고 난 시점에 강사법이 개정되었다. 암암리에 뽑던 시간 강사를 공채로 뽑게 시작했고, '대학교원'으로 그 지위가 향상되었다. 필자는 그 혜택을 받아 2015년 문학박사 학위 취득 후 현재까지 몇몇 대학과 대학원에서 수학교육학을 강의하고 있다. 필자가 오십대 중반이라는 나이에도 대학교에서 강사로 활동할 수 있는 것은 박사학위를 받았기 때문일 것이다. 필자는 그 전에 초, 중, 고등학교 학생들을 지도한 경험이 있었기 때문에, 이제는 대학생들과 대학원생들까지 지도하는 경험을 쌓게 되었다. 또한 현직교사를 대상으로 한 연수도 했으니 필자가 가르친 대상은 그야말로 모든 연령대가 된 것이다. 전 연령대를 다 가르쳐보는 경험은 박사학위가 없다면 불가능했을 일이다. 이것이 필자에게 준 가장 큰 행복이다. 또한 학위를 받기 이전에도 했었던 단행본 저자로서의 활동을 계속하는 것에도 큰 도움이 된다. 하지만 박사학위 취득 후에는 새로운 연구를 별로 하지 않았다는 반성이 든다. 독자적인 연구를 할 수 있는 자격이 생겼으니 은퇴를 하기 전까지 앞으로 꾸준히 논문도 쓰고 집필 활동도 지금까지와 마찬가지로 꾸준히 해야겠다.

➲ 연구자를 위한 조언

박사학위 논문이 통과되고 나서 필자가 논문을 들고 심사위원장님을 찾아갔을 때 심사위원장님께서는 이 논문을 외국 학술지에 내보고 외국 대학으로 postdoc도 다녀오라고 하셨다. 당시 필자는 "교수님, 제 나이가 몇 살인지 아셔요? 벌써 쉰 살이에요."라고 하면서 말도 안 되는 말씀이라고 손사래를 했다. 쉰 살이라는 나이에 스스로 얽매여서 교수님 말씀을 그냥 덕담으로 받아들이고 말았던 것이다. 그 전인 석사 과정 수료 후에도 당시 미국에 유학을 간 동기가 "언니, 여기 학생들 중에는 오십대도 많아요. 언니는 늦은 나이가 아니에요."라고 했었는데, 당시 삼십대 후반이었음에도 스스로 유학을 하기에는 늦은 나이라고 생각해서 시도조차 안 해 보았는데, 이번에도 그렇게 한 것이 지금까지 후회가 된다. 박사학위 논문 출간 후 즉시 외국 학술지에 내고 포닥도 지원했으면 어땠을까? 필자처럼 소극적으로 생각하는 연구자가 있다면, 도전을 멈추지 말라고 조언하고 싶다. 박사학위는 끝이 아니라 시작이다. 기하학에 왕도가 없듯이 연구에는 나이가 없다.

수학이 사회정의에 기여해야 한다는 신념을 수학 교실에 실현하다

민주시민의식 함양을 위한 초등수학영재수업 개발 연구
- 사회정의를 위한 수학교육을 기반으로 -

최성이

수학교육학 연구는 삶의 현상을 읽고 다시 쓰기 위한 현실적 과제이다.

수학교육학 연구는 추상적 언어의 집합체를 유산처럼 전수하는 과정이 아닌 절실한 현재로서의 삶의 현상을 왜곡 없이 읽고 다시 쓰기 위한 현실적 과제이다.

이 논문은 '사회정의를 위한 수학교육' 연구에 기반을 두고 수학교육이 사회정의에 기여할 수 있다는 신념을 전제로 수학영재교육에서 수학 전문교과 수업을 통한 민주시민의식 함양 가능성을 탐색하기 위한 프로그램을 개발, 적용 및 분석하여 사회적 기여의식과 책임의식 신장에 목표를 둔 영재 육성에 기여고자 하였다.

논문내용 둘러보기

본 연구의 목적은 사회문제 중심 초등수학영재수업을 개발하고 실천하여 전문교과 수업을 통한 인성교육의 실현 가능성을 알아보는 데 있다. 구체적으로 연구의 이론적 기반인 사회정의를 위한 수학교육이 제안하는 목표와 같이 사회문제를 수업의 주제로 한 수학적 활동을 통해 수학영재들로 하여금 비판적으로 사회문제를 인식하고 수업의 과정에서 비판적 수학적 행위주체성을 발현하여 사회 발전에 기여하고자 하는 마음가짐과 실천의지를 함양하는데 있다. 본 연구에서는 특히 Figured Worlds와 행위주체성(agency)의 개념을 연구에 적용하여 사회문제 중심 초등수학영재수업의 개념을 설명하고 수업 설계 및 수업 분석의 이론적 기틀로 활용하였다. Figured Worlds는 사회적 문화적으로 구성된 실세계(Holland et al., 1998)로 정의하며 개인을 둘러싼 사회 구조이자 개인이 바라보고 해석하는 세계로 설명할 수 있다. 행위주체성(agency)은 개인이 자신이 속한 Figured Worlds 내에서 변화 가능성을 인식하고 기존의 Figured Worlds를 변화시키고자 하는 실천적 힘을 의미한다. 본 연구는 사회문제를 주제로 한 수학수업을 통해 학생 개인이 바라보는 사회구조, 즉, Figured Worlds를 비판적으로 인식하고 사회를 변화시키고자 하는 힘인 비판적 행위주체성을 길러 사회 발전에 기여할 수 있는 인성을 갖춘 인재를 육성하는데 목적이 있다. 본 연구에서는 상기한 사회문제 중심 초등수학영재수업을 통한 인성교육의 실천 가능성을 제안하기 위해 다음과 같은 연구문제를 설정하였다.

〈연구문제 1〉 사회문제 중심 초등수학영재수업의 구성요소 및 적합한 수업모형은 무엇인가?

〈연구문제 2〉 사회문제 중심 초등수학영재수업을 적용한 결과, 수학영재들의 리더십, 사회적 책임감, 사회적 기여의식, 비판적 사고성향, 비판적 사고력, 수학적 성향에는 어떠한 영향을 미치는가?

〈연구문제 3〉 사회문제 중심 초등수학영재수업 적용과정에서 나타난 수학영재들의 특성은 무엇인가?

상기한 연구문제를 해결하기 위하여 먼저 본 연구의 이론적 기반이 되는 사회정의를 위한 수학교육과 Figured Worlds에 대한 선행 연구를 검토하여 본 연구에서의 사회문제 중심 초등수학영재수업을 개념화하였다. 이를 바탕으로 델파이 분석을 통해 사회문제 중심 초등수학영재수업의 교육목표, 내용, 방법 및 평가에 대한 합의점을 도출하여 수업 구성요소와 수업 설계 모형 및 교수학습 모형을 구안하였다. 이후 영재학생을 지도하고 있는 전문가 2인과 사회문제 중심 초등수학영재수업 프로그램의 주제를 선정한 후 4개의 주제로 수업 프로그램을 개발하였다. 개발된 프로그램은 초등수학 영재원 학생들에게 적용 후 결과를 분석하여 프로그램의 효과성을 검증하였다. 효과성에 대한 평가는 양적 평가와 질적 평가로 나누어 실시하였으며 이로부터 사회문제 중심 초등수학영재수업을 통한 인성교육의 실현 가능성을 제안하였다.

연구 결과를 바탕으로 하여 다음과 같은 함의를 제시하였다.

첫째, 본 연구에서는 사회문제를 주제로 하여 이를 수학을 통해 바라보고 탐구해 가는 수업을 제안하였다. 이는 탈학문적 통합교육의 모델을 수학교과 중심으로 실행해 보았다는 측면에서 의미가 있다.

둘째, 학생들은 사회문제를 비판적 시각으로 바라보고 분석하는 과정을 통해 비판적 사고성향 및 비판적 사고력이 신장 되었다. 또한 수업 활동을 통해 리더십, 사회적 책임감 및 사회적 기여의식과 같은 민주시민의식이 함양되었음을 연구 결과로 확인하였다. 아울러 수학을 통해 사회문제를 해결하는 과정에서 수학의 유용성 측면에서의 가치를 인식하게 되었음을 알 수 있었다. 이러한 결과를 통해 수학 전문 교과 수업을 통한 인성교육의 가능성을 제안하였다는 점에서 본 연구의 시사점을 찾을 수 있다.

셋째, 학생들은 자신이 몸담고 있는 사회의 문제를 수학을 통해 탐구하는 과정에서 공정하고 공평한 사회에 대한 필요성을 인식하게 됨과 동시에 수업을 통해 자신들이 속한 사회의 문제를 단순히 인식하고 이해하는 범위를 넘어서 스스로의 힘으로 사회문제에 도전하고 변화시킬 수 있다는 실행가능성과 사회 발전을 위해 일익을 담당하고자 하는 실천의지를 함양할 수 있었음을 확인하였다. 이러한 결과를 통해 영재교육의 목표 중 국가와 사회의 발전에 필요한 인재를 기른다는 범국가적 측면에서의 영재 교육의 목표 실현이 가능함을 제안하였다는 점에서 의미를 찾을 수 있다.

무엇을 연구할까?

왜 사회정의를 위한 수학교육인가?

2011년 무렵 'Teaching Mathematics for Social Justice'라는 한 권의 책을 만났다. 이 책은 수학을 가르친다는 것에 대해 오랜 기간 품어왔던 문제의식과

회의로부터 작게나마 해결의 실마리를 찾은 듯한 설레임을 선물해 주었다. 뜻이 맞는 선생님들과 이 책을 중심으로 스터디를 하고 프로그램을 현장 적용 분석하며 수학을 바라보는 새로운 가치와 철학을 만들어 가는 과정의 연장선 상에 박사 학위 공부가 시작되었고 자연스럽게 논문으로 이어졌다.

사회를 어떻게 정의하든 변하지 않는 원칙은 사회는 변한다는 사실이다. 사회는 인류의 욕망과 갈망에 따라 크고 작은 폭으로 변화해 왔다. 인류는 자신들이 몸담은 사회가 평화롭게 안정되어 있다고 느끼기 보다는 격변의 흐름 속에 변화하고 있음을 체감하고 현재보다 더 나은 미래를 위한 개혁과 변화를 갈망한다. 역사 이래 그 어느 시점에서든 사회는 문제를 잉태해 왔고 사회에 속한 인간은 항상 더 나은 사회를 꿈꾸어 왔다. 최근의 변화가 그리 긴 시간을 필요로 하지 않았던 만큼 우리는 신기술에 대한 찬사와 그로 인해 누리게 될 편리함에 앞서 기계로 대체될 인간의 역할에 위기감을 느낀다. 역설적이게도 인류는 자신들이 이룩해 놓은 위업으로 인한 재앙을 염려한다. 인류의 종말이 언제가 될지는 모르겠으나 인류가 존재하는 한 어떠한 모습으로든 사회는 존속될 것이며, 그 사회 속에서 인류는 자신들의 안녕과 종족의 유지 번성을 위한 필사의 노력을 하게 될 것임은 분명하다. 이에 필연적으로 사회는 질서와 규범을 필요로 해 왔고 그 기저에 '정의'의 가치가 내재한다. 그렇다면 인간이 사회 속에서 '정의롭게' 살아간다는 것의 의미는 무엇일까? '정의사회구현'이라는 낯익은 단어의 조합이 진정 의미하는 바는 무엇일까? 이러한 질문에 답하기 위해서는 '정의'를 어떠한 구조 속에서 논할 것인가를 먼저 정해야 할 것이며 그에 따라 방향성이 다른 답이 제시될 것이다. 그렇다면 어떠한 구조를 택해 정의로운 사회를 개념화할 것인가? 사회가 여러 모습으로 정의되어 왔듯 '정의'도 때에 따라 다른 옷을 입으며 정의되어 왔다. 그러나 정의가 공리주의의 옷을 입든 자유지상주의를 대변하든 우리가 '정의'라는 단어에 대해 가지는 공통된 감성은 '공공선'일 것이다. 학자나 학계에 의해, 혹은 정치적 배경에 따라 달라지는 '정의'는 그에 따른 지식체계가 선행되어야 설명할 수 있는 개념의 '정의'라면, 우리가 '느끼고 공감하는 정의'는 아마도 '모두가 더불어 함께'라는 정서에 기반 한 인류공영의 사회적 책임감과 기여의식으로 설명될 수 있을 것이다.

그렇다면 이러한 사회정의 실현에 수학이 기여하는 바는 무엇일까? 수학과 사회정의의 조합은 서로 이질적인 질료를 억지로 붙여 놓은 듯한 작위적인 부자연스러움이 느껴지는 것이 사실이다. 종종 수학은 추상적 학문의 결정체로서 선험적, 객관적 인식론에 기반하여 절대 참인 진리 추구가 목표인 학문으로 인식되어 왔다. 이러한 학문적 배경 탓에 수학은 종종 우리의 삶과 유리된 채 책 속에 갇힌 불가해 한 언어로 여겨져 왔으며, 가장 아름답고도 간결한 언어라는 칭송은 일반 대중에게 있어 크게 공감받지 못하고 있는 것이 현실이다. 이에 대한 처방으로 우리나라의 수학교육은 실생활 맥락을 도입하거나 교구 및 게임을 활용하는 방안 등 수학을 쉽고 재미있게 학습할 수 있는 여러 방안을 꾸준히 강구해 왔으나 백약이 무효한 병과 같이 수학과 학생 사이의 간극은 좀처럼 좁힐 수 없었다. 수학교육에서 도입하고 있는 생활은 실제 삶의 현장에 스며들 듯 녹아 있는 수학을 맥락 상황으로 제시하는 것이 아니라, 수학의 특정 내용요소를 실생활이라는 포장 상자에 구겨 넣어 선물로 위장해 선물로 위장해 건네는 일이 종종 발생한다. 포장을 풀어 본 학생들은 실망한다. 이러한 일이 반복될수록 학생들은 설레임으로 포장상자를 열어 그 안을 살펴 볼 의욕도 흥미도 점차 상실하게 되는 것이다. 그렇다면 오롯한 추상성의 정수인 수학은 우리의 삶과 진정 분리된 학문일까? 인간 문명은 수학을 기반으로 세워졌다. 문명은 인간의 삶이며 수학은 인간 삶 속 소통의 언어이다. 그렇다면 학생들에게 수학이 녹아든 인간 삶의 한 장면, 그것도 본인들이 숨쉬고 몸담은 현실에서 오감으로 느끼는 생생한 삶의 한 장면, 예를 들어 학교급식, 성적, 대학진학, 학교폭력 등등과 같은 사회적 이슈를 그들 앞에 뚝 떼어 던져주고 그 장면을 읽고 음미하고 의미를 느껴볼 수 있도록 한다면 학생들의 눈빛이 어떻게 달라질지 상상해 보는 것은 어렵지 않다. 학생들은 날것 그대로의 현실을 수학을 통해 읽고 머리가 아닌 가슴으로 받아들이며 모두가 더불어 행복할 수 있는 작은 변화의 필요성과 희망을 꿈꿀지도 모른다. 그 가능성의 한 귀퉁이를 사회정의를 위한 수학교육으로 나누어 보고자 하는 열망으로 연구는 시작되었다.

➲ 연구자를 위한 조언

논문을 쓰는 과정은 끝이 보이지 않는 긴 터널을 지나는 과정과 유사하다. 이 지난한 시간을 견디기 위해서는 무엇보다 주제에 대한 연구자의 관심과 열정이 연료로 끊임없이 공급되어야 한다. 그렇지 못할 경우 긴 터널을 빠져나갈 동력을 잃게 될 가능성이 있다. 간혹 학위 논문을 준비하는 연구자들 중에서 어떤 주제가 좀 더 수월하게 논문을 쓸 수 있을까를 고민하는 사례를 보게 된다. 논문의 추진력은 주제에 대한 탐구의 열정이기에 변하지 않는 애정을 가지고 긴 호흡으로 물주고 가꾸어갈 주제라면 좋겠다는 조언을 해본다.

어떤 방법으로 연구할까?
날 것의 사회문제를 수학 수업으로..

사회정의를 위한 수학교육을 실제 교실 수업에 구현하기 위해서는 사회정의를 위한 수학교육에 대한 개념 정의가 필요했다. 이를 위해 델파이 기법을 통해 사회정의를 위한 수학교육의 근거를 설정하였다. 사회정의를 위한 수학교육의 실효성을 보기 위한 목적에 따라 연구의 효과성 검증은 양적 연구와 질적 연구를 병행하였다. 연구 방법에 대한 고민은 크지 않았다. 양적 연구와 질적 연구를 함께 진행하다보니 물리적 시간과 노력이 필요했을 뿐 고민의 깊이는 감당할만 했다. 정작 가장 오랜 시간 숙고하고 애쓴 부분은 투입할 프로그램 구안이었다. 델파이 연구로부터 개념화한 사회정의를 위한 수학교육을 고스란히 수학 교실에 담아내기 위한 과정이 연구 설계의 핵심이었다. 이에 연구 방법에 대한 일반적 내용보다는 연구 설계의 가장 핵심이었던 사회문제 중심 수학 수업 프로그램에 대해 소개하고자 한다.

본 연구의 프로그램 주제 및 내용 선정에 있어서는 사회 비정의(非正義)가 드러나는 주제를 중심으로 하여 공평 및 공공의 선을 추구하고, 사회적 약자 및 소외 계층을 돌아보고 배려할 수 있는 내용을 선정하되 학생들의 Figured Worlds를 확장 및 변화시키고 학생의 비판적 수학적 행위주체성을 신장시킬 수 있는 주제에 초점을 맞추어 프로그램의 내용을 선정하였다. 교수학습 방법으로는 상기한 주제를 중심으로 학생들 간의 자유로운 토의와 토론을 바탕으로 한 협력적 프로젝트형 수업을 구안하였다. 본 프로그램은 수학의 도구적 가치에 중점을 두고 실세계의 이슈인 여러 사회문제를 수학이라는 도구를 통해 분석하고 문제를 해결해 가는 과정 속에서 민주시민 의식을 신장 시키는데 목적을 두고 개발하였다. 각 주제들은 학습해야 하는 내용요소 중심의 수학 수업으로 구성되는 것이 아니라 학습자가 가진 수학적 지식을 풍부히 활용하여 문제를 인식하고 해결해 가는 과정에 중점을 두어 단위 내용요소의 학습에 목적을 둔 일반 학급의 수학 수업에서는 적용하기 어려운 한계를 영재 수업 환경 속에서 구현하였다. 사회문제 중심 초등수학 영재수업의 주제별 영역은 정치, 경제, 사회, 문화 영역으로 나누어 각 영역별로 한 가지씩의 주제를 정해 프로그램을 구성하였다. 본 프로그램은 영재교육의 두 가지 학습 방향인 심화와 속진을 모두 고려하여 개발되었다. 개발된 프로그램은 선행학습이 필요한 수준의 난이도는 아니며 예를 들어 과제 관련 수학 내용요소가 비례식이나 비와 비율이라고 하더라도 식을 세워 문제를 해결하는 수준이면 교사의 비계설정에 따라 충분히 해결할 수 있는 활동이다. 비율그래프 역시 이미 막대그래프와 꺾은선그래프를 통해 정보처리 및 정보해석에 대해 선행 지식을 갖춘 상태이므로 일상 속에서 흔히 접하는 비율그래프의 해석은 충분히 해결 가능한 과제이며 영재원 영재학습자들의 실질적인 학습 능력을 놓고 볼 때 충분히 영재학습자 수준에서 해결할 수 있는 과제난이도로 구성하였다. 프로그램의 주제별 개요는 <표 1>과 같다.

<표 1> 사회문제 중심 수학 영재 수업 프로그램 주제별 개요

순	영역	주제	수학요소	사회문제 요소	차시
1	정치	투표의 패러독스	경우의 수, 확률	공정한 의사결정	3
2	경제	돈의 불편한 진실	비례식, 규칙성	공정한 부의 분배	3
3	사회	초콜릿의 눈물	통계, 비율그래프	인권	3
4	문화	황금비의 비밀	비와 비율	지식의 비판적 수용	3

'투표의 패러독스'는 대의민주주의정치와 더불어 민주주의의 가장 기본 원리가 되는 의사결정방법인 다수결 원칙으로부터 시작하여 민의에 의해 정치가 실현될 수 있는 공정한 투표 방식에 대해 탐구하는 내용으로 구성하였다. 다수결의 원칙은 학생들의 일상생활에서 가장 손쉽게 접할 수 있는 의사결정 방법이다. 다수결을 통한 투표 방식의 탐구를 통해 실효성을 분석해 보고 다수결 투표의 공정성을 비판적 시각으로 판단해 볼 수 있는 활동을 제시하였다.

'돈의 불편한 진실'은 자본주의 경제의 가장 근본 요소인 돈의 탄생과 유통과정을 살펴봄으로써 학생들로 하여금 돈의 가치에 대해 생각해 보고 자본주의 경제의 문제점인 빈부격차와 복지의 문제를 수학을 이용해 탐구해 볼 수 있도록 하였다.

'초콜릿의 눈물'을 주제로 한 수업 프로그램은 노동력을 착취당하는 세계의 여러 어린이들의 현실을 살펴보는 활동을 통해 아동 인권 보호 및 인간의 존엄성과 행복 추구권에 대해 생각해 보고 어려운 이웃을 돕기 위한 방법을 모색하는 수업 프로그램이다. 활동 전반에 걸쳐 학생들은 수학을 사용하여 노동력 착취 및 인권 문제 등의 사회 비정의 문제를 비판적 시각으로 인식하고 이러한 문제를 세상에 알리고 해결할 수 있는 방법을 탐색한다.

'황금비의 비밀'은 기존에 형성된 지식들을 가치중립적으로 받아들여 무비판적으로 수용하고 소비하는 경향을 비판적 시각에서 분석하여 지식의 본질적 의미를 찾을 수 있도록 하기 위한 활동이다. EBS 다큐프라임에 소개된 바 있는 '황금비율의 비밀'을 수업의 소재로 재구성하여 황금비율이라는 명칭으로 통용되는 수학적 지식의 본질을 탐구하여 학생들이 기존에 가지고 있던 고정관념에서 벗어나 지식을 비판적 시각에서 분석하고 합리적으로 소비하는 관점을 형성할 수 있도록 하였다.

사회정의를 위한 수학수업의 주제 및 내용은 실세계의 사회 비정의 문제로 구성된다. 학생들은 자신들의 실세계 주변의 문제를 해결하기 위해 교과분과적인 지식이 아닌 통합적인 사고를 통한 문제 해결을 경험한다. 뿐만 아니라 수업 주제가 추상적으로 구조화된 분과적 학문의 성격이 아닌 학생이 몸담고 있는 사회 속의 인접한 문제라는 점에서 학생들은 수업에 흥미와 관심을 가지고 보다 적극적인 자세로 문제를 탐구하고 해결한다. 그 과정에서 학생들은 비판적 사고력을 통해 사회 문제를 인식하고, 이에 대한 문제를 제기할 수 있는 능력을 기르게 되며 사회문제로부터 출발한 이해와 수학적 이해를 통합적으로 아우르게 되어 사회가 요구하는 인성적인 측면들에 대한 성장도 함께 거둘 수 있다. 또한 사회정의를 위한 수학수업은 다른 교과와 주제, 내용 및 방법을 통합하는 범위를 넘어서서 학습자와 관련된 사회 속의 문제를 수학으로 이해하고 해결하고자 하는 욕구가 저절로 우러나오는 진정한 융합교육이라 할 수 있겠다.

➲ 연구자를 위한 조언

본 연구의 실험대상은 영재 학생이었다. 그러나 처음부터 영재 학생을 대상으로 연구를 하고자 했던 것은 아니었다. 처음 출발은 일반 학급 수학 수업을 의미 있게 바꿔 보고자 하는 열의에서 출발하였는데 수업을 계획하다 보니 날것 그대로의 사회 문제를 일반 학급의 수업으로 가지고 오기엔 교육과정 위배라는 다소 경직된 제한이 걸림돌이었다. 이러한 이유로 속진과 심화가 가능한 영재 교육에서 좀 더 자유도를 가지고 많은 시도를 해 볼 수 있겠다는 판단으로 연구 대상을 변경하였다. 물론 영재교육에 대한 오랜 경력과 짙은 애정이 기저에 있었기에 영재 학생을 대상으로 신명나게 연구를 진행하고 실제 개발된 프로그램의 효과성 또한 기대 이상이었으나 마음 한 켠에 늘 일반 학급인 우리 반 학생들에 대한 아쉬움이 자리하고 있었다. 영재 학생들에게만 의미 있는 수업이 아닐 것이라는 확신으로 일반 학급에 적용 가능한 사회문제 중심 수업 연구로 확장하여 박사 논문의 일반화를 꾀한 후속 연구를 진행하였다. 결과는 성공적이었다. 이 결과가 성공적이었던 이유 중 하나는 박사 논문에서 영재 학생들을 대상으로 연구를 해보며 추출된 여러 시사점들을 후속 연구에 적용할 수 있었기 때문이라는 생각을 해본다. 이렇게 최초 논문의 청사진을 후속 연구로나마 구현하긴 하였으나 만일 박사 논문의 연구 대상을 일반 학생들로 고집하였더라면 오히려 먼 길을 돌아오는 결과였을지도 모르겠다는 판단이다. 연구를 진행하다보면 최초의 계획과 달리 방향을 선회해야 하는 경우가 생긴다. 연구가 벽에 부딪히면 포기하고 주제를 다시 찾아야 하는 것은 아닌지까지 생각이 이르기도 한다. 이럴때에는 단단하게 쌓아 올린 논문의 경직된 구조를 재구조화 하려는 시도 대신에 다소 유연하게 탄성을 주면 구조를 허물지 않고 더 견고히 쌓아 올릴 방법이 보인다는 경험을 나누고 싶다.

연구의 결과는 어떠했는가?
사회정의를 위한 수학교육의 가능성을 보다!

연구문제를 해결하기 위하여 본 연구의 이론적 기반이 되는 사회정의를 위한 수학교육과 Figured Worlds에 대한 선행 연구를 검토하여 본 연구에서의 사회문제 중심 초등수학영재수업을 개념화하였다.

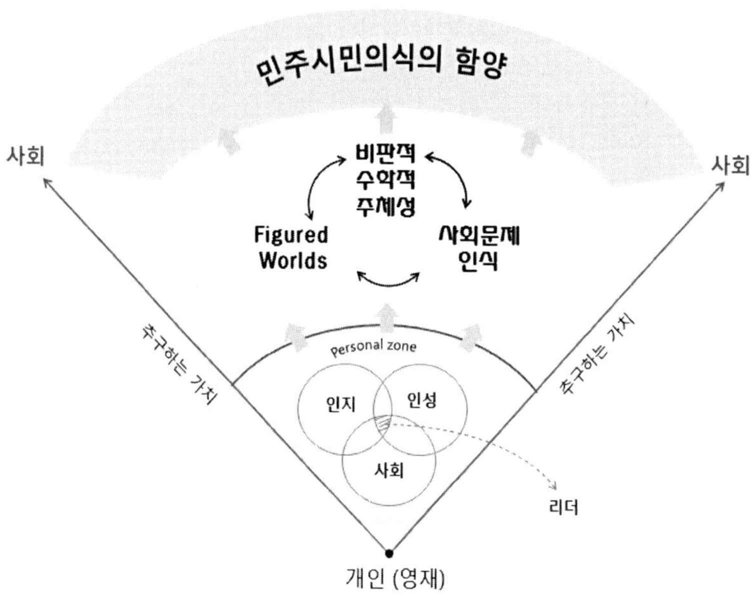

[그림 1] 사회문제 중심 초등수학영재수업의 개념틀 (부채꼴모형, fan shape model)

이를 바탕으로 델파이 분석을 통해 사회문제 중심 초등수학영재수업의 교육목표, 내용, 방법 및 평가에 대한 합의점을 도출하여 수업 구성요소와 수업 설계 모형 및 교수학습 모형을 구안하였다.

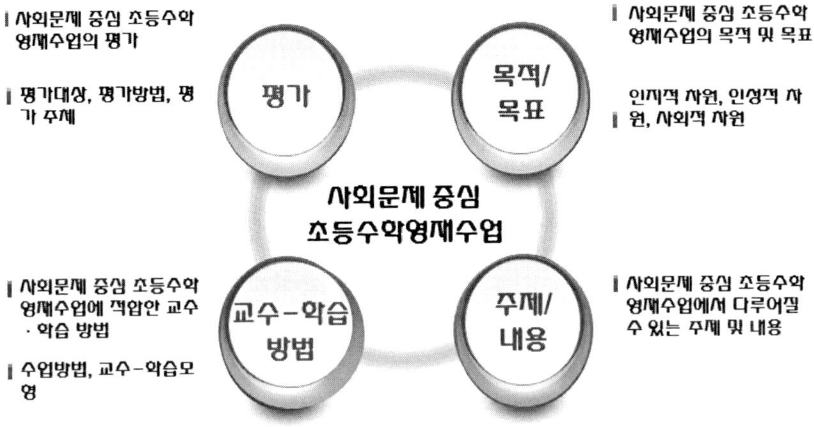

[그림 2] 사회문제 중심 초등수학영재수업의 구성요소

이후 영재학생을 지도하고 있는 전문가 2인과 사회문제 중심 초등수학영재수업 프로그램의 주제를 선정한 후 4개의 주제로 수업 프로그램을 개발하였다. 개발된 프로그램은 초등수학 영재원 학생들에게 적용 후 결과를 분석하여 프로그램의 효과성을 검증하였다. 효과성에 대한 평가는 양적 평가와 질적 평가로 나누어 실시하였으며 이로부터 사회문제 중심 초등수학영재수업을 통한 인성교육의 실현 가능성을 제안하였다.

<연구문제 1>의 결과 델파이 분석을 통한 사회문제 중심 초등수학영재수업의 구성요소로 목표, 주제 및 내용, 교수학습 방법, 평가의 네 항목에서 다음과 같은 요소를 추출하였다. 목표로는 비판적 사고력을 통한 사회문제 인식 및 해결, 사회 기여의식함양, 사회문제에 대한 책임감 함양, 사회발전에 기여하는 리더십이 도출되었다. 주제 및 내용으로는 사회 비정의를 주제로 한 내용, 공평 및 공공의 선에 관련된 내용, 사회 소외 계층에 대한 배려에 대한 내용, 학생의 흥미와 관심을 고려한 민감도 높은 주제로 의견이 합치되었다. 교수학습 방법에서 교수학습 모형은 통합 교육모형으로, 수업 방략은 토의토론 학습과 협동학습이 추출되었고 평가는 다면 평가로 전문가 의견이

수렴되었다. 이렇게 추출된 요소들을 바탕으로 수업 설계 모형 및 교수학습 과정 모형을 개발하고 실제 수업에 적용할 네 개의 주제로 프로그램을 개발하였다. 수업설계모형은 백워드 설계와 탈교과 통합교육과정 모형인 Drake의 KDB 모형을 기반으로 사회정의를 위한 수학교육과 Figured Worlds의 이론을 도입하여 모형을 구성하였다. 교수학습 모형은 단위 수업을 계획하기 위한 수업 과정안에 적용하는 모형으로 문제인식, 문제탐색, 문제탐구, 문제확장으로 구성된 4단계의 순환적 과정으로 수업의 흐름을 제시하였다. 사회문제 중심 초등수학영재수업은 학생들의 생활과 인접한 사회문제로부터 수업의 주제를 가져왔으며 사회를 크게 4분류체제로 나누어 정치, 경제, 사회, 문화에서 각각 하나의 주제를 개발하였다. 정치 영역에서는 공정한 의사결정 방법에 대한 탐구를, 경제 영역은 자본주의에서의 돈의 유통 과정을 통한 경제개념을, 사회 영역에서는 아동 노동력 착취와 관련된 인권 문제를, 문화 영역은 지식의 올바른 형성과 소비에 대한 탐구를 주제로 수업 프로그램을 제안하였다. 개발한 프로그램은 전문가 타당성 검증과정을 거쳐 수정、보완 후 완성하였다.

<연구문제 2>의 양적 평가를 통한 수업의 효과성 검증 결과 리더십 개인내 특성 에서는 비전과 추진, 과제책임감이, 사회적 책임감 특성에서는 책임성 태도와 책임성 수행이, 비판적 사고성향에서는 유보성이, 비판적 사고력에서는 주장이나 진술에 게재된 편견 탐지하기가, 수학적 성향의 변화에서는 수학의 사회적 가치가 가장 설명력이 높았으며 사회적 기여의식은 사전검사를 통제한 후 사후검사 결과에 대한 공변량 분석 결과, 세 집단 간에 통계적으로 매우 유의미한 차이를 보이는 것으로 나타났다. 수업의 효과성을 검증하기 위해 초등수학영재원 학생 60명을 실험집단으로 하고 통제집단으로는 초등수학영재원 학생 60명과 일반 초등학교 6학년 학생 49명을 선정하여 이질통제집단 사전-사후설계로 연구를 실시하였다. 자료 분석 방법은 리더십, 사회적 책임감, 비판적 사고성향, 비판적 사고력, 수학적 성향은 다변량

공분산분석을 채택하였으며 사회적 기여의식은 공변량 분석방법으로 실시하였다.

<연구문제3>의 심층 면담 및 수업 관찰 분석을 통한 수업의 효과성 검증 결과는 다음과 같다. 우선 학생, 학부모 및 보조교사를 대상으로 한 심층면담 내용을 분석한 결과, 사회문제 중심 초등수학영재수업을 통해 학생들은 수학에 대한 흥미가 진작되어 실생활에서 수학을 유용하게 사용할 수 있음을 알게 되었다. 또한 학생들은 수학을 활용하여 사회 현상을 바라보고 비판적으로 사회문제를 인식하게 되었으며 수학을 통해 사회를 변화 시킬 수 있다는 가능성을 인식하게 되었다는 것을 확인할 수 있었다. 수업의 효과에 대해 분석한 결과는 다음과 같다. 첫째, 학생들의 비판적 사회인식에 변화가 있었으며 비판적 수학적 행위주체성을 가지고 기존의 Figured Worlds에 저항하여 변화를 꾀하려는 의지를 나타냈다. 이 과정에서 학생들은 실제 자신들의 생활과 인접한 사회문제를 수학으로 해결할 수 있다는 유용성을 느끼게 되었고, 주어진 수행과제에 담긴 사회 비정의 문제들은 학생들의 흥미와 탐구심을 자극하기에 충분했으며 적극적으로 문제를 해결하고자 하는 원동력이 되었다. 뿐만 아니라 학생들의 사회적 책임감, 사회적 기여의식, 리더십 등과 같은 민주시민의식 함양의 효과를 거둘 수 있었음을 확인할 수 있었다.

연구자가 경험한 사회정의를 위한 수학교육의 가장 큰 의미는 학생들이 진정 수업을, 또한 수학을 즐기고 있다는 사실을 확인한 것이다. 학생들은 수학을 하고 있다는 의식 없이 수학을 '하고' 있었으며, 사회를 탐구해야 한다는 의도 없이 사회를 경험하고 있었다. 그리고 여정 속에서 놀랍게 성장했다. 교사가 한 일은 진실이 아닌 사실을 날것 그대로 펼쳐 보여 주었을 뿐이었다. 학생들은 자신만의 여정 속에서 눈 앞에 놓인 사실에 자신의 가치를 부여하여 진실을 찾아가고 있었으며 종착지는 모두 달랐다. 사회적 책임감이니 기여의식이니 비판적 사고력이니 하는 것들이 정량적으로 얼마나 유의

미한 차이를 보였는지 따위의 효과성 검증은 공허한 수치에 불과했다. 수업의 가치는 온도로 각인되어 있으며 공명했던 마음의 울림은 곧 성장이었다.

➲ 연구자를 위한 조언

논문은 가독성이 중요하다. 글도 간결해야 하지만 줄글로 설명한 내용을 도식화하는 것 역시 가독성을 높일 수 있는 중요한 요인이 아닐까 생각한다. 글로 잘 정리가 안되는 부분들은 도식을 통해 최대한 핵심을 전달하고자 노력했다. 논문을 탈고하고 난 후 졸필에 대한 부끄러움으로 논문을 잘 안열어 보게 되는데 그나마 뿌듯한 재산으로 남은 것은 논문 중간중간 삽입되었던 도식들이다. 그 도식을 만들기 위해 오래 고민했고 결과물이 내용을 함축하고 있기에 논문을 쓰고 난 후 전리품처럼 남은 것은 논문에 수록했던 도식들이 아닐까 한다.

논문 심사는 어떻게 진행될까?
지도교수님께서 밝혀주신 등불을 따라..

논문심사는 지난하고 힘겨운 과정이었다. 지존감이 바닥을 치고 포기하고 싶은 고비를 몇 번 넘기고 나서야 가까스로 졸업을 할 수 있었다. 그 험한 길에 지도교수님이 함께 계셨다. 어두우면 불 밝혀 주시고 자갈길 골라 주시고 이정표 세워 주시니 믿고 따르는 길 끝에 목적지가 있었다. 논문에 실었던 감사의 글로 마음 대신하고자 한다.

"불혹을 넘겨 다시 찾은 이화는 따스했습니다.
열아홉에 맺은 이화와의 인연이 지우고 싶은 기억이었기에 싸늘한
시선으로 바라보았던 모교였습니다. 교수님은 제게 아름다운 모교의
교정을 되찾아 주셨습니다. 교수님을 생각하면 어김없이 콧날이
시큰해집니다. 인생의 가장 힘든 시기에 교수님께 기대어 크게 숨 쉬고
다시 일어설 힘을 얻었습니다. 교수님은 제게 사랑이십니다.
감히 몇 마디 말로 교수님께서 주신 은혜와 사랑에 대한 감사를

다 표현할 수는 없지만 약속드립니다. 부끄럽지 않게 살겠습니다.
교수님께서 보여주신 학자로서의 열정과 스승으로서의 큰 사랑을
닮아가려 부단히 노력하며 살겠습니다.
삶의 빛이 되어 주신 교수님. 감사드립니다."

➲ 연구자를 위한 조언

지도교수님은 논문의 잉태부터 출산까지 때로는 명쾌한 진단으로 숙련도 높은 수술을 집도하는 명의처럼, 때로는 모든 투정 너그러이 받아주고 살뜰히 살펴주시는 친정 어머니처럼 그렇게 논문의 전 과정에서 든든히 곁은 지켜주시는 수문장이다. 지도교수님과의 끈끈한 유대와 신뢰를 쌓는 일은 망망대해에 논문이라는 배를 띄우며 순풍을 가득 담는 크고 튼튼한 돛이 되어줄 것이다.

끝나지 않은 여정

초등학교 4학년 시기가 수포자의 갈림길이라는 말에 가슴 한 켠이 묵직하다 싶었는데 이제 그 시기가 3학년으로 내려왔다는 기막힌 말을 들으며 교사로서 나는 지금 무엇을 하고 있는가를 고민하지 않을 수 없었다. 그 책임이 누구에게 있는가, 어디서부터 단추를 다시 달아야 하는가를 생각해보다 결국 최일선에서 아이들과 함께 숨쉬는 교사인 나는 이 책임을 외부에 돌리고 있다는 것을 깨달았다. 수학이 도구 교과라는 말에 반론을 제기하는 학자나 연구자들이 많다는 것을 알고 있지만 수학을 배워 어디에 쓰냐는 아이들의 물음에 답을 주기 위한 노력이 반드시 필요한 것은 아닐지에 대한 절실한 마음이 박사 논문 이후 교사로서 삶의 바탕화면으로 자리잡았다. 뭔가 크게 달라질 듯 걱정 반 기대 반으로 마주하나 거의 예고편이 전부인 교육과정이든, 개정이라는 이름을 달고 포장만 화려하게 바뀐 교과서이든 아이들이 살아 내야 할 절실한 삶의 고민을 담아내지 못하고 있다면 그 일을 교사인 내가

해야한다는 책임감은 박사 논문이 부여한 무거운 약속이다. 박사논문이 세워 준 이정표에 따라 여정을 계속하다보면 어느 날엔가는 가벼워진 발걸음일 수 있기를 소망해본다.

수학영재학급 학생들의 집단창의성 발현 과정 연구

성지현

수학교육학 연구는 새로운 시각을 갖게 해 준다.

교사가 수학교육학을 공부하고 연구에 참여하는 일은 현장에서 만나는 모든 학생, 교사, 교수 · 학습 과정, 교재를 보는 시야를 넓혀주고, 이전에 보지 못했던 것도 볼 수 있게 해 준다.

필자는 2017년 2월에 "수학영재학급 학생들의 집단창의성 발현 과정 연구"라는 제목으로 수학교육학 전공의 문학박사학위를 취득했다. 이 논문은 수학교육학 분야에서 학생들의 집단창의성 발현 과정을 구체화하고 그것을 돕기 위한 방법을 제안했다는 점에서 의의를 갖는다.

논문내용 둘러보기

수학영재는 미래의 리더가 될 수 있는 학생들로서, 집단창의성 발현을 통해 사회에 기여하고, 자신이 속한 다양한 집단에서 집단창의성 발현에 중요한 역할을 할 수 있는 학생이다. 따라서 교사는 수학영재가 집단창의성 발현을 경험할 수 있는 수업을 계획하여, 학생들이 다른 사람들과 소통하며 배우고, 집단 수준에서 창의적 시너지를 낼 수 있는 방법에 대해 배울 수 있는 기회를 제공해 주어야 한다.

이 연구는 수학영재의 집단창의성 발현 과정을 분석하고, 이를 위한 교수 · 학습 방법에 대한 시사점을 얻고자 한 것으로, 연구 문제는 다음과 같다.

① 수학영재의 집단창의성 발현 과정에 작용하는 요소는 무엇인가?

② 수학영재의 집단창의성 발현을 위한 교수・학습 내용과 방법은 무엇인가?
③ 수학영재의 집단창의성 발현 과정과 산출에 나타나는 특성은 무엇인가?

먼저, 연구 문제 ①과 ②를 해결하기 위해 전문가 합의 방법인 델파이 설문 조사 방법을 이용하였다. 이러한 방법으로 수학영재의 집단창의성 발현 과정에 작용하는 요소와 집단창의성 발현을 위한 교수・학습 내용 및 방법을 추출하였다. 연구 문제 ③을 해결하기 위해서는 학생들이 보이는 반응을 자세히 알아보기 위해 사례연구를 진행하였다. 연구 문제 ①과 ②에서 추출한 내용을 바탕으로 수학영재학급 수업에 집단창의성 발현을 위한 교수・학습 내용과 방법을 적용해 보았고, 적용한 내용을 분석하여 수학영재의 집단창의성 발현 과정과 산출에 나타나는 특성을 알아보았다. 집단창의성 발현 과정을 분석할 때에는 연구 문제 ①에서 도출한 수학영재의 집단창의성 발현 과정에 작용하는 요소를 분석틀로 이용하였다.

첫 번째 연구 문제에 대한 연구 결과로 수학영재의 집단창의성에 작용하는 요소를 투입 변인과 과정 변인으로 구분하여 도출하였다. 투입 변인에는 집단 구성원, 집단의 구조와 분위기, 외부 요인이 포함되었다. 과정 변인에는 인지적 과정과 사회적 과정이 포함되었다.

두 번째 연구 문제에 대한 연구 결과로는 수학영재의 집단창의성 발현을 위한 교수・학습 내용과 방법으로 적절한 것을 도출할 수 있었다. 적절한 교수・학습 내용으로는 추론, 문제해결, 의사소통, 개방형 문제, 이전에 가지고 있던 개념을 확장하거나 구체적 사례로부터 일반화해 나갈 수 있는 문제, 실생활과 관련된 문제, 아이디어 공유 및 의사결정 과정 중심 프로젝트가 있었고, 적절한 교수・학습 방법으로는 창의적 문제 해결 학습, 문제 중심 학습, 프로젝트 학습이 도출되었다.

세 번째 연구 문제에 대한 연구 결과, 수학영재의 집단창의성 발현 과정은 '집단의 문제 또는 상황 이해, 추측 또는 문제해결 아이디어 공유, 아이디어의 결합 탐색, 상보적 상태/발생 상태/긴장 상태, 아이디어의 수집/연결/변형/선택, 새로운 추측 또는 해결 방안, 수학적 검증 및 정당화, 집단 수준의 수학적 지식의 확장과 구조화'로 구체화되었다. 교수・학습 단계별로 집단창의성 발현 과정에 작용하는 요소를 확인할 수 있었고, 단계별로 나타나는 주요 요소에 차이가 있었다. 또한 산출 변인으로 집단의 아이디어를 수집하여 발현된 집단 유창성, 집단의 아이디어를 연결하여 발현된 집단 융통성, 집단의 아이디어를 연결 또는 변형하여 발현된 집단 독창성, 집단의 아이디어를 선택 또는 변형하여 발현된 집단 정교성을 도출하였다.

그러나 집단창의성 발현 과정이 원활하게 이루어지지 못할 경우에는 집단의 창의적 잠재력을 극대화하지 못할 수 있기 때문에 이러한 과정에서 나타날 수 있는 과정 손실에 대해서도 사례를 통해 도출하였다. 과정 손실의 원인에는 산출 방해, 동기 부족, 공유 실패, 다양한 관점 이용 실패, 긴장 상태 해결 실패, 상보적/긴장/발생 상태 중 하나의 상태만 등장하는 경우가 있었다.

이러한 연구 결과를 바탕으로 학교 현장에서 집단창의성 발현을 위한 교수·학습 방법을 적용할 때 고려해야 할 사항에 대한 시사점을 얻었다. 먼저, 아이디어가 산출되고 공유되기 위해서는 적극적인 아이디어 개진의 분위기 조성과 협력적 근접 발달 영역 수준 이상의 과제 제시가 필요하다. 또한 집단 유창성 발현을 위해서는 적절한 인원수의 집단 구성과 아이디어를 메모할 수 있는 활동지를 제공하는 것도 중요하다. 집단 융통성이나 집단 독창성 발현을 위해서는 집단 구성원의 과제 관련 다양성을 고려한 집단 구성이 필요하고, 수학적 의사소통의 기회와 수학적 정당화를 학습할 수 있는 경험을 제공해 주어야 한다. 집단창의성 발현 과정에서 상보적 상태, 긴장 상태, 발생 상태가 모두 필요하므로 학생들의 활동 과정을 관찰하며 세 가지 상태가 골고루 일어날 수 있도록 유도해 주어야 한다. 이와 같은 방법을 통해 수학영재학급 학생들의 집단창의성 발현 과정을 촉진할 수 있는 교수·학습 방법을 학교 현장에서도 적용하기를 제안하였다.

위와 같은 논문을 작성하기까지 필자가 겪었던 경험과 후배 연구자에게 하고 싶은 조언을 아래와 같이 제시해본다.

무엇을 연구할까?

필자는 학부 시절, 수학교육과 초등교육을 복수 전공하여, 두 분야에 대한 관심이 모두 있었다. 그리하여 '어떻게 하면 초등학생들에게 쉽고 재미있게 수학을 가르칠 수 있을까?'에 대해 초점을 두고 학생들을 지도해 왔고, 초등학교 교사 생활을 하면서 원래 전공인 수학교육과에서의 학습 내용을 적용해 볼 수 있는 수학영재교육에 대한 관심이 자연스럽게 높아졌다. 좀 더 깊이 있는 지식을 얻고 학생들을 돕기 위한 방법을 연구해 보기 위해 교사로 재직하면서 대학원에 진학하였고, 석사 과정에서는 '초등수학영재학급 학생을 위한 문제제기 교수 · 학습 모델 개발'이라는 제목의 논문을 작성하였다.(필자는 석사과정과 박사과정의 학위를 각각 다른 학교에서 받았기에 석사과정과 박사과정에서의 지도교수님이 다른 분이시다.)

박사 과정에 진학하여서도 수학영재교육과 창의성 분야에 대한 관심이 있었고, 박사 과정 수업을 들으면서 수학영재교육 및 창의성과 관련된 논문을 계속해서 찾아 읽었다. 지도교수님께서는 필자가 관심 분야를 계속해서 탐구해 볼 수 있도록 독려해 주셨다. 그러시면서 해당 분야에서 읽어보면 좋을 논문이나 책을 여러 권 추천해 주셨다. 지도교수님께서 추천해 주신 책과 논문들을 읽으며 수학영재와 수학적 창의성에 대한 개념을 더욱 확고히 할 수 있게 되었고, 논문 주제에 대해 폭넓게 탐색해 볼 기회를 얻었다.

이렇게 여러 논문들을 읽으며 공부해왔지만, 박사 과정 초반에는 논문 주제를 찾기가 어려웠다. 박사 논문은 수학교육 분야에서 연구할 가치가 있는 것이어야 하고, 다른 사람들과 차별화된 나만의 아이디어가 포함되어야 하기 때문에 주제를 찾는 것부터 많은 고민과 노력이 필요하였다. 그러던 중 집단창의성과 관련된 논문을 우연히 찾아 읽게 되었다. 집단창의성이라는 용어를 본 순간, 호기심과 함께 연구해 보고 싶다는 마음이 들었다. 교육 분야에서는 집단창의성에 대한 연구가 아직 활발하게 이루어지지 않고 있었지만, 경영학 분야에서는 다수의 연구를 찾아볼 수 있었다. 집단창의성이 무엇인지, 그것을 수학교육 분야에 적용할 수 있는지에 대해 알아보기 위해 교육 분야 외에도 다른 분야에서 이루어져 온 집단창의성 관련 연구를 찾아서 읽어보았다.

수학교육 분야에서 집단창의성에 대한 연구가 생소하다는 생각도 들었지만,

앞으로의 사회에서는 학생들이 서로 함께 협력하여 문제를 해결하거나 협업해야 할 일이 많기 때문에 꼭 필요한 연구라는 생각이 들었다. 그래서 연구 주제에 대해 지도교수님께 상의를 드려보았다. 처음에는 막연하기도 하고 어렵다는 생각도 들긴 하였지만, 지도교수님께서는 이러한 필자의 생각에 대해 격려와 조언을 아끼지 않으셨다. 특히 개인 창의성과 구별되는 집단창의성만의 특징을 생각해 보도록 조언해 주셨다. 그리고 수학교육이라는 영역을 반영한 영역 특수적인 창의성의 특징과 관련하여 수학교육 분야에서의 집단창의성이 어떤 의미를 지니고 어떤 과정을 거쳐 발현될 수 있는지에 대해 고민해 보도록 조언해 주셨다. 이러한 지도교수님의 격려와 조언을 바탕으로 막연했던 연구 주제를 '수학영재학급 학생들의 집단창의성 발현 과정'에 대한 것으로 구체화시킬 수 있었다.

➲ 연구자를 위한 조언

논문을 쓰기 위해서는 나만의 새로운 아이디어가 필요하다. 선행 연구를 열심히 읽으며 새로운 아이디어를 탐색해 보는 것이 필요한데, 관심 있는 분야의 연구뿐만 아니라 다른 분야의 연구도 함께 살펴보는 것이 논문 주제를 찾는데 도움이 될 수 있다. 수학교육 분야의 논문도 다양하게 읽어보아야 하지만, 교육 분야 외의 다른 분야의 논문을 참고해 보는 것도 도움이 될 수 있다. 이러한 탐색의 과정은 교육 분야에 적용할 수 있는 새로운 아이디어를 찾을 기회를 주기도 한다. 앞으로는 학문 간의 연계 또는 융합이 더 중요해질 것이므로 연구자가 다양한 연구에 관심을 가지고 살펴보는 것은 매우 중요한 작업이 될 수 있다.

어떤 방법으로 연구할까?

필자가 논문을 쓸 당시에는 수학교육 분야에서 집단창의성에 대한 연구가 많이 이루어지지는 않은 상태였다. 따라서 연구 방법을 계획함에 있어 연구 주제에 대해 예상하지 못한 결과나 의미를 찾아내기 위해 한 가지 방법만으로 연구하는 것보다는 다양한 연구 방법을 활용하여 연구 결과를 타당화하는 것이 적절하다고 생각하였다.

또한 연구 문제와 연구 방법, 연구 결과에 일관성이 있도록 설계하기 위해 연구 문제 1, 2번과 연구 문제 3번의 연구 방법을 달리하고자 하였다. 따라서 연구 문제 1번과 2번에 해당하는 집단창의성 발현 과정에 작용하는 요소, 집단창의성 발현을 위한 교수 · 학습 내용과 방법에 대한 연구 결과를 얻기 위해서는 선행 연구를 통해 해당 요소를 도출해 내는 것과 더불어 전문가의 의견을 통해 이러한 요소들을 정교화하는 것이 적절하다고 보았다. 그래서 연구 문제 1과 2에 대한 연구 방법은 양적 연구로 설계하고, 델파이 방법을 적용하였다. 이렇게 판단한 근거는 수학교육 분야에서 집단창의성에 대한 연구가 많이 이루어지지 않은 상태였으므로 선행 연구에서 수학교육이라는 영역 특수성을 반영한 집단창의성의 요소나 발현 과정 등에 대한 내용을 찾기가 어려웠기 때문이다. 그래서 문헌연구를 통한 요소 도출 외에 전문가 집단의 의견 반영이 필수적이라는 생각이 들었다.

연구 문제 3의 집단창의성 발현 과정과 산출에 나타나는 특성을 분석할 때에는 학생들에게 직접 수업을 설계하여 적용한 후, 학생들의 반응을 상세하게 분석해 보는 것이 필요하다고 판단하여 질적 연구 방법을 활용하였다. 그리하여 학생들의 사례를 상세히 분석하기 위해 사례 연구를 실시하였다. 사례를 통해 수학교육에서 집단창의성이 어떤 양상으로 드러날 수 있고, 어떤 특징이 있는지를 자세히 설명하고 싶었다.

연구 방법을 설계할 때에 필자의 지도교수님께서는 선배 연구자의 연구 방법을 참고할 수 있도록 유사한 연구 방법으로 수행된 연구를 참고하여 읽어볼 것을 조언해 주셨다. 또한 선배 연구자에게 직접 조언을 얻을 수 있도록 도움을 주셨다. 이러한 과정을 통해 필자는 연구 방법을 구체적으로 설계할 수 있었고, 석사학위 논문을 작성할 때에는 수행해 보지 않았던 연구 방법도 박사학위 논문을 작성하면서 적용해 볼 수 있었다.

➲ 연구자를 위한 조언

연구 방법을 설계할 때에는 본인이 설계하고자 하는 연구와 유사한 방법으로 수행된 연구를 참고하면 연구의 전체적인 흐름이나 구조 등을 살펴볼 수 있다. 연구 주제와 관련된 선행 연구 외에 연구 방법 면에서 유사한 연구도 찾아서 읽어 보면 연구 방법을 설계할 때 도움을 얻을 수 있다.

또한 연구 방법을 선택함에 있어 연구 문제에 대해 적절한 연구 결과를 얻을 수 있는 방법을 선택하는 것이 필요하고, 연구 문제에 따라 연구 방법이 달라질 수 있으므로 이런 경우에는 혼합연구를 수행할 수도 있다. 설정한 연구 문제와 연구 방법, 연구 결과에 일관성이 있도록 적절한 방법을 선택해야 한다.

연구는 어떻게 수행했는가?

앞에서 설명했듯이 연구 문제 1과 2에 대한 연구 방법은 델파이 설문 조사로, 이를 위한 연구 대상은 연구와 관련된 전문가 집단이다. 델파이 설문 조사의 경우에는 해당 분야의 전문적인 지식이 부족하거나 등장하는 용어 등에 대한 공통적인 이해가 부족할 경우, 연구 결과가 정확하게 도출되지 못할 수도 있다. 따라서 수학영재학급 학생들의 집단창의성 발현과 관련된 요소나 교수 · 학습 내용과 방법을 비교적 정확하게 도출하기 위해서는 수학교육이나 수학영재교육에 대한 전문적인 지식을 가지고 있고, 관련된 용어에 대해 어느 정도 공통된 이해를 가지고 있을 수 있는 전문가를 섭외해야 한다고 생각했다. 이러한 기준을 근거로 하여 필자는 교사 연수나 학사/석사/박사학위 과정을 통해 만났던 다양한 전문가들을 섭외하였다. 해당 전문가들은 매우 바쁘신 경우가 많아서 연구 설명문 및 동의서를 전달하는 것조차 죄송한 마음이 들 때도 있었는데, 그럼에도 불구하고 수학교육 분야의 연구 발전을 위해 흔쾌히 참여해 주신 분들이 많아서 정말 감사했다.

연구 문제 1, 2의 연구 방법으로 델파이 설문 조사를 활용한 이유 중의 하나가 연구 문제에 대한 예상치 못한 요소나 의미 등을 찾아내기 위함이었기 때문에 1차 조사에서는 개방형으로 질문을 제시하여 전문가 집단의 다양한 응답을 수집하고자 하였다. 그 결과, 1차 조사에서 집단창의성의 발현 과정에 작용하는 요소로 '적극적인 아이디어 개진 분위기'와 같이 필자가 예상하지 못한 응답도 도출되었다. 이렇게 수집한 응답을 바탕으로 Likert 척도 형식의 문항을 만들어 3회까지 설문을 실시하고, 각 항목의 합의도를 확인한 후 설문을 종료하였다.

연구 문제 3에 대한 연구 방법은 사례연구로 학생들에게 수업을 직접 적용해 보고, 학생들의 반응을 분석해야 하므로 이에 대한 연구 대상은 수학영재학급 학생들로 선정하였다. 필자는 교사로 재직하고 있고, 영재학급을 수년째 담당해 왔기에 연구 대상으로 섭외할 학생들을 주변에서 쉽게 찾을 수 있었다. 특히 초등학교 5~6학년 학생들은 영역 특수적인 창의성을 살펴보기 적합한 단계의 학생들이고, 과제를 수행할 때에 사용하는 언어를 서로 이해할 수 있으며, 공동으로 문제해결을 하는 데에 있어 의사소통이 비교적 자유롭고 원활하게 이루어질 것으로 기대되기 때문에 초등학교 5~6학년 정도의 수학영재학급 학생들을 연구 대상으로 섭외하였다.

특히 수학영재학급 학생들의 집단창의성 발현을 위한 수업을 설계하는 것은 수학영재에 대한 이해 뿐 아니라 집단창의성에 대한 이해가 필요한 일이었다. 따라서 필자가 연구를 위한 수업을 직접 설계하였는데, 이러한 수업 설계에는 연구 문제 2의 결과인 수학영재학급 학생들의 집단창의성을 발현하기에 적절한 교수 · 학습 내용 및 방법을 적용하였다. 이렇게 설계한 수업은 필자가 가장 잘 이해하고 적용할 수 있을 것이라 판단하여 직접 학생들을 가르치며 학생들의 반응도 관찰하였다.

연구 문제 3의 결과를 얻기 위해 수집한 자료는 학생들의 반응을 관찰하며 기록한 관찰 기록, 학생들의 산출물, 그리고 학생들의 활동을 녹화한 자료였다. 수집한 자료를 분석하기 위해서는 분석틀이 필요한데, 필자는 연구 문제 3의 결과를 분석하기 위해 연구 문제 1에서 도출된 요소를 분석틀로 활용하였다. 연구 당시에는 다른 연구에서 수학영재의 집단창의성 발현 과정을 분석하기 위한 분석틀이나 집단창의성 평가 요소 등을 찾기 어려웠으므로 필자가 연구 문제 1을 통해 도출한 결과가 분석틀로 활용되기에 적절하다고 생각하였다. 이러한 과정을 통해 연구 결과를 수집하고 분석하였다.

➲ 연구자를 위한 조언

연구 대상을 섭외할 때에는 연구를 진행하면서 생길 수 있는 변수와 탈락률 등을 고려하여 예상 인원을 정해야 한다. 연구를 진행하면서 중도 탈락하거나 갑작스러운 개인 사정으로 참여가 어려운 경우가 생기기도 하기 때문이다. 따라서 연구 대상 섭외에 있어 변수와 탈락률을 고려하고, 이후 표집과 연구 과정에서 탈락되는 경우, 이것을 고려하여 연구를 진행하는 것이 필요하다.

또한 인간 대상 연구의 경우에는 생명윤리위원회(Institutional Review Board, IRB)의 승인을 받고 진행하는 것이 필요한데, IRB 진행이 생각보다 오래 걸리기 때문에 연구를 시작하기 최소 두 달 전쯤에는 IRB 신청을 하는 것이 좋다. 신규 연구 계획을 신청한 후, 조건부 승인이나 수정 후 재심의 등의 결과를 받는 경우에는 연구 계획을 수정하여 다시 승인 신청을 해야 하므로 시간이 걸릴 수 있다는 점을 고려하여 미리 신청하는 것이 좋다.

연구 결과를 어떻게 나타낼까?

필자는 연구를 수행하는 과정에서 중간 중간에 나온 결과들을 되도록 바로 문서화하여 정리해 두고자 하였고, 연구 결과가 도출될 때마다 그 결과를 한눈에 볼 수 있도록 도식화하여 그림을 그려 두었다. 이렇게 하게 된 것은 필자의 지도교수님께서 연구 내용과 결과를 그림으로 그려보면서 생각할 수 있도록 지도해 주신 덕분이다. 이렇게 그려진 그림은 처음에는 비교적 단순하였지만, 연구 결과가 늘어감에 따라 점차 복잡하고 세분화되어갔다. 수차례 그림을 그리고 계속해서 수정하는 작업을 반복한 결과, 비교적 정교화된 연구 결과를 얻을 수 있었다.

연구 결과를 제시할 때에는 연구 문제 1, 2, 3의 결과를 순서대로 기술하였고,

연구 문제 1과 2는 양적 연구이므로 통계 결과를 표로 제시하고, 이에 대한 설명을 아래 기술하는 방식으로 제시하였다. 델파이 설문 조사의 경우에는 1, 2, 3차에 걸쳐 이루어졌으므로 각 설문조사의 결과를 비교해서 보면, 어떤 과정을 거쳐 최종 응답이 결정되었는지를 이해하기 쉬울 것이라 생각되어 1, 2, 3차의 설문조사 결과를 함께 표로 제시하였다.

연구 문제 3의 경우에는 사례연구이므로 먼저 학생들의 수업 녹화본을 전사하여 분석틀을 이용해 코딩하였다. 집단창의성 발현 과정을 구체화하고 상세하게 나타내기 위해 코딩된 내용 중에 공통으로 등장한 요소를 집단창의성 발현 과정별로 정리하였다. 또한 사례 중에 특징적인 부분은 각 단계나 요소가 어떤 것을 의미하는지 보여줄 수 있도록 일부 발췌하여 제시하고 아래에 연구자가 분석한 내용을 함께 제시하였다.

이러한 과정을 통해 도출된 연구 결과는 수학영재학급 학생들의 집단창의성 발현에 작용하는 요소, 수학영재학급 학생들의 집단창의성을 발현하기에 적절한 교수 · 학습 내용 및 방법, 그리고 수학영재학급 학생들의 집단창의성 발현 과정과 산출에 나타나는 특성 등이었다. 필자는 연구 결과가 학교 현장에 실질적으로 도움이 되길 바라는 마음이 있었기에 도출된 연구 결과를 실제 학교 현장에서 적용할 수 있도록 제시하고자 하였다. 따라서 수학영재학급 학생들의 집단창의성 발현 과정 등을 학교 현장에 실제로 적용할 수 있는 방안과 효과적으로 적용하기 위한 방안을 결론에 구체적으로 제시하였다.

➲ 연구자를 위한 조언

연구 결과를 나타낼 때에는 독자의 이해를 돕기 위해 표나 그림을 활용할 수 있다. 연구 결과를 그림으로 제시하는 것이 효과적이라면 연구자가 필요한 내용을 도식화하여 그림으로 제시하는 것도 도움이 될 수 있다. 도식화는 복잡한 내용을 한 눈에 볼 수 있게 해 준다는 장점도 있지만, 사람마다 해석이 다를 수 있으므로 이점에 유의하여 표현하는 것이 필요하다.

논문 심사는 어떻게 진행될까?

박사학위 논문 심사는 최소 3회 이상 이루어진다. 1차 심사에서는 논문의 전체적인 내용과 흐름을 설명하였다. 첫 심사에서는 논문 전체적인 부분에 대해 발표해야 했으므로 시간이 오래 걸렸다. 심사위원께서는 용어 선정부터 연구 방법적인 측면, 논문 전체적인 구조에 대한 측면까지 다양한 부분에 대해 의견을 제시해 주셨다. 필자가 좋은 논문을 완성할 수 있도록 꼼꼼하게 살펴봐 주시고 의견을 제시해 주신 심사위원께 다시 한 번 진심으로 감사드린다. 심사위원께서 제시해 주신 의견을 정리해 보면 아래와 같다.

- 연구 문제를 좀 더 명확하게 기술할 필요가 있음
- 수학적 창의성에 대한 이론적 배경에서 본 연구에서는 산출을 어떤 측면에 대해 분석하였는지에 대해 설명해 줄 필요가 있음
- 델파이 설문 조사의 연구 대상에 초등교사와 중등교사가 모두 포함되었다는 점을 설명하고, 한계점을 명시해야 함
- 델파이 조사에서 중요도의 의미에 대한 설명 필요함
- 델파이 자료 분석 방법을 설명해야 함
- 요소에 대한 설명에서 '영향을 주는', '관여하는'이라는 용어를 더 명확한 의미로 수정하는 것이 좋겠음
- 연구대상자가 속한 영재학급에 대한 설명이 부족하여 상세한 설명을 추가하는 것이 좋겠음
- 사례연구에서 연구자가 어떤 위치에서 연구를 수행하였는지에 대한 설명을 추가하는 것이 좋겠음
- 학생들에게 적용한 수업 내용과 방법이 어떻게 도출된 것인지, 수학영재의 특성과 어떻게 관련되어 있는지에 대한 상세한 설명이 필요함
- 연구 문제와 연구 결과가 연결되고 있는지 확인해 보아야 함

- 요소에 대한 장황한 설명을 줄이고 결과와 결론을 특징적인 것 중심으로 기술해야 함
- 결론에 집단창의성 발현을 위한 교수 · 학습 방법에 대해 구체적 시사점을 제시하면 좋겠음

이와 같이 제시된 의견을 바탕으로 다시 논문을 읽어보고 수정 및 보완하는 작업을 거쳐 2차 심사본을 완성하였다. 각 심사위원께서 제시해 주신 의견을 바탕으로 어떻게 수정되었는지에 대해 정리하여 심사본과 함께 미리 전달해 드렸다. 2차 심사에서 제시된 의견은 아래와 같다.

- 연구 문제의 논리적 흐름이 적절한지 확인해 볼 필요가 있음
- 수업 계획에 교사의 목표와 학습 목표를 구분하여 기술할 필요가 있음
- 수업 계획을 실제로 다른 사람들이 적용할 수 있도록 요소와 관련지어 설명하면 좋겠음
- 연구 문제 3의 결과와 결론에 의미 있는 시사점을 제시할 필요가 있음
- 연구 결과와 결론에 본 연구에서 강조하고자 하는 측면을 더욱 부각시키면 좋겠음
- 결론에 연구를 통해 최종적으로 도출된 그림을 추가하면 좋겠음
- 결론에서 교사의 역할에 대한 내용은 제언으로 이동하는 것이 좋겠음

2차 심사와 3차 심사에서는 심사위원께서 지적해 주신 부분을 어떻게 수정하였는지를 중심으로 발표하고, 논문의 세부적인 부분을 다듬고 정교화하는 과정을 거쳤다. 논문 심사 과정을 통해 연구를 수행하는 것도 중요하지만, 그 과정과 결과를 어떻게 정리하는지도 중요하다는 점을 알게 되었다.

➲ 연구자를 위한 조언

논문 심사 과정에서 심사위원께서 조언해 주신 내용을 바탕으로 논문 내용을 수정하거나 보완해야 할 사항이 생길 수 있다. 이러한 점은 심사 직후에 심사위원별로 어떤 의견을 주셨는지 바로 정리해 두면, 추후에 논문을 수정 · 보완하는 과정에서 참고할 수 있다. 그리고 논문을 수정한 후에는 어떤 의견을 어떻게 반영하였는지를 정리해 두어야 다음 심사 발표 때 수정된 사항을 중심으로 발표할 수 있다. 따라서 심사 과정에서 심사위원께서 해 주신 의견을 잘 듣고, 심사 후 의견을 정리하고, 이렇게 하여 반영된 부분을 다시 잘 정리해 두는 것이 필요하다.

끝나지 않은 여정

필자는 석사 과정에서 '초등수학영재학급 학생을 위한 문제제기 교수 · 학습 모델 개발'이라는 연구를 수행하였고, 수학영재와 창의성에 대한 관심을 계속해서 이어간 결과, 박사 과정에서는 '수학영재학급 학생들의 집단창의성 발현 과정'이라는 연구를 수행하였다. 석·박사학위 과정을 하는 내내 초등학교 교사로 재직하면서 학생들을 직접 가르치고 지도하며 연구를 수행하였다. 이러한 과정은 힘들기도 하였지만, 학생들을 가르치면서 현장에서 느낀 점을 연구에 반영할 수 있었고, 동시에 연구를 통해 얻은 성과나 학습한 내용을 학생 지도에 적용해 볼 수 있었기 때문에 필자의 성장과 발전에도 도움이 되었을 뿐만 아니라 교육 현장에도 많은 도움이 되었으리라 생각한다.

특히 2010년부터 필자는 초등학교에서 영재학급을 계속 운영해 왔고, 영재학급 강사로 학생들을 지도해 왔다. 수학영재에 대한 필자의 관심이 석·박사학위 과정에도 영향을 주었으며, 자연스럽게 영재학급 학생들을 돕기 위한 교수·학습 내용이나 방법에 대해 연구할 수 있는 동기가 되었다. 현장에서 수학영재를 지도하는 과정을 통해 얻은 경험은 연구를 수행하는 데에 있어서 필요한 아이디어를 얻을 수 있게 해 주었고, 연구를 수행함으로써 얻은 지식과 경험 역시 수학영재를 더욱 효과적으로 지도할 수 있게 해 주었다.

이러한 선순환은 필자가 현장교사로 재직하면서 대학원에 진학하였기 때문에 가능했다고 생각한다.

박사 과정 이후에도 필자는 초등학교 교사로 재직하면서 학생들을 지도하고 있고, 학위 과정을 통해 얻은 경험과 지식을 학생들을 지도하는 데에 활용하고 있다. 학생들을 바라보거나 교수 · 학습 과정을 계획함에 있어서도 대학원을 진학하기 이전에 필자가 가졌던 시각보다 훨씬 넓은 시각으로 바라보고 계획할 수 있게 되었다. 또한 교과서와 교사용 지도서 등을 참고할 때에도 이전에는 제시되고 있는 내용을 거의 그대로 받아들였다면, 지금은 교과서와 지도서에 제시된 내용이 왜 그렇게 제시되었는지 그 의미를 좀 더 잘 이해하고 볼 수 있게 되었고, 나아가서는 필자의 아이디어를 더하거나 학생들의 수준에 맞게 재구성하여 지도하는 능력이 향상되었다.

이와 같이 필자는 박사학위를 취득함으로써 교수 · 학습 과정을 계획하거나 학생들을 지도하는 데에 있어 더 넓은 시각을 갖고 임할 수 있게 되었고, 연구를 수행함으로써 얻은 지식을 학생 지도에 활용할 수 있게 되었으며, 지속적으로 현장 연구를 수행할 수 있는 역량도 기를 수 있게 되었다. 이러한 모든 과정이 가능하게 도와주신 지도교수님께 진심으로 감사드린다.

➲ 연구자를 위한 조언

자신의 관심 분야에 대해 좀 더 깊이 있는 지식을 얻고 넓은 시야를 갖고 싶다면 대학원에 진학하는 것을 추천한다. 현장에서 얻은 경험이 대학원에서의 연구 수행에 있어 아이디어를 제공해 주기도 하고, 반대로 대학원 진학을 통해 얻은 지식이 현장에서 학생들을 지도하는 데 있어서도 도움이 되기도 한다. 조금 더 성장하고 싶은 욕구가 있다면 주저하지 말고 도전하기를 권한다.

교사와 학생의 수학적 주목하기의 차이에 따른 교수 전략 탐색

김슬비

수학교육학 연구는 등반과 같다.

험난한 산을 오르기 위해 전문적인 훈련과 장비가 필요한 것처럼, 연구를 수행하기 위해서는 수학교육학에 대한 끊임없는 공부와 전문적 시각, 탐구 역량이 요구된다. 등반가가 목표 지점에 오르고 난 후 느껴지는 성취감과 더 가파른 곳에 도달하고자 하는 도전 의식은 수학교육을 연구하는 연구자도 마찬가지일 것이다.

필자는 2019년 8월에 "교사와 학생의 수학적 주목하기의 차이에 따른 교수 전략 탐색"이라는 제목으로 수학교육학 전공의 문학박사 학위를 취득하였다. 이 논문은 교사와 학생의 인지 과정과 이들 간의 상호작용의 한 측면을 나타내는 주목하기를 수학교육학 분야에서 살펴봄으로써, 수학 수업에서 발생하는 교사와 학생 간의 수학적 주목하기의 차이와 그러한 차이를 좁히는 데 핵심적인 역할을 하는 교수 전략을 탐색하였다는 점에서 의의가 있다.

논문내용 둘러보기

교사가 학생들의 이해를 돕기 위해서는 학생 개인이 어려워하거나 다르게 생각하는 수학적 대상과 인지 과정을 정확히 파악하여 민감하게 반응할 필요가 있다. 인지심리학, 인류학, 사회학에서는 지각, 인식, 의사결정 등과 같은 인지 과정이자 사회적 상호작용을 통해 형성된 특정 현상을 바라보는 인지적 틀로 주목하기

(noticing)를 설명하는데, 이러한 주목하기는 교육 환경에서는 의식적으로 이루어져야 하는 인지 전략으로 교실 상호작용을 통해 발전한다는 특징이 있다. 복잡한 수학적 대상을 다루는 수업에서 수학적으로 의미 있는 대상에 주목하는 것은 성공적으로 교수학습 목표에 도달하기 위해 필수적인 인지 전략일 것이다.

이 연구는 수학적 주목하기를 교사와 학생이 수학적 대상(개념적 대상, 지각적 대상)에 주의를 기울이고 해석하여 반응하는 인지 과정으로 정의하고 두 가지 연구의 가설을 설정하였다. 첫째는 수학 수업에서 학생들은 교사와 다른 수학적 대상에 주의를 기울이거나, 같은 대상에 주의를 기울이더라도 다르게 해석하고 반응할 수 있다는 것이다. 둘째는 교사와 학생의 수학적 주목하기의 차이는 성공적인 교수학습을 위해 반드시 좁혀야 하는 것으로 담론적 실천과 의사소통 전략을 통해 점차 좁혀지면서 공통의 수학적 의미가 형성될 수 있다는 것이다.

이러한 연구 가설을 확인하고 검증하기 위한 방법으로 설명적 사례 연구를 택하였다. 일차함수 수업에서의 교사와 학생 7명으로 구성된 공동체를 사례로 설정하고, 교사와 학생의 수학적 주목하기의 차이가 발생한 시점으로부터 상호작용을 통해 공통의 수학적 의미를 형성해 나가는 시점까지를 분석의 단위로 설정하였다. 수업 녹화, 비참여 관찰, 비구조화된 면담으로부터 수집된 자료를 증거로 하여 사례를 분석하고 설명하였다.

이 사례에서 수학적 주목하기의 차이는 주의를 기울이는 수학적 대상이 다른 경우(선수 개념적 대상과 현재 개념적 대상, 표면적인 지각적 대상과 내면적인 지각적 대상, 근원 표현과 목표 표현의 지각적 대상, 문제 해결을 위한 여러 가지 조건과 같은 지각적 대상, 개념적대상과 지각적 대상), 수학적 대상의 해석적 측면이 다른 경우(주의를 기울인 개념적 대상의 이해도와 수학적 표현의 다양한 해석 방식), 반응하는 방식이 다른 경우(주의를 기울이고 해석한 개념적 대상의 다양한 정의와 다양한 표현 방식)로 구분할 수 있었다. 또한 이러한 수학적 주목하기의 차이가 (마지막에, 표현을 만들면서, 다시 말하면서) 강조하기, (상기하면서) 표현하기, (반복하거나 보고하는, 교정하거나 확장하는) 다시 말하기와 같은 교수 전략에 의해 좁혀짐을 확인할 수 있었다.

교사와 학생의 수학적 주목하기의 차이는 각자가 주목하는 수학적 대상으로 설명되었는데, 그러므로 교사는 학생이 주의를 기울인 수학적 대상을 인지하고 차이가 발생한 순간에 적절한 교수 전략을 취해야 한다. 이때 학생이 수학적 대상에 집중할 수 있도록 이전에 배운 개념을 상기시키거나, 다양한 표현을 만들거나, 반복하여 말하면서 강조하는 것이 효과적일 것이다. 한편, 해석하기의 차이를 좁히기 위해서는 상호작용의 마지막 순간에 다시 강조하거나 교사 스스로 이해하고 해석한 방식으로 이끌기 위해 기호나 그래프로 표현할 수 있다. 반응하기의 측면에서 교사가 학생의 반응을 수업 논의의 주제로 삼거나 학생의 전략을 인정하기 위해 다시 말하고, 자신이 주목한 수학적 표현 방식을 강조하는 것은 교사와 학생의 차이를 좁히는 교수 전략이 될 것임을 제안하였다.

이 연구를 수행하면서 겪었던 어려움과 경험을 풀어내며, 같은 고민을 하고 있는 연구자에게 조금이나마 도움이 될 만한 필자만의 팁을 제시해본다.

무엇을 연구할까?

연구 주제 또는 연구 문제를 설정하는 것은 가장 어렵고 고된 일이지만, 어떻게 보면 연구의 절반을 차지한다고 여겨질 수 있을 만큼 중요한 일이다. 필자가 주목하기에 대해 관심을 갖게 된 결정적인 계기는 여름, 겨울방학마다 자체적으로 개최한 집중세미나에서 번역하고 공부한 한 논문의 "notice"라는 단어 때문이었다. 평소 수학을 다룰 때 발생하는 인지 과정에 관심이 있었기에 이 단어가 갖는 맥락적 의미를 파악하고자 더욱 노력했던 것 같다. 무엇을 연구할지 고민하고 결정하는 일은 필자가 항상 궁금했지만 눈에 보이지 않아 어려웠던 인지 과정을 설명할 수 있는 주목하기 이론을 발견하기까지의 과정이었다.

박사 과정 중에 지도교수님께서 어떤 주제로 연구하고 싶은지 생각해보고 연구 계획서를 작성해보라고 하셨을 때, 처음에는 석사학위 논문 주제를 확장하고 싶어 수학적 추론과 시각적 추론이라는 키워드에만 집중하여 관련된 연구를 찾아보고 고민하며 다소 좁은 시각으로 연구 주제를 찾았다. (박사 과정에서 필자의 지도교수님은 석사 때와 다른 분이시다.) 새롭고 차별되고 가치 있는 주제로 수학교육학 연구를 수행하고 싶어 오랜 시간 동안 고민하였으나 갈피를 잡지 못했고, 이때 지도교수님께서는 박사 과정 중에 인상 깊게 읽었던 논문이나 단어는 없는지 질문하시며 새로운 시각으로 연구 주제를 탐색할 수 있게 도와주셨다. 이 질문을 받고 곰곰이 생각해보니 선배 박사님들과 한 권의 책이나 논문집을 선정하고 한 챕터씩 맡아 번역하며 논의했던 세미나에서 다룬 논문 하나가 기억이 났고, 그 논문에서 크게 강조되지 않았으나 필자에게 강한 인상을 남긴 "notice"라는 단어가 떠올랐다. 이때부터 주목, 주목하기에 관한 모든 연구, 수학교육학 연구 뿐 아니라 다양한 분야에서의 연구들을 찾아 읽고 정리하며 연구 문제를 설정하고자 노력하였다.

문헌 고찰을 통해 주목하기는 개인의 인지 과정이고, 사회적 상호작용에 의해 전문성을 갖춰나갈 수 있으므로 개인마다 주목하는 대상과 과정이 다를 수 있다는 것을 알게 되었다. 이러한 관점을 수학 수업, 교사와 학생의 인지 과정, 수학적 대상(개념, 표현 등)으로 접목하여 살펴볼 수 있겠다는 생각이 들었다. 특히 필자는 교사라면 학생들에 비해 수학적 대상을 접하는 전문적인 안목을 지니고 있으므로 어려움을 겪고 있는 학생들의 주목에 민감하게 반응하고 상호작용을 통해 합의된 수학적 의미를 형성하도록 이끌어 나가야 한다는 교직관을 갖고 있었기에 수학 교수학습 상황에서 발생하는 교사와 학생 간의 차이와 주목하기 이론을 연결할 수 있었다. 그 당시에 수학교육학에서 주목하기와 관련된 연구는 국내외에서 많이 수행되지 않았고, 학생보다 교사의 주목하기에 더 집중하였다는 점에서 한계를 발견하였기에 더 흥미로운 주제로 생각되었다. 결과적으로 필자는 연구 문제를 두 가지로 설정할 수 있었다. 첫째는 "수학적 대상에 대한 학생의 주목하기는 교사의 주목하기와 차이가 있는가? 차이가 발생한다면 원인은 무엇인가?"이고, 둘째는 "교실 상호작용에서 수학적 주목하기의 차이를 좁히고 학생의 수학적 의미를 형성하는 데 영향을 미치는 교사의 교수 전략의 유형과 특징은 무엇인가?" 이었다.

➲ 연구자를 위한 조언

박사학위 논문뿐만 아니라 연구를 수행하기 위해서는 연구 주제나 문제를 설정하는 것이 가장 중요할 것이다. 이를 위해서는 연구자가 평소에 관심을 가진 분야와 수학교육학에 대한 자신의 관점과 철학을 파악할 필요가 있다. 관심 분야와 관련된 주제어를 중심으로 많은 문헌을 찾고 정리하고 읽으면서, 연구 주제나 문제를 설정하기 위해 고찰해야 한다. 이와 동시에 연구 방법, 결과 해석, 결론 도출의 과정도 유기적으로 고려해야 논문이 논리적으로 전개될 수 있을 것이다.

어떤 방법으로 연구할까?

연구 문제를 설정한 후에는 답을 얻기 위해 적합한 연구의 구체적인 절차, 내용, 방법을 설계할 필요가 있었다. 교사와 학생들의 인지 과정을 면밀히 살펴보기 위해서는 양적 연구보다는 질적 연구가 적절하다고 생각했으나, 질적 연구의 여러 가지 방법 중에서 어떤 것을 선택할지 고민해야 했다. 박사 과정 중에 수강했던 질적 연구 방법론의 이론서를 다시 읽어보면서 필자가 설정한 연구 문제의 답을 도출할 수 있는 방법을 찾아 나갔다. 이 연구의 목적은 수학 수업에서 교사와 학생의 수학적 주목하기의 차이가 존재할 것이며 그러한 차이는 사회적 상호작용을 통해 좁혀질 것이라는 가설을 확인하는 데 있었다. 특히 두 개의 연구 문제는 '왜?' '어떻게?'의 형태를 띠고 있으며 현재 사건에 집중하고 행동 사건을 통제하지 않기 때문에 사례 연구가 적합하다고 판단하였고, 수학적 주목하기의 차이의 발생 원인과 차이를 좁히는 교수 전략을 확인하여 인과적 관계를 설명하고자 하였으므로 설명적 사례 연구를 연구 방법으로 선택하였다. 이에 설명적 사례 연구의 설계 과정인 '연구 문제 정립→개념적 틀 설정→사례 설정→자료 분석 방법 설정→결과 해석 기준 설정'에 따라 구체적인 방법을 마련하였다.

이론적 고찰을 통해 분석을 위한 코드와 틀을 마련하고자 하였으며, 이때 주목하기 관련 연구뿐만 아니라 기호학, 수학적 표현론, 성취기준 매핑 연구 등 다양한 분야의 연구도 참고하였다. 다른 분야의 연구를 주목하기와 연결 짓는 것은 쉽지 않았는데, 필자가 박사 과정 중에 접했던 많은 연구들을 다시 상기해보는 과정이 도움이 되었으며 나무의 가지가 자라나듯 약간의 접점이 있는 연구들을 찾아보는 것이 많은 도움이 되었다. 이에 수학적 대상에 대한 주목하기(주의, 해석, 반응)의 차이는 의사소통 전략 및 담론적 실천 전략을 통해 교사와 학생의 공통의 수학적 의미를 형성할 것이라는 개념적 틀을 설정하고 분석 코드와 분석틀을 마련할 수 있었다.

이후에는 사례를 선정하고 자료를 분석, 해석하는 방법을 찾을 필요가 있었다. 필자는 먼저 일차함수 수업에 참여한 교사와 학생들을 사례로 선정하였는데, 이는 수학 수업에서 특정 단원을 가르치고 배울 때 주목하기가 사전 지식에 영향을 받을 수 있어 다양한 실세계 현상과 관련이 있고 정비례, 함수, 일차방정식 등과 연결된 일차함수 영역이 적합하다고 판단하였기 때문이다. 다음으로 수업 녹화 영상, 면담 녹음 파일, 관찰 기록 노트, 형성평가지 등의 수집된 자료를 분석함에 있어서 지속적으로 비교 분석하고 주목하기가 어떻게 왜 발생했는지를 설명하고자 하였고, 전사 자료에 대한 코헨의 카파 계수를 산출함으로써 타당도와 신뢰도를 확보하고자 하였다. 마지막으로 코드가 부여된 자료에서 수학적 주목하기의 차이가 발생한 원인을 찾고, 차이를 좁혀나가는 상호작용 속에서 원인별 효과적인 교수 전략의 패턴을 발견하는 것으로 결과의 해석 기준을 설정하였다.

➲ 연구자를 위한 조언

연구를 설계하기 위해서는 양적, 질적, 혼합 연구의 설계 방법을 모두 알고 있어야 한다. 이 중에서 연구자가 설정한 연구 문제의 답을 얻을 수 있는 적합한 연구 방법을 선택하고 체계적으로 설계해야 한다. 가능하다면 수강할 수 있는 연구방법론 강좌를 타 교과에서도 찾아보자.

연구는 어떻게 수행했는가?

설명적 사례 연구의 방법론에 따라 연구를 설계한 후, 필자는 구체적으로 연구 참여자, 기간, 절차를 설정하였고 이에 따라 연구를 수행하였다. 이 연구에서는 교사와 학생들의 제스처, 구어적 또는 문어적 표현과 같은 기호론적 요소로부터 인지 과정인 주목하기와 그들이 형성한 수학적 의미를 발견하고자 하였으므로, 필자는 연구 참여에 적극적인 교사 1인을 먼저 섭외하고 담당 학생들을 생명윤리 및 안전에 관한 법률에 따라 보호하기 위해 생명윤리위원회(IRB)의 심의를 받고 절차에 맞게 섭외하였다. 특히 필자가 비참여 관찰자로서 교실 수업에서 교사와 학생의 행동을 살펴보고자 했으므로 이미 내적 친밀감이 형성되어 있는 동료 교사에게 연구 참여를 부탁하였다.

필자가 이 연구를 수행하는 과정에서 어려움을 겪었던 일 중에 하나는 IRB 심의였다. 작성한 연구 계획서와 함께 IRB 심의 신청서를 제출하였으나, 한 번에 통과되지 않아 연구의 수행 일정이 촉박해졌기 때문이다. 1차 IRB 심의 결과는 수정 후 재심의로 계획의 수정이 불가피하였다. 서면으로 받은 심의 의견은 연구 대상자의 수와 범주의 구체화, 연구 참여비 제공의 명확화, 연구 참여 및 철회의 자발성 확보, 개인정보 및 보호 대책 마련의 구체화와 같았다. 이 중에서 일부는 수용하여 계획을 수정하였고, 일부는 동의하기 어려워 이의를 제기하고 필자의 의도를 설명하여 2차 심의를 받았다. 대부분 심의 의견은 자율적인 참여를 유도하여 학생들을 보호해야 한다는 것이었으므로, 필자는 연구 대상자의 수를 이론적, 수치적 근거로 선정한 것임을 언급하고 중도 철회에 대한 부담을 낮추기 위해 모든 수업이 다 끝난 후 제공하기로 한 참여비를 한 차시의 수업이 끝날 때마다 제공하는 것으로 수정하였다. 기타 다른 부분도 전반적으로 보완하여 2차 IRB 심의에서는 승인을 받을 수 있었다.

승인을 받자마자 계획한 바와 같이, 섭외한 교사에게 연구 참여자(학생) 모집 공고문을 게시하고 연구의 목적, 방법, 예견되는 불편사항, 기대되는 이익, 절차, 개인정보 보호 대책 등을 간단히 안내하도록 요청하였다. 이때 필자는 한 학부모에게 초상권 보호에 대한 문의 전화를 받았는데, 논문에 영상 캡처본이 포함되더라도 모자이크 처리를 하겠다고 안내하여 참여 허락을 받았다. 연구 초기에는 법정대리인의 동의를 받은 9명의 학생들이 참여하게 되었으나, 연구가 진행됨에 따라 2명의 학생이 참여를 철회하여 최종적으로 7명의 학생 데이터만 분석하였다. 수업을 녹화하는 과정에서 참여자의 얼굴이 노출될 수 있어 수집된 모든 자료를 보조저장매체에 보안 저장하였고, T, S1, S2 등과 같이 코드화하며 개인정보를 보호하고자 노력하였다.

필자는 총 12차시의 수업을 직접 관찰하였고, 수업 후에는 학생들의 주목하기를 확인하기 위한 목적으로 3~5분 가량의 형성평가를 실시하였으며, 교사와 5~10분 동안 면담을 진행하였다. 이렇게 수집된 자료는 모두 전사하였으며 교사와 학생들의 주목하기가 다른 경우와 의미 형성 과정에서 그들의 행동을 표시하였다. 전사본을 이용하여 전문가 1인과 함께 코딩 작업을 수행하였고, 에피소드별 주제를 발견하고 수학적 주목하기의 차이 극복 과정의 설명 모델을 통해 도식화하여 나타내며 연구 결과를 기술하기 위한 작업을 수행하였다.

➲ 연구자를 위한 조언

인간을 대상으로 한 연구는 생명윤리위원회의 심의를 받아야 한다. 심의를 한 번에 통과하면 좋겠지만 재심의를 받게 되는 경우가 많다. 심의 결과에 대응하기 위해서는 연구 참여자 보호를 우선으로 고려하여 계획을 수정하고, 연구 참여자의 자발적 참여를 유도하고 개인정보를 보호하기 위한 방안을 마련하였음을 적극적으로 어필할 필요가 있다.

연구는 IRB 승인이 이루어진 후에만 진행할 수 있으므로 반드시 사전에 승인 절차를 밟아야 한다. 생각보다 IRB 승인 과정이 간단하지 않으니 기간도 여유 있게 생각해야 한다.

연구 결과를 어떻게 나타낼까?

분석된 자료를 기반으로 연구 결과를 작성하는 것은 앞서 겪었던 어려움과는 또 다른 어려움이었다. 설명적 사례 연구인 만큼 내용이 방대하여 자칫 지루한 기술을 할 수 있었다. 필자도 처음에는 두 가지 연구 문제에 대한 답을 전사본과 수집된 자료를 근거로 하여 설명하였는데, 똑같은 이야기를 계속 반복하는 느낌이 들었다. 이에 다양한 방법으로 구조화하였고, 연구 방법에서 제시한 설명 모델을 활용하여 에피소드별 수학적 주목하기의 차이와 그 차이를 좁히는 상호작용을 도식화하였다. 이는 정립한 두 가지의 연구 문제의 답을 시각적으로 전달하기 위함이었다.

필자는 박사학위 논문의 4장 연구 결과를 다음과 같이 구조화하였다. 먼저, 연구 문제 1에 대한 답으로 교사와 학생의 수학적 주목하기의 차이와 발생 원인을 분석하고 범주화하여 기술하였다. 그리고 연구 문제 2에 대한 답인 수업 상황을 살펴보고 교사와 학생의 수학적 주목하기의 차이를 좁히는데 핵심적인 역할을 하는 담론적 실천과 의사소통 전략을 분석한 결과를 기술하였다.

<1차 심사본 Ⅳ장 목차>	<최종본 Ⅳ장 목차>
Ⅳ. 연구 결과 A. 교사와 학생들의 수학적 주목하기의 차이 1. 개념 이해 과정에서의 수학적 주목하기의 차이 2. 문제 해결 과정에서의 수학적 주목하기의 차이 3. 표현 과정에서의 수학적 주목하기의 차이 B. 수학적 주목하기의 차이를 좁히는 상호작용 1. 개념 이해 과정에서의 상호작용 2. 문제 해결 과정에서의 상호작용 3. 표현 과정에서의 상호작용	Ⅳ. 연구 결과 A. 교사와 학생의 수학적 주목하기의 차이 1. 주의를 기울이기의 차이와 발생 원인 2. 해석하기의 차이와 발생 원인 3. 반응하기의 차이와 발생 원인 B. 수학적 주목하기의 차이를 좁히는 교수 전략 1. 담론적 실천을 이용한 교수 전략 2. 의사소통 전략을 이용한 교수 전략 3. 담론적 실천과 의사소통 전략을 함께 이용한 교수 전략 C. 교사와 학생의 수학적 주목하기의 차이에 따른 교수 전략

연구 결과의 큰 구조는 변하지 않았으나, 논문 심사 과정에서 연구 결과를 제시하는 세부적인 방향은 변화되었다. 독자에게 내용을 보다 효과적으로 전달할 수 있고 논문의 일관성이 높아진 것 같다. 1차 심사본에서는 수학적 주목하기의 차이와 상호작용을 수업에서 나타나는 활동적인 측면(개념 이해, 문제 해결, 표현)에서 범주화하였으나, 최종본에서는 주목하기의 하위 과정(주의를 기울이기, 해석하기, 반응하기)과 상호작용(담론적 실천, 의사소통 전략)의 측면에 따라 범주화하여 연구 결과를 제시하였다. 또한 수학적 주목하기의 차이와 그러한 차이를 좁히는 교수 전략을 사례로 설명한 부분이 복잡하므로 독자의 이해를 돕기 위해 하나의 절로 구성하고 연구 결과들을 엮어 정리하였다. 연구 결과에 따른 결론을 도출하고 후속 연구를 위한 제안을 하면서 필자의 박사학위 논문은 마무리되었다.

➲ 연구자를 위한 조언

연구 결과는 연구자가 설정한 연구 문제에
통해 설정한 분석틀에 기반하여 분석해야 한다.
과정에서는 이론이 뒷받침되어야 하며, 최대한 주관성
요가 있다. 특히 양적, 질적, 혼합 연구에 따라 결론 도출을
주의해야 한다. 다음에서 언급하겠지만 필자의 박사학위 논문의
사항 중에 하나가 연구 결과에 따른 결론의 과도한 일반화는 지양하

논문 심사는 어떻게 진행될까?

필자의 박사학위 논문 심사는 지도교수님을 포함한 전문가 5인으로 구성된 논문심사위원회를 중심으로 총 4회의 절차로 진행되었다. 대개 1차 심사에서는 논문의 큰 틀과 연구 내용을 발표하며, 심사위원들은 해당 학기에 심사를 지속할지를 결정하면서 박사학위를 수여할 정도의 수준인지를 판단한다. 필자의 1차 심사는 총 2~3시간에 걸쳐 진행되었는데, 100쪽 분량의 PPT를 활용하여 연구 내용을 발표하고 심사위원의 의견에 답변을 하는 시간이었다. 이 과정에서는 심사위원들에게 이 연구가 왜 필요한지, 어떤 목적을 지니는지, 연구의 의의는 무엇인지를 설명하고 설득하는 것이 무엇보다 중요했던 거 같다. 이때 받은 수정 의견은 다음과 같다.

- 연구 문제가 연구 제목에서 드러나도록 수정
- 수학적 주목하기, 상호작용, 요인 등과 같은 용어 설명을 명확화
- 연구의 개념적 틀 및 분석틀에 대한 상세한 설명
- 자료 분석 결과의 신뢰도 향상을 위해 수행한 삼각검증의 구체적 기술
- 설명 모델을 통한 연구의 결과 제시
- 수업 과정(개념 이해, 문제 해결, 표현)으로 구조화하지 않고, 연구 결과를 수학적 주목하기의 측면에서 범주화하여 제시

…의 구조를 변경하고 보완하는 것이어서 다음 … 시간이 소요될 것을 고려하였고 1달 후에 2차 심 수정 심사에서는 수정 의견을 반영한 부분을 중심으로 발 심사를 …들은 논문의 질을 높이기 위한 세부적인 지적을 해주셨 사가 …사는 단어 하나하나를 사용함에 있어 신중을 기하게 되었다. 표현 다 …는 연구 결과를 기술하는 방식을 집중하여 검토하고 의견을 제 …으며, 설명적 사례 연구인 만큼 결론 및 시사점을 과도하게 일반화 않도록 주의할 것을 당부하였다. 마지막 심사는 최종적으로 수정된 논문을 확인하는 방향에서 간단히 진행되었다.

➲ 연구자를 위한 조언

논문심사위원회는 연구자의 학위 논문의 질을 높이기 위해 수정, 보완할 수 있는 마지막 기회다. 기본적으로 연구자는 자신의 연구에 대한 확신과 이론에 근거하여 논리적 주장을 펼쳐야 하지만, 지나친 확신으로 인해 미처 보지 못하고 놓친 부분이 있을 수 있다. 심사위원들은 이를 객관적이고 전문적으로 살펴보고 부족한 부분을 지적하기 때문에 심사 의견을 적극적으로 수용하고 반박할 수 있는 태도를 갖출 필요가 있다.

여러 번에 걸친 논문 심사 과정에서도 지도교수님과의 소통은 필수적인데, 심사위원들 간의 의견이 달라 조정이 필요하거나 수정 반영하기 어려운 부분에 대한 처리를 어떻게 할 것인지 자문을 구해야 한다.

끝나지 않은 여정

논문 심사가 끝난 후, 필자는 지도교수님과 함께 학위 논문을 위해 수집한 원자료를 가지고 다른 연구의 이론을 접목하여 새로운 분석틀을 고안하고 분석하는 연구를 수행하였다. 지도교수님께서는 항상 새롭게 게재된 논문을 찾고 읽어보시면서 과제를 주셨는데, 최종 심사가 끝나고 함수의 그래프 위의 점을 수치적, 위치적 사고로 구분하고 분석한 David et al.(2019)의 연구를 소개해주셨다. 이 연구와 관련된 논문을 찾고 이론을 공부하면서 일차함수의 그래프 위의 점에 주의를 기울이고, 해석, 반응하는 과정을 수치적, 위치적 사고의 측면에서 살펴볼 수 있겠다는 생각이 들었다. 이에 마련한 분석틀을 통해 일차함수의 평행이동, 절편, 기울기를 가르치고 배우는 상황에서 수치적 또는 위치적으로 주목하여 발생하는 교사와 학생의 차이를 발견하였고, 이를 토대로 교수학적 시사점을 제안하는 논문을 작성하였다.

필자는 박사 과정을 마무리하는 시점부터 고등학교에서 기간제 교사로 근무하기 시작하였다. 대학원에서 수학교육학을 공부하며 얻은 지식과 연구의 수행 과정에서 느낀 점들을 기반으로 현장에서 학생들에게 수학을 어떻게 가르칠지 고민하고 실천할 수 있었다. 초임 교사이기에 겪을 수 있는 어려움이 많았지만, 2015 개정 수학과 교육과정, 핵심 역량, 교수학습 방법, 학생평가, 과정 중심 평가 등에 대해 공부했던 경험을 바탕으로 해결해 나갈 수 있었다. 특히 박사 과정에서 연구했던 수학적 주목하기의 차이에 집중하여 학생들이 이전에 배웠던 내용과의 인지적 충돌, 오개념 형성 가능성, 다양한 수학적 표현 방식 등을 예상하면서 수업을 계획하고 실행한 것이 효과적인 교수 방법이었다. 약 2년 동안 고등학교에서 학생들을 가르친 후에는 한국교육과정평가원 국제 학업성취도 평가 연구실의 TIMSS 및 ICILS 과제에 위촉 연구원으로 참여하게 되었다. 이때 TIMSS 2019 데이터를 이용하여 주요 7개국의 최근 3주기 성취도 추이를 다양한 측면에서 비교 분석하는 심층 분석 연구를 수행하였다.

박사 과정은 끝났지만 필자의 수학교육학 공부는 끝나지 않았다. 대학원에서 받은 지도교수님의 가르침과 학위를 취득하고 나서 겪은 다양한 경험은 수학과 수학교육학을 배우고 가르치고 연구하는 한 사람으로 성장하게 하는 디딤돌이 되었고 앞으로도 그럴 것이다.

수학 교과의 협력적 문제해결 역량과 협력적 메타인지 특징 연구

윤미선

수학교육학 연구는 다양한 해석의 틀을 보여준다.

수학교육은 의미 없이 흩어져버릴 순간을 위대한 순간으로 포착하고, 다양한 측면에서 해석할 수 있게 한다. 이것은 수학교육 현장에서 실제적인 해결책을 제시하는 기반이 되고, 이러한 순간들이 모여 수학교육을 풍요롭게 한다.

필자는 2021년 2월에 "수학 교과의 협력적 문제해결 역량과 협력적 메타인지 특징 연구"라는 제목으로 수학교육학 전공의 문학박사 학위를 취득했다. 이 논문은 수학 교과의 협력적 문제해결 과정에서 협력적 문제해결 역량과 협력적 메타인지 요소를 도출하고 이 요소들이 구체적으로 어떤 역할을 하며 성공적인 문제해결로 이끌었는지 보여줬다는 것에 연구의 의의가 있다.

논문내용 둘러보기

사회 다변화와 맞물려 학교 수학에도 정형적인 문제 풀이를 넘어서 다양한 해결 방법이 가능하고 여러 가지 답이 나올 수 있는 문제를 해결하는 과정이 강조되고 있다. 각 학생의 다양한 사전 지식과 경험들을 기반으로 협력을 통해 다양한 문제해결 방법을 협의하는 과정은 문제해결을 성공적으로 이끌 수 있다.

본 연구는 수학 교과의 협력적 문제해결 과정에서 협력적 문제해결 역량과 협력적 메타인지 특징을 분석하기 위해 PISA 2015의 협력적 문제해결력 분류를 틀로 하여 수학 교과의 고유성을 갖는 요소를 도출하였다. 수학 교과의 협력적 문제해결 과정에서 어떤 역량이 수학적 문제해결에 영향을 주는지 수학적 문제해결 역량이나 수학적 사고의 특성을 기술하고 측정, 학생들에게 피드백할 수 있는 구체적인 방법이 마련될 필요성이 있다. PISA 2015의 일반적인 협력적 문제해결력을 기반으로 수학 교과의 특성을 살린 구체화된 협력적 문제해결 역량 요소, 협력적 메타인지 요소, 협력적 문제해결을 지도하기 위한 교수적 지침을 델파이 조사를 통해 도출하였고, 사례 연구를 통해 협력적 문제해결의 성공적인 해결을 위한 과정에서 어떤 요소가 나타나는지, 그 특징과 각 요소간의 관계를 살펴보았다.

이를 위해 본 연구에서 설정한 연구 문제는 다음과 같다.

① 수학 교과의 협력적 문제해결 과정을 구성하는 요소는 무엇인가?
② 수학 교과의 협력적 문제해결 과정에서 나타난 협력적 문제해결 역량과 협력적 메타인지 특징은 무엇인가?
③ 수학 교과의 협력적 문제해결 과정에서 나타난 협력적 문제해결 역량과 협력적 메타인지의 관계는 어떠한가?

연구 결과는 다음과 같다. 첫째, 수학 교과에서 협력적 문제해결 역량 요소는 PISA 2015에서 제시한 일반적인 협력적 문제해결력 틀을 기반으로 델파이 조사를 통해 도출한 것으로 PISA 2015에서 제시한 일반적인 협력적 문제해결력과 비교했을 때, 수학 교과에 적용되어 더욱 구체적이고 세분화되어 구성되었고, 수학 교과의 특성이 강조되었다. 수학 교과 측면에서 문제의 조건을 이해하고 다양한 해결 방안을 탐색, 수학적 해결안을 추론, 정당화하는 등 수학 문제를 해결하는 과정에서 협력적 문제해결 역량이 무엇인지 그리고 그 특징이 무엇인지 구체화하였다.

둘째, 델파이 조사 결과 도출된 수학 교과에서 협력적 메타인지 세부 요소는 협력적 활동에 기여하거나 협력적 활동에 참여한 결과로 나타나는 것으로 식별될 수 있는 메타인지이다. 이것은 협력적 문제해결 과정에서 팀 활동을 할 때, 수학적 활동을 협력할 수 있게 장려하여 협력적 문제해결 역량의 발현에 영향을 주거나, 학생 간에 서로 다른 사전 지식과 문제에 대한 이해를 인식하여 연결을 돕고 성공적인 문제해결을 도출하는 데 도움을 줄 수 있는 요소들로 구성되었다.

셋째, 수학 교과에서 델파이 조사 결과 도출된 교수적 지침 요소는 수학과 교육과정의 학습 요소 및 성취기준, 학생 인지 수준 등을 기반으로 협력적 문제 상황을 구성하여 제시하기와 같이 수학 교과 특성이 구체적으로 기술되었다.

넷째, 수학 교과의 협력적 문제해결 과정에서 나타나는 협력적 문제해결 역량의 특징을 알 수 있었다. 협력적 문제해결 역량 세부 요소들이 어떻게 협력적 문제해결 과정에서 중요한 역할을 하여 성공적인 문제해결로 이끌었는지 사례연구를 통해 그 과정을 구체적으로 보여주었다.

다섯째, 수학 교과의 협력적 문제해결 과정에서 협력적 메타인지 특징을 알 수 있었다. 협력적 메타인지는 협력적 문제해결 과정에서 성공적인 해결안을 도출하는 데 중요한 역할을 하였고, 협력적 문제해결 역량 발현에도 영향을 주고받았다. 이러한 연구 결과는 협력적 메타인지가 문제해결 능력과 사회적 상호작용을 높인다(Gu et al., 2015)는 것을 뒷받침하였다.

여섯째, 문제해결 과정에 협력적 문제해결 역량과 협력적 메타인지와의 관계를 분석한 결과는 다음과 같다. 협력적인 문제해결에서 성공적인 문제해결을 이끄는 협력적 메타인지가 무엇인지 도출하였고, 문제해결 단계별로 협력적 메타인지에 영향을 주고받는 협력적 문제해결 역량이 무엇인지 분석하였다.

본 연구는 수학 교과에서 협력적 문제해결 과정에서 협력적 문제해결 역량, 협력적 메타인지 요소와 협력적 문제해결 지도를 위한 교수적 지침 요소를 도출하였고, 실제 수업을 통해 이러한 요소들의 특징을 살펴보았다. 수학 교과 협력적 문제해결 과정에서 발현되는 요소를 사용하여 협력적 문제해결 과정과 그 특징을 구체화할 수 있었다는 점에서 의의가 있다. 협력적 문제해결 과정에 대한 구체적인 교육 내용과 방법의 필요성에 대한 인식의 확산과 지속적인 연구를 이끌 수 있을 것이며, 교수 · 학습 설계의 외연을 확대하고 발전을 돕기를 기대할 수 있다.

무엇을 연구할까?

필자는 수학 학습 교재개발을 하며 콘텐츠를 통해 학생들을 만나고 있다. 오랜 기간 같은 업무를 하면서 매너리즘에 빠져가는 나의 모습에 반성하며, 수학교육을 더 깊이 있게 배워가며 업무에 대한 새로운 접근과 즐거움을 찾고 싶었다. 그렇게 수학교육자로서 더 발전하고자 박사과정을 선택하였다. 오랜 공백을 갖고 다시 시작한 공부였지만 업무 경험은 박사과정에 큰 도움이 되었다. 또한, 박사과정에서 배운 지식은 업무에도 도움이 되어 학교에서와 회사에서의 나의 역할이 모두 풍요로워졌다. 쉽지 않은 길이었지만 이러한 즐거움을 등에 업고 많은 어려움을 이겨내며 논문까지 잘 마무리할 수 있었다. 필자는 박사과정 중에 수학적 표현론과 수학적 오개념 강의가 인상 깊었다. 회사에서 일을 하며 고민했었던 부분이 이미 학문적 기반이 갖추어졌다는 것을 인지하는 순간 새로운 세상이 펼쳐지는 것 같았다. 수학적 표현론 강의는 교재에 어떻게 수학적 개념과 문제해결 과정을 기술하고 구성할지 되짚어볼 수 있게 하였고 수학적 오개념 강의는 교재를 만드는 과정에서 여러 상황적 한계로 인한 기술 방법이 자칫 수학적 오개념이 될 수 있다는 것을 깨닫게 하였다. 수학적 오개념이 발생하지 않게 하고, 학생들의 오개념을 없애는 데 도움을 줄 수 있을지 세밀하게 방법을 더 고민할 수 있게 되었다. 수학교육의 수많은 상황을 이렇게 연구하여 배울 수 있다는 것이 필자에게는 너무 큰 도움이 되었다. 필자가 수포자를 어떻게 하면 줄일 수 있을지 고민하고, 기획하던 때였기 때문에 수학적 표현론과 오개념을 적용하여 학생들을 어떻게 하면 수학적 신념을 향상시킬 수 있을지 연결하여 고민하였다. 그러던 중 닥터링이라는 수학 교재를 연구 수업을 통해 개발하게 되었다. 학생들의 오개념을 분석하고, 수학적 문제해결 과정을 어떻게 표현하는지 사례연구 결과를 바탕으로 교재를 기획 개발하게 되었다. 연구 수업에서 필자는 고등학생 대상으로 팀 수업을 하면서 팀 내 활동을 통해 학생들이 메타인지

뿐 아니라 팀 내 협력 활동을 연결시켜주는 메타인지가 있고, 그러한 메타인지가 팀 학습에 도움을 준다는 것을 경험하게 되었다. 또한, 지도교수님께서는 협력적 문제해결 과정에서 메타인지에 대한 연구를 해보는 것에 대한 고견을 주셨고, 이후 끊임없이 논문 주제에 대해 지도교수님과 논의하며 구체화하며 논문 주제를 정하게 되었다. 지도교수님과 주제를 구체화하면서 어떤 측면을 세부적으로 들여다볼지도 고민하게 되었다. 본 연구에 앞서, 협력적 문제해결 과정에서 학생들의 메타인지를 연구하고자 고등학생을 대상으로 파일럿 테스트를 하였다. 파일럿 테스트를 해봄으로써 본 연구를 수행할 수 있는 세부 계획과 준비를 할 수 있었고, 협력적 문제해결 역량과 협력적 메타인지에 대한 본 연구를 시작할 수 있게 되었다.

➲ 연구자를 위한 조언

논문 주제를 정할 때, 주제에 대한 관심과 호기심, 흥미가 있는지 짚어보자. 논문을 완성해가는 과정은 끊임없는 자신과의 싸움이다. 주제를 정하는 과정부터 모든 과정이 힘든 과정이지만 필자가 그 과정을 해낼 수 있었던 것은 주제에 대한 관심과 흥미가 있었기 때문이다. 그 과정을 즐길 수 있어야 쪽잠을 자고 밤 새워 연구를 하는 과정이 수없이 이어지더라도 포기하지 않고 해낼 수 있을 것이다.

어떤 방법으로 연구할까?

본 연구에서는 수학 교과에서 협력적 문제해결 과정에서 요구되는 협력적 문제해결 역량, 협력적 메타인지 요소를 델파이 조사를 통해 도출하고, 사례 연구에서는 실제 수업에서 학생 대상 연구를 통해 협력적 문제해결 과정의 모든 발화를 분석하여 협력적 문제해결 과정에서 각 요소들이 나타나는지, 그 특징은 어떠한지 분석하였다. 전문가 대상 설문 조사는 1~3차에 걸쳐 진행하였다. 패널은 12명으로 하였으며 탈락률을 20%로 고려하여 전문가 집단의 크기를 15명으로 산정하여 연구를 진행하였다. 대상은 고교 수학

교사 경력 5년 이상의 전문 교사이거나 수학교육 박사학위를 소지한 연구자를 대상으로 하였다. 델파이 조사 결과 도출된 협력적 문제해결 과정에서 교수적 지침을 반영하여 수업을 설계하였고, 협력적 문제해결에 적합한 비구조화된 과제를 개발하여 고등학교 1학년 12명의 학생들에게 적용한 과정과 산출을 사례연구 방법으로 분석하였다. 학생 대상 사례연구에서는 수학 교과의 협력적 문제해결 과정에서 인지적, 협력적 메타인지적 특징을 알아보기 위해 고등학교 1학년 정규 수업을 받고 있는 학생들을 연구대상으로 표집하였다. 사례 연구를 위한 수업은 다음과 같이 진행하였다. 델파이 조사 결과 도출된 교수적 지침을 참고하여 수업을 설계하고, 협력적 메타인지 요소를 참고하여 협력적 문제해결 활동 안내 자료를 작성하여 수업 전에 학생들에게 설명하였다. 델파이 조사 결과를 적용하여 수업 설계 시 수업 과정에 협력적 해결 과정의 요소들이 구현될 수 있도록 하였고, 수업 결과를 분석할 때에도 델파이 조사 결과를 분석틀로 사용하여 협력적 문제해결 과정에 학생들의 협력적 문제해결 역량, 협력적 메타인지는 어떤 것들이 있는지 분석하였다.

➲ 연구자를 위한 조언

연구 방법을 정하고 연구의 참여자를 섭외할 때에는 본 연구에 가장 적합한 참여자를 섭외하는 것이 중요하다. 연구 주제가 정해지면 어떻게 연구를 할 것인지 연구 방법을 정하게 된다. 필자의 경우에는 아직 국내에서 수학교과의 협력적 문제해결 역량과 협력적 메타인지 요소를 살펴본 연구가 없었기 때문에 수학교육 분야 전문가의 델파이 조사를 통해 이를 도출할 수 있었다. 그만큼 본 연구에서 델파이 조사 참여 전문가의 역할이 아주 중요하였다. 15명의 수학교육 전문가가 패널로 참여해주셨고, 델파이 조사에 적극적으로 참여해주셔서 좋은 연구 결과를 얻을 수 있었다고 생각한다.

연구는 어떻게 수행했는가?

델파이 조사의 1차 설문은 개방형 질문이므로 수집한 내용을 정리, 분석하여 구조화하였다. 2~3차 설문은 구조화된 설문형태로 재차 전송하여 각 항목별 적합성 정도를 체크하게 하였다. 3차 조사 결과, 합의도를 계산하여 확인하고 합의를 잘 이룬 것으로 판단, 델파이 조사를 완료하였다.

1차 설문에서는 협력적 문제해결 과정에 대한 선행 연구를 통해 정리한 내용을 기준으로 전문가들이 응답한 내용을 모두 분석하여 결과를 항목화하였다. 유사한 내용은 통합하였고, 내용이 일부가 겹치거나 하면 내용을 세분화하여 두 가지 요소로 나누어 구분하였다. 1차 결과를 정리하면서 15명의 방대한 자료를 어떻게 정리하면 항목화할 수 있을지 고민하였다. 1차 설문지는 한글 파일이었는데, 필자는 15명의 설문 결과를 한눈에 볼 수 있게 엑셀파일에 정리하였다. 엑셀파일을 활용하니 많은 자료를 필터링하고 다양한 방식으로 볼 수 있어서 자료를 정리하는 데 유용하였다. 엑셀파일 시트1에는 설문 원본을 그대로 넣어 정리하였고, 시트2에는 유사한 내용은 통합하여 항목화하였다. 시트3에는 각 내용의 빈도수를 작성하고, 최고 빈도칸에 내용을 구성하며 재조정하였다. 원본 내용인 시트1에서부터 시트2, 시트3을 거쳐 2차 설문지를 도출하였고 시트1부터 시트3까지 수 없이 점검하며 정교화시켰다. 이렇게 유목화하여 2차 설문지를 작성하였다. 2차 설문 결과는 전문가가 판단한 적합성 정도의 평균을 구하고 응답 결과가 수렴하고 있는지를 나타내는 수렴도는 75백분위와 25백분위점을 이용하는 사분범위를 구하여 수렴도를 분석하였다. 사분점간 범위를 쉽게 확인할 수 있도록 색으로 표시하였고, 적합성 평균을 기재하고 해당 전문가의 응답도 2차 설문 응답 칸에 기재하여 각 전문가의 응답이 전문가들의 응답의 평균과 어떻게 다른지 비교할 수 있게 하고, 사분범위를 벗어나는지 확인할 수 있게 3차 설문지를 작성하였다. 비고란에는 3차 설문지 작성 시 범주가 바뀌어 세부 요소의 범주가 2차 설문지와 달라진 경우, 세부 항목의 이동 경로를 기재하였다. 이로 인해 전문가가 2차 설문지와 세부 요소의 범주가 달라져 혼란을 겪는 것을 방지하였다.

3차 설문 조사에서는 2차 조사에서 도출된 적합도 평균과 사분범위를 제시하여 전문가들이 적합도를 재평가할 수 있게 하였다. 조사된 내용은 평균, 표준편차, 내용타당도 비율(CVR), 사분범위, 중앙값, 합의도를 산출하였다.

학생 대상 연구에서는 협력적 문제해결 과정에서 수학 교과 협력적 문제해결 역량을 분석하고, 협력적 메타인지를 분석하여 그 특징을 살펴보았다. 또한, 수학 교과 협력적 문제해결 역량과 협력적 메타인지가 어떤 관계가 있는지 삼각검증을 통해 자료를 수집하고 분석하였다. 첫째, 수업 중 학생들의 활동은 연구자에 의해 관찰되어 관찰일지에 기록하여 발화 코딩 시 수업 상황을 확인하여 코딩을 더 정확하게 할 수 있는 자료로 사용되었다. 둘째, 모든 수업은 영상 녹화하여 학생들의 발화를 전사하였고 코딩을 통해 분석하였다. 셋째, 학생들의 개별 활동지와 팀 활동지를 수합하여, 분석하였다. 수업을 녹화하고, 녹화된 학생들의 발화는 전사하였다. 수학 교과 협력적 문제해결 역량 요소, 협력적 메타인지는 델파이 조사 결과를 통해 도출한 분석틀에 따라 코딩하였다. 음성만으로 어떤 유형의 발화인지 판단이 어려운 경우, 영상을 확인하여 코딩을 진행하였다. 이를 통해 협력적 문제해결 과정에서 어떤 수학 교과 협력적 문제해결 역량 요소들이 나타나는지, 어떤 협력적 메타인지 요소가 나타나는지 알아보았다. 또한, 수학 교과 협력적 문제해결 역량과 협력적 메타인지 요소간의 관계를 분석하였다. 수집된 녹화, 관찰 기록 자료, 활동지는 자료 삼각검증을 통해 분석하였고, 자료는 연구자를 포함한 전문가 3인이 함께 코딩하여 분석하고 80% 이상의 신뢰도를 갖는 내용을 이용하여 사례 연구를 진행하였다.

➲ 연구자를 위한 조언

연구자라면 본인이 연구하고자 하는 분야의 탄탄한 지식이 바탕 되었을 때 본인만의 전문 역량을 발휘할 수 있을 것이다.

연구 수행 과정에서 녹화된 수업을 전사하고, 학생들의 활동지를 분석하면서 아는 만큼 보인다는 것이 얼마나 중요한지 알게 되었다. 수학적 표현론 지식을 통해 학생들의 표현이나 학생들이 문제 풀이 과정에서 아무렇게나 막 쓰고 그린 작은 흔적들까지도 어떻게 해석할 것인지 더 세밀하게 분석할 수 있었다. 또한, 질적 연구 수업을 통해 다양한 사례연구를 살펴보았기 때문에 사례연구 수업의 전사본에서 의미 있는 내용을 탐색하고 볼 수 있었다. 박사과정에서 쌓은 지식은 연구를 잘할 수 있는 기반을 세워주었고, 그 기반 위에서 나의 논문이 완성될 수 있었다.

연구 결과를 어떻게 나타낼까?

필자는 논문 주제를 정하고 선행 연구를 고찰하면서 세부 주제별로 하루하루 공부한 것을 한글파일로 작성하였다. 협력적 문제해결, 협력적 메타인지, VEE Diagram을 구분하여 살펴본 선행 연구들을 참고문헌과 함께 정리하였다. 이렇게 공부한 것을 계속 정리하다보니 이론적 배경을 작성하는 것은 그 파일에서 선별하여 구성할 수 있었다. 연구 초기 단계에서는 선행 연구 고찰을 다양한 주제로 폭넓게 살펴보았었고, 논문 주제가 구체화되면서 일부 세부 주제를 더 깊이있게 살펴보면서 정리하였다. 선행 연구를 고찰하면서 바로 정리를 해놓았던 것이 나중에 논문을 작성하는데 도움이 되었다. 연구 결과는 다음과 같이 기술하였다. 델파이 조사 결과는 1차~3차 설문결과를 표로 나타내었고 그 특징을 기술하였다. 최종 결과를 얻기까지 과정에서 각 차수별 설문결과가 어떻게 달라졌는지 비교를 하였고 2차 설문 결과표에서는 각 요소의 적합도 평균과 사분범위를 보여주고, 3차 설문 결과표에서는 적합도평균, CVR, 변동계수를 보여주었다. 각 차수별 설문 결과를 쉽게 알아볼 수 있는 방법으로 표를 활용하였고, 한 쪽에 가능하면 한 표가

들어갈 수 있게 서체 크기를 조정하여 가독성을 높였다.

사례연구에서는 수학 교과의 협력적 문제해결 역량 분석틀을 이용해 수업 결과를 분석함으로써 팀별 문제해결 과정에서의 협력적 문제해결 역량 특징을 기술하였다. 학생들의 팀 활동 과정에서 협력적 문제해결 역량이 어떻게 나타났고, 각 역량들이 수학 문제해결 과정에 어떻게 도움을 주었는지 기술하였다. 차시별 협력적 문제해결 과정에서 학생들의 발화와 활동지 분석을 통해 나타난 협력적 문제해결 역량 발현 개수를 나타내고, 협력적 문제해결 과정에서 문제에 대한 이해, 수학적 표현, 계획 수립과 실행, 모니터링 활동에서 협력적 문제해결 역량이 어떻게 나타나는지 그 특징을 보여주었다. 협력적 메타인지도 마찬가지로 협력적 문제해결 과정의 탐색과 이해, 표현과 형식화, 계획 수립과 실행, 모니터링과 반성에서 어떻게 나타나는지 분석해보고 그 특징을 기술하였다. 사례연구의 1~5차시 모든 조의 협력적 문제해결 과정에서 협력적 메타인지가 각 단계별로 중요한 특징을 갖고 협력적 문제해결 역량에 영향을 주었거나 문제해결에 직접 도움을 준 협력적 메타인지가 무엇인지 분석하여 나타내었다. 협력적 메타인지가 협력적 문제해결 역량과 어떤 관계가 있는지 살펴보기 위해 1차시 2조의 협력적 문제해결 과정을 좀 더 면밀히 분석하여 그 결과를 정리하였다. 또한, 그러한 결정적인 역할을 하는 협력적 메타인지의 발현에 영향을 주고받는 협력적 문제해결 역량이 문제해결 과정에서 어떻게 나타나는지도 분석하여 기술하였다. 위 결과는 전사한 발화와 발화별 넘버링을 하여 각 발화의 요소 특징을 분석하여 기술하였다. 또한 활동지 결과도 논문에 수록하고 학생들의 활동이 어떻게 결과로 이어졌는지 보여주었다.

➲ 연구자를 위한 조언

논문을 마무리하며 정말 글이 더 이상 안 써지는 순간, 가벼운 책과 만나보길 추천한다. 필자는 논문을 쓸 때, 일부러 에세이나 소설책을 찾아 읽었다. 논문이라는 것은 나의 주장을 글로 펼칠 수 있어야 하는데 어떻게 써야할지 글이 막혀버릴 때가 있었다. 그럴때에는 많은 텍스트로 채워진 가벼운 책을 일부러 찾아서 후루룩 읽어내곤 했다. 그렇게 읽다 보면 희한하게도 아이디어가 떠오르거나 논문에 도움이 될 수 있는 단어나 문장이 튀어나오곤 하였다. 또한, 오랜 기간 묵혀오며 써나간 논문의 한줄 한줄이 중압감으로 다가와 꼼짝을 못할 때, 일단 가볍게 생각나는대로 글을 써나가보자는 용기도 갖게 하였다.

논문 심사는 어떻게 진행될까?

필자는 논문심사 과정에서 3차와 서면심사를 받으며 심사위원님들의 의견을 반영하고, 수정하면서 논문을 마무리할 수 있었다. 오랜 기간 준비해서 완성한 논문이었지만 심사에 들어가니 부족한 점이 많았다. 논문을 재구조화하고 수정하고 심사를 되풀이하면서 논문이 완성도가 높아져갔다. 논문을 마무리하고 다시 읽어보니, 1차 심사 때 논문과는 비교할 수 없을 정도가 되어있었다. 심사위원께서 많은 의견을 주시기 때문에 계속 메모를 하면서 의견을 들었고, 의견과 의도는 이해가 되는데 어떻게 어느 정도로 수정해야 할지 명확하지 않을 때 지도교수님께 여쭤보며 수정을 하였다. 여러 의견을 반영하다보면 서로 다른 방향으로 수정이 되는 경우가 있는데 방향을 확신하지 못할 때 교수님께서 방향을 안내해주셨다.

특히, 협력적 메타인지나 교수적 지침 결과를 이론적 배경과 연결하여 추가 보완하여 기술해보자는 심사위원의 의견을 통해 논문이 전체적으로 서론과 이론적 배경을 거쳐 연구 결과까지 전체적으로 연결성이 보완되었고, 기존 선행 연구와 본 연구 결과를 비교 분석하여 살펴봄으로써 본 연구의 의의를 보완할 수 있었다. 또한, 연구 결과 기술 시 협력적 문제해결 역량이나 협력적 메타인지 특징에 초점을 두어 기술해보자는 심사의원의 의견을 통해 논문의 주제가 강조될 수 있었다. 미세한 조정부터 큰 틀에서의 재구조화까지 논문 심사 과정을 통해 논문이 완성되었다.

➲ 연구자를 위한 조언

논문 심사에 들어갈 때 내 논문이 완벽하다고 생각하지 말자. 모든 연구자가 혼신을 다해 준비를 하여 심사에 들어가겠지만, 심사위원님들의 고견을 통해 논문이 더욱 완성도가 높아진다는 것을 잊지 않아야 할 것이다.

끝나지 않은 여정

논문을 완성하는 과정은 깜깜한 어둠 속에 혼자 길을 찾아가는 여정이었다. 어둠 속에서 길을 헤매면서 갔던 길을 또 지나가고, 길인지 아닌지도 모르는 곳을 길이라고 가곤 하였다. 그러나 그 어둠 속에서 길을 헤쳐 나올 수 있었던 것은 샛별처럼 길을 안내하며 어둠 속 항상 빛을 내고 계셨던 지도교수님이 계셨기 때문이다. 필자는 어둠 속에서 그 빛만 바라보며 나아갔던 것 같다. 어둠 속 길을 헤맬 때마다 길을 안내해주셨던 지도교수님이 계셨기 때문에 인고의 과정을 이겨낼 수 있었다.

가끔은 내가 졸업한 사실이 새삼스러울 때가 있다. 오랜 기간 논문을 준비해오며 포기와 시도를 반복했었고, 그 기간 동안 끝나지 않은 숙제가 가슴 한편에 남아있었기 때문일 것이다. 영원히 남아있을 것 같아서 포기하고 싶을 때는 일부러 숙제라 생각하지 말자며 애써 외면했었다. 힘들게 졸업을 하고 나니 숙제에 대한 부담감이 사라진 것 자체가 가장 큰 변화인 것 같다. 생활 속 소소함 속에서도 변화가 나타났다. 아들, 딸에게 공부하라는 잔소리를 할 때 "엄마도 힘들게 공부했고 결국 해냈지 않니.?" 라고 하면서 엄마의 잔소리에 타당성을 높일 수 있다는 것이다. 엄마의 공부하는 과정을 지켜본 아이들에게 엄마의 잔소리가 경험에서 나온 조언으로 받아들여지길 바라면서 말이다.

이제야 연구자로 한 걸음 발을 내디뎠다. 앞으로 더 겸손하게 귀를 열고 끊임없이 배우는 자세로 모든 것에 임하고자 한다. 나의 배움으로 인해 주위에 도움을 줄 수 있고 학생들을 위해 더 좋은 수학 교재를 기획하고 개발할 수 있다면 나의 박사 논문 후 나의 역할에 충분하지 않을까 하고 생각해 본다.

기호중심 수학적 쓰기 양식 개발과 적용

이경희

수학교육학 연구는 낯선 곳으로의 여행이다.

수학교육을 연구하는 일은 낯선 곳으로 여행을 떠나기 전의 준비과정에서 갖게 되는 설레임과 기대감을 갖게 한다. 수학교육을 연구하는 동안 느끼는 감정은 낯선 여행지를 여행하면서 느끼는 흥분과 행복함을 갖게 한다. 새로운 것을 알고, 새로운 감정을 느끼고, 생각을 정리할 수 있게 된다. 여행을 마치고 돌아오면 새로운 곳으로의 여행을 계획하듯, 수학교육학의 연구를 진행하면 할수록 더 많은 것에 대해 연구하고 싶어진다.

필자는 2021년 2월에 "기호중심 수학적 쓰기 양식 개발과 적용"이라는 제목으로 수학교육학 전공의 문학박사학위를 취득했다. 이 논문은 학생들의 수학적 기호에 대한 이해와 표현을 돕기위하여 문제해결에서 활용할 수 있는 수학적 쓰기 양식을 개발하였다는 점에서 의의를 갖는다.

논문내용 둘러보기

수학은 모든 학습 활동이 어떤 형태로든 기호와 관련되어 있으므로 기호를 떼어놓고 논할 수 없을 만큼 기호의 중요성이 강조된다. 그러므로 학생들이 수학적 기호의 의미를 설명하고 해석하는데 실질적인 도움을 주기 위한 연구가 필요했다. 이에 본 연구에서는 학생들이 수학적 기호의 의미와 표현을 직접적으로 경험하고 이것이 개인적 기호 표현에 머무르지 않고 사회적 기호 표현으로 발전될 수 있도록 짝과 소통적 활동이 가능한 수학적 쓰기 양식을 개발하였다. 연구의 목적은 수학 수업에서 학생들이 기호의 의미를 이해하고 표현하는 것에 실질적으로 도움을 줄 수 있는 쓰기 활동 양식을 마련하는 것과 그 양식을 이용하여 문제를 해결할 때 나타나는 수학적 기호의 의미와 표현에 대한 실재적 특성을 분석하는 것이다. 또한 쓰기 결과물을 다른 학생과 상호 교환하여 타인의 기호 표현을 해석하고 이해하는 과정을 통해 자신의 수학적 기호의 의미와 표현에 어떤 결과를 가져오는지 알아보고자 하였다. 이를 위해 다음과 같은 연구 문제를 설정하였다.

① 수학적 기호의 의미와 표현을 나타내기 위해 문제해결을 위한 기호중심 수학적 쓰기 양식은 어떻게 구성되어야 하는가?
② 대수, 함수 영역의 문제해결에서 수학적 쓰기 양식에 나타난 중학생의 수학적 기호 이해는 어떤 양상을 가지는가?
③ 수학적 쓰기 양식을 이용한 소통적 쓰기 상황에서 중학생의 수학적 기호 이해 변화는 어떤 특성으로 나타나는가?

연구문제 ①을 해결하기 위해 문헌 분석을 바탕으로 기호중심 수학적 쓰기 양식을 개발하였다. 이것은 기호쓰기(I), 기호 설명하기(D), 문제해결에 대한 설명적 쓰기(E), 소통적 쓰기(A), 수정하기(L)로 구성되었다. 기호쓰기(I)는 문제해결을 위한 용어, 수학적 언어, 공식, 상징과 같은 수학적 기호의 대상체를 찾아 쓰는 과정이고, 기호 설명하기(D)는 기호쓰기에 기록한 기호의 해석화를 쓰는 과정이다. 문제해결에 대한 설명적 쓰기(E)는 수학적 기호의 해석화 및 기호화를 통해 문제 해결과정을 짝에게 설명하는 방식으로 기술하고, 소통적 쓰기(A)는 쓰기를 짝과 교환하여 타인의 기호를 이해하는 과정이고, 수정하기(L)는 기호의 중재 과정을 거친 후 자신의 기호에 대한 해석화 및 기호화에 대한 수정을 통하여 최종적으로 쓰기를 하는 과정이다.

연구문제 ②를 해결하기 위해 기호중심 수학적 쓰기 양식에서 기호 설명하기(D)와 문제해결에 대한 설명적 쓰기(E) 과정을 분석하였다. 그 결과 대상체로 선택된 수학적 기호는 문제해결의 핵심 아이디어를 제공하고 문제해결의 길잡이 역할을 했으며 수학적 개념과 논리적 추론에 의해 역동적인 해석화 및 기호화의 상호 작용을 가능하게 하였다. 또한 학생들은 문제해결 과정을 쓰기 위해 상징뿐만 아니라 구체적인 언어적 표현과 시각적 표현을 사용하였다.

연구문제 ③을 해결하기 위해 수학적 쓰기 양식의 소통적 쓰기(A), 수정하기(L)를 분석하였다. 자신의 기호형판을 중심으로 나타나는 기호 이해, 자신과 짝의 기호형판이 혼합된 의미중재, 짝의 기호형판을 중심으로 나타나는 기호 이해, 짝의 기호형판을 중심으로 나타나는 기호 이해는 단순한 모방, 의미 중재, 기호 번역의 형태로 나타났다.

이에 본 연구의 결과를 토대로 몇 가지 결론을 얻을 수 있었다.

첫째, 수학적 문제해결 과정에서 수학적 쓰기 양식을 적절하게 활용하는 것은 학생들의 수학적 기호의 이해와 문제해결에 도움을 줄 수 있다. 학생들은 기호중심 수학적 쓰기 양식을 이용하여 문제를 해결함으로써 자신의 기호 이해를 확인하고 반성하며 수학적 기호의 의미와 표현의 이해를 넓힐 수 있는 기회를 가졌다.

둘째, 수학 교수 · 학습 현장에서는 수학적 기호 사용에 대한 어려움을 최소화하기 위해서는 기호에 대한 의미를 언어적 표현으로 충분히 쓰고 설명할 수 있도록 연습한 후에 엄밀한 규약적 기호로 표현할 수 있도록 이끌어주는 것이 좋다.

셋째, 학생들은 수학적 기호의 의미를 다른 사람에게 설명하고 표현할 수 있어야 한다. 그러므로 수학 교실에서 수학적 쓰기를 매개체로 수학적 기호의 의미와 표현에 대해 서로 소통할 수 있는 기회를 가질 수 있는 학생 중심의 소그룹 형태 수업을 확장해야 한다.

본 연구는 수학 교실에서 학생들이 수학적 쓰기 양식을 통해 수학적 기호의 의미를 설명하고 기호화하는 기회를 가질 수 있길 바란다. 본 연구에서 진행한 수학적 쓰기 양식의 결과와 그에 대한 기호학적 분석 방법은 학생들의 수학적 기호에 대한 이해의 폭을 넓히고 다양한 표현에 익숙해 질 수 있도록 교사는 수학 교실에서 기호에 대한 개인적 쓰기뿐만 아니라 소그룹 형태로 소통적 쓰기 교환 활동에 대한 노력이 요구됨을 시사한다.

무엇을 연구할까?

필자는 한국과 캐나다에서 오랫동안 중·고등 학생들을 지도해왔다. '어떻게 지도하면 학생들이 수학을 어려워하지 않고 즐기면서 학습할 수 있을까?', '학생들이 수학에 흥미를 갖게 하는 방법은 무엇일까?'에 대하여 많은 생각을 했었고 적절한 교수학습 방법을 연구했다. 수학 점수가 좋은 학생들은 수학을 즐길 수 있었고 적어도 수학을 싫어하지 않았다. 그렇다면 수학 점수를 높이기 위해서 학생들에게 무엇을 어떻게 지도하면 좋을 지 다양한 수업을 해 보았다. 실행해 본 다양한 방법 중 수학 교실에서 학생들에게 가장 강조했던 것이 쓰기와 수학 기호 및 용어가 갖는 의미를 해석하고 표현하는 것이었다. 교사의 입장에서 쓰기는 학생들의 수학적 사고를 직접적으로 들여다 볼 수 있는 좋은 수단이다. 교육과정이 개정될때마다 의사소통은 중요한 이슈가 된다. 교육현장에서 의사소통은 큰 의미가 있다. 그래서 다양한 의사소통 수업에 대한 시도가 진행되고 있다. 필자는 다수의 학생들을 대상으로 진행되는 수학교실 현장 수업에서 가장 효율적인 의사소통의 방법은 쓰기라고 생각했다. 특히 문제해결 과정에 대한 기록은 교사와 학생간의 의사소통적 관점과 학생 개인의 사고 반성에서 중요한 역할을 하였다. 이처럼 수학에서 중요한 의미를 갖는 수학적 쓰기에 대하여 학문적 이론을 기반으로 좀 더 깊은 연구를 하고 싶었다.

또한 필자는 수학 용어 및 기호가 갖는 의미 이해와 수학사회에서 약속한 규약적인 표현의 중요성을 인식하였고 수업에서도 이를 강조하였다. 수학에서의 기호는 언어이며 표현 수단이고 의사소통의 관점에서도 의미를 갖는다. 수학적 의사소통은 일반적인 소통과 달리 수학적 언어인 기호를 사용하여 수학적 내용을 표현하고 전달해야 한다. 수학적 내용과 사고를 다른 사람에게 잘 전달하기 위하여 학습자는 기호의 의미를 정확하게 이해할 수 있어야 하며 다양한 방법으로 표현할 수 있어야 한다고 생각했기 때문이다. 뿐만 아니라 수학에서 기호가 갖는 의미는 수학적 개념으로 연결되어 학습자의 사고를 발달시키고 확장시킬 수 있는 수학 학습의 핵심적 역할을 한다고 생각했다.

결국 수학을 학습하는 것은 다양한 기호의 의미를 이해하고, 수학을 학습하는 사회에서 약속한 규칙으로 바르게 사용하고, 수학 기호의 중재를 통해 사고를 발전시키며 기호를 통하여 수학적 내용을 소통할 수 있도록 배우는 것이다. 학생들이 기호의 의미를 설명하고 이것을 기호화할 수 있도록 실질적인 도움을 주기 위한 기호를 기반으로 수학 학습을 안내하는 연구를 하고 싶었다.

필자의 경우 늦은 나이에 박사과정에 들어간 이유 중의 하나는 오랫동안 학생들을 지도하면서 의미가 있다고 생각한 교수학습 상황을 학문적으로 정리해보고자 한 것이다. 그러므로 연구하고자 하는 주제를 찾을 때 평소 자신이 관심을 가지고 있었던 수학교육학적 주제와 관련하여 깊이 살펴보길 바란다.

➲ 연구자를 위한 조언

논문 주제를 정하고 논문을 쓰는 동안 지도교수님께 자주 연락 드리기를 권한다. 물론 논문을 쓰는 동안은 지도교수님을 뵙기가 무척 망설여지고 두렵기까지 할 수 있다. 그 두려움은 논문의 진척이 없다는 의미일 수 있다. 그래도 약속을 정하고 찾아뵈어야 한다. 약속된 날짜가 가까워지면 조금이라도 논문에 대해 고민하고 있는 자신을 발견할 것이다.

논문 작성 초기)
필자는 논문 주제와 방향이 확실하게 정해지지 않았던 논문 초기에 조금이라도 논문의 윤곽을 잡고 그럴듯한 연구 계획서를 가지고 교수님을 찾아뵈어야 한다는 생각을 했다. 그러다 보니 교수님을 찾아뵙기가 더욱 어려웠다. 그때는 연구 주제에 대한 생각만 하고 있을 뿐 진도가 나가지 않기 때문에 찾아뵙고 드릴 말씀이 없었다. 그러다보면 시간만 계속 흐르고 논문을 쓸 수 없을 것 같은 불안감이 커졌다. 그래서 필자는 부끄러움을 무릅쓰고 연구의 진척 상황과 상관없이 무조건 한 달에 한번 이상 무조건 교수님을 찾아뵙기로 맘속으로 다짐을 했다. 찾아 뵐 때마다 그동안 읽은 논문을 바탕으로 미진한 연구계획서를 작성하여 들고 갔지만 브리핑도 못해보고 가져오기를 여러 번 반복했다. 그래도 교수님과 이런저런 대화를 하고 연구실을 나올 때는 숙제를 끝낸 기분으로 후련

했던 기억이 있다. 논문의 방향이 정확하게 정해지지 않는 초기엔 논문에 관한 주제가 아니더라도 개인적인 관심사나 평소 학생들과의 수업에 대한 아이디어를 교수님께 스스럼없이 말씀 드리길 권한다. 그러다보면 대화 속에서 논문의 방향이 정해질 수 있다.

필자는 수학에서 쓰기라는 큰 틀만 잡고 제자리에서 빙빙 돌다가, 지도교수님께서 가이드 해 주신 고견을 바탕으로 논문의 윤곽을 잡을 수 있었다. 지도교수님께서는 필자가 관심을 갖고 있는 수학에서의 기호와 쓰기를 연결하여 논문을 써보라고 말씀해주셨다. 교수님께서는 평소 일상적인 대화를 나누는 중에도 학생 각각의 특성을 찾아내어 연구의 관점을 확장시켜 주셨다. 결과적으로 평소 필자가 중요하게 생각하고 관심을 가졌던 수학에서의 기호와 쓰기를 학문적인 관점에서 연구할 수 있도록 지도해 주셨다.

논문 작성 중)
필자는 교수님의 권유로 교수님과 필자만 볼 수 있는 네이버 카페를 개설하여 그곳에 논문을 업로드했다. 본격적으로 논문을 쓸 때는 교수님을 찾아뵈러 가는 시간도 아껴 써야 할 만큼 시간을 내기가 어려웠다. 그래서 네이버 카페를 통해 교수님과 소통한다는 마음으로 논문 작성 내용을 올렸다. 퇴근하여 몸을 가누기 힘들어도 네이버 카페에 일기 쓰듯 글을 올리려고 노력했다. 이 방법은 논문 쓰는 것에 집중이 안 되거나 소홀함이 느껴질 때도 도움이 되었다. 일이 바빠서 논문에 집중할 수 없는 날엔 이론적 배경 한 줄이라도 쓰려고 노력했다. 교수님께서 보실 수 있다는 생각에 무엇이든 해야 할 것 같았다.

논문을 잘 정리해서 교수님께 보여드리겠다고 생각하면 논문을 마무리하기 어려울 수 있다. 교수님 앞에 내어 놓는 논문은 항상 부족하고 엉성할 수밖에 없다. 논문을 쓰는 동안 교수님께 지도를 받으며 배우고 성장하는 것이라 생각하길 바란다. 지도받은 내용을 보충하고 조금씩 업그레이드한 연구 자료를 들고 자주 교수님과 소통하길 바란다.

어떤 방법으로 연구할까?

본 연구는 학생들이 수학적 기호의 의미를 이해하고 표현할 수 있도록 수업에서 활용 가능한 수학적 쓰기 양식을 개발하는 것이다. 또한 학생들이 수학적 쓰기 양식을 문제해결에 적용하였을 때 기호의 의미를 이해하고 표현하는 데 어떤 특성이 나타나는지 알아보고자 한 것이다. 그러므로 본 연구는 질적 연구 방법 중에서도 사례에 대한 집중적인 묘사와 분석적인 방법을 취하는 사례 연구 방법을 선택했다. 사례 연구는 연구자가 결과보다는 과정에 관심을 두고 있을 때 적합한 방법론이며, 본 연구 역시 학생들이 문제해결에서 기호에 대한 의미를 어떻게 이해하고 표현하는지 그 과정과 특성을 분석하는 데 초점을 두었기 때문이다. 또한 학생들의 수학적 기호에 대한 이해를 발전시키기 위하여 연구 대상인 학생들의 구체적인 사례를 분석하는 연구가 수학 교수·학습에서 기초적이면서도 중요한 정보를 제공해 줄 수 있을 것이기 때문이다.

학습자 개개인이 갖는 수학적 기호의 이해와 표현이 다를 수 밖에 없기 때문에 본 연구는 사례연구가 적절하였다. 사례연구는 연구 대상자와 연구 시 사용하는 과제 또는 수학 영역에 따라 연구 결과가 다르게 나올 수 있다. 그러므로 연구 대상자를 선정하는 과정이 중요했다. 중학생으로 할지 고등학생으로 할지, 몇 학년을 대상으로 할지, 어떤 성향을 가진 학생을 연구대상으로 해야 할지에 대한 고민이 있었다. 본 연구에서는 중학교 1학년 학생을 대상으로 했다. 중학교 1학년 학생들은 이전 초등과정에서 학습하지 못했던 많은 수학적 기호와 용어의 등장으로 혼란을 가지는 시기이다. 이 시기의 학생들이 이해하고 있는 수학적 기호에 대한 이해와 표현이 수학적 쓰기에 의해 어떤 변화를 가질 수 있는 지 연구해보는 것이 의미 있을 것이라 생각했다. 또한 입시 수학에 맞닥뜨린 고등학생보다 수학에서 쓰기를 자연스럽게 수행할 수 있을 것이며 짝과 상호작용하는 커뮤니케이션 과정에서도 적극적일 것이라 생각했기 때문이다.

➲ 연구자를 위한 조언

사례연구를 진행하는 논문을 계획하고 있다면 연구 대상자와 연구에 사용할 과제에 대한 고민을 충분히 고민해보길 바란다. 충분한 고민 후에 연구를 계획하고 수행하더라도 연구를 진행하는 동안 또는 연구 결과를 도출하는 과정에서 아쉬움이 남을 것이다. 연구 방법을 계획하는 과정에서 꼼꼼하게 계획하고 고민하길 바란다.

또한 논문의 주제를 정하면 곧바로 연구 방법에 대하여 시간을 투자하길 바란다. 연구 방법은 연구의 뼈대를 만드는 과정이므로 그 중요성은 거듭 강조할 필요가 없을 정도이다. 필자의 경우 대학원 수업에서 다양한 연구방법론 강의를 들었지만 막상 논문을 쓰면서 적용하는 데 한계가 느껴져서 학습 자료를 다시 복습했다.

연구는 어떻게 수행했는가?

본 연구는 수학적 쓰기 양식을 개발하여 수업에 적용한 후 학생들의 기호에 대한 이해를 기호학적으로 분석하였다. 이 연구는 크게 두 가지로 나누어 진행하였다.

첫 번째는 수학적 쓰기 양식 초안을 개발하여 적용한 예비 연구이다. 수학적 쓰기 양식 초안은 기호학, 수학에서의 기호, 쓰기에 관한 이론적 배경을 기반으로 개발되었고, 예비 연구 실행에 앞서 생명연구위원회(IRB) 신청 및 심의 완료를 받았다. 수학적 쓰기 양식 초안의 각 단계가 적절하게 구성되었는지, 수학적 기호의 해석화와 기호화를 효과적으로 활용할 수 있는지의 여부를 알아보기 위해 6명의 연구 대상자에게 7차시의 연구 과제를 제시하여 예비 연구를 수행했다. 두 번째 진행은 예비 연구의 결과를 분석한 후 쓰기 양식 초안의 일부 내용과 구성을 수정 보완하여 '기호중심 수학적 쓰기 양식' 최종안을 개발하였고 이를 적용한 사례 연구이다.

본 연구는 학생들이 쓰기 양식에 따라 문제를 해결한 과정을 분석한 사례 연구이기 때문에 연구자 선정과 연구에 사용한 과제가 중요했다. 첫 번째 예비 연구의 연구 대상자는 중학교 1학년 학생 6명이며 자발적 지원자를 대상으로 표집하였다. 또한 개인의 쓰기 활동뿐만 아니라 소통적 쓰기 교환 활동에서 짝과 상호작용하는 사회 문화적 맥락이 중요하였기 때문에 서로 친분이 있는 학생들로 연구 참여자를 선정하였다. 팀 구성은 학업성취 수준과 성별을 고려하여 두 명이 한 팀을 이루도록 했다. 이후 쓰기 양식의 최종본으로 진행한 두 번째 연구에 참여한 대상자는 예비 연구에 참여한 6명의 학생 중에서 4명을 목적 표집하여 2명씩 2개의 팀을 선정하였다.

또한 연구에 사용한 과제는 적절한 타당성을 부여할 수 있고 참여하는 모든 학생들이 문제에 흥미를 갖고 개개인의 능력에 맞춰 적절한 기호를 사용할 수 있도록 하기 위하여 중학교 1학년 교과서의 수와 연산, 문자와 식, 좌표평면과 그래프의 단원에서 선정하였다. 이 단원은 학생들이 처음 기호와 용어를 접하면서 규약적인 기호 사용에 대해 어려워할 뿐 아니라 다양한 문제해결 방법이 도출될 수 있으므로 학생들의 기호에 대한 의미 이해를 파악하고 수학적 기호에 대한 다양한 표현이 나타날 수 있을 것이라 기대했기 때문이다.

➲ 연구자를 위한 조언

연구 수행 중 어려움을 느끼게 되면 처음 이론적 배경을 읽었던 상황으로 돌아가서 생각해보길 바란다. 필자는 논문을 쓰기 전부터 수학 교실에서 학생들에게 다양한 쓰기 방법을 제시하였다. 초 · 중학 학생, 고등학생 또는 한국 수학을 학습하는 학생, 북미수학을 학습하는 학생에 따라 쓰기 방법을 조금씩 다르게 제시하였다. 뿐만 아니라 학습하는 내용이 대수인지 기하인지에 따라서도 조금씩 지도하는 방법이 달랐다. 그동안 다양한 쓰기 방법을 지도해왔지만 그것을 논문을 쓰기 위해 이론적으로 정리하려니 어려움이 느껴졌다. 그래서 기호학, 수학에서의 기호와 상징에 관한 문헌부터 차근차근 읽어가며 기호의 의미를 이해하고 표현하기 위해서 어떠한 쓰기 양식을 갖추어야 할지 정리했다. 이론적 배경을 정리하면서 좋은 아이디어가 떠오르면 간단하게 양식을 만들어 수업에서 적용해보고 학생들의 반응을 정리해갔다. 처음 이론을 정리하기 위해 참고문헌을 읽을 때와는 다른 아이디어가 떠오르고 쓰기 양식이 갖추어야 할 내용이 정리 되는 느낌이었다.

본 연구는 중학교 1학년 학생을 대상으로 수행된 연구이므로 생명윤리위원회(IRB)의 승인을 받은 후 연구를 진행할 수 있었다. IRB 심사가 엄격하여 수정 요청이 계속 될 수 있으므로 충분한 시간을 가지는 것이 좋다. 본 연구에서는 연구 참여자 선정에 대한 내용 및 방법을 수정 요청을 받았고 이를 변경하는 데 시간이 소요되었다. 연구 참여자 보호를 위해서 연구 참여자는 연구자와 직접적인 관계가 없어야 한다는 조항에 따라 연구 참여자를 다시 선정해야 했기 때문이다. 또한 연구 참여자와 법정대리인에 대한 동의 절차 및 동의 획득 방법에 대해서도 자율적으로 연구 수업에서 철회를 요청할 수 있음을 구체적으로 명시하여 수정하였다. IRB의 최종심의 결과를 통보 받을 때까지 수정한 부분에 대한 재심의가 여러 번 이루어 질 수 있으므로 충분한 시간을 가지는 것이 좋다.

연구 결과를 어떻게 나타낼까?

필자는 연구의 결과를 크게 두 가지 관점으로 제시했다. 첫 번째는 문헌검토와 예비 연구를 통해 기호중심 수학적 쓰기 양식의 개발에 관한 것이다. 두 번째는 학생들이 수학적 기호양식을 활용하여 문제를 해결한 수업 활동을 분석하여 학생들의 기호 이해와 표현을 분석하였다. 실제 문제해결에 대한 수업 활동 분석은 다시 두 가지 관점으로 분석하였다. 그것은 학생 개인의 문제해결에서 나타나는 기호화와 해석화, 그리고 짝과의 상호 소통적 쓰기에서 나타나는 수학적 기호의 이해 변화의 관점에서 나타난 결과를 분석한 것이다.

연구 결과를 정리하는 기간은 고통스러운 시간이었다. 수집된 자료를 분류하고 심층적 이해를 통해 의미를 찾아내야 하고 이를 체계화 문서화해야 하는 과정이 결코 쉽지 않았다. 전사한 내용을 분석하고 코딩하는 동안 분석의 타당도에 대한 고민도 많았고, 분석표를 어떻게 구성하여 표현해야 할지에 대한 고민과 수정이 수없이 반복되었다. 특히 Peirce의 삼원적 기호모델에서 대상체, 해석체, 표현체는 기호가 갖는 특성에 따라 서로 다르게 이해할 수 있기 때문에 분석틀을 만들고 정리하는 동안 참고 문헌을 수없이 읽으며 연구 결과를 정리했었다. 사례연구 결과는 연구자의 의도에 따라 다르게 해석될 수 있으며, 이는 연구자가 큰 책임감을 갖고 이론에 근거하여 진행되어야 함을 의미하는 것이기도 하다.

➲ 연구자를 위한 조언

'내려갈 때 보았네
올라갈 때 보지 못한
그 꽃'

대학원에서 질적 연구 방법에 대해 수업할 때 교수님께서 보여주셨던 고은 시인의 '그 꽃'이다. 질적 사례는 질문에 명백한 대답을 찾기보다는 특성을 찾아내는 연구이므로 연구의 타당성을 높이기 위한 분석 방법이 필요하다. 그러므로 필자는 연구 자료를 여러 번 꼼꼼하게 보았고 '그 꽃' 시 구절을 떠 올렸었다. 연구자는 질적 연구에서 자료를 분석하고 해석하는 단계에서 왜곡되지 않고 타당성을 갖기 위한 노력이 있어야 한다.

논문을 쓰는 동안 각자의 방법으로 연구 노트를 마련하여 연구의 과정을 꼼꼼하게 적어놓을 것이다. 연구 노트 외에도 포스트잇에 적어서 자주 볼 수 있는 곳에 붙여 놓는 방법을 권한다. 간단하게 고민할 내용이나 자주 생각해봐야 할 내용이 있으면 포스트잇에 적어서 눈에 잘 보이는 곳에 붙여 놓고, 일하면서 오고 가는 동안에 한번 씩 보다보면 아이디어가 떠 오를때가 있을 것이다. 일을 하면서 논문을 쓰다보면 논문에만 집중하지 못할때가 있다. 특히 사례연구였던 필자의 연구는 학생이 작성한 쓰기를 어떻게 분석해야 할지, 어떤 결과에 포함시켜야 할지 계속 고민을 해야만 했다. 이때는 연구 노트보다 책상 앞에 붙인 포스트잇이 더욱 효과가 있었다. "저 벽면이 포스트잇으로 가득 찼다가, 연구가 진행되고 결과가 나올 때마다 포스트가 사라질거야. 벽면과 유리창의 포스트잇이 모두 제거되어야 논문이 끝날거다. 그때까지는 생각나는 아이디어나 해야 할 연구, 읽어야 할 논문을 계속 붙여가면서 고민해봐." 필자가 논문을 쓸 때 지인이 해 준 말이다. 실제로 논문이 끝나갈 즈음에 깨끗해진 벽면을 바라보는 것만으로도 해냈다는 묘한 카타르시스를 느끼게 될 것이다.

논문 심사는 어떻게 진행될까?

필자는 코로나19 팬데믹으로 인해 온라인으로 논문 심사를 받았다. 지도교수님을 포함한 다섯 분의 심사위원께서 논문 심사를 맡아주셨다. 1차 심사는 논문의 전체적인 내용과 구성 흐름에 대해 진행되었고, 2차 심사는 세부적인 내용에 대한 심사가 진행되었다. 2차 심사 이후의 논문 수정 기간은 논문 작성 및 심사 기간 중 가장 힘든 시간이었다. 연구 방법과 연구 결과에 대한 전체적인 틀이 수정되어야 했기에 다시 원위치가 된 듯한 기분이었다. 논문 수정에 대한 방향 및 내용에 대한 아이디어가 정리되지 않아서 고민도 많았고 참담한 기분마저 느껴졌다. 그러나 심사위원님들의 고견을 계속 되새기며 논문을 여러 번 읽다보니 수정 방향이 잡혔다. 지나고 보면 수정 내용은 전혀 다른 내용을 삽입하거나 만들어내는 것이 아니었다. 심사받았던 논문의 구성을 조끔씩 바꾸고 숨어있던 내용을 전면으로 드러내는 과정만 해도 논문이 훨씬 이해하기 쉬웠다. 논문은 제3자가 읽고 이해하기 편해야 한다. 그 부분을 방관했다. 심사위원님들께서 논문의 방향을 정해주셨다고 해도 과언이 아니다. 3차 심사에서는 2차 심사에서 심사위원님들의 의견이 반영되어 수정되고 보완된 부분을 바탕으로 심사가 진행되었다. 3차 심사를 바탕으로 논문의 전체적인 흐름과 정교화 과정을 거쳐 최종 수정을 마무리 했다.

논문 심사를 통해 느낀 것은 논문은 혼자만의 역량으로 해결될 수 없다는 것이다. 지도교수님을 전적으로 믿고, 지도해주신 내용에 따라 차근차근 수정 보완해가야 한다. 또한 논문 심사는 논문의 합격 여부를 심사하는 것 이상의 큰 의미가 있다고 생각한다. 심사과정에서 받게 되는 심사위원들의 고견은 논문의 방향을 잡아주고 새로운 아이디어를 추가해 주었고, 이 과정을 통해 논문이 차츰 수정 보완되며 완성되었다. 이 자리를 빌어 다시 한번 지도교수님과 심사위원님들께 감사를 드린다.

➲ 연구자를 위한 조언

지도교수님께 제출하는 초본은 가능하면 논문의 형식을 모두 갖춰서 제출하길 권한다. 서론부터 결론, 참고 문헌까지 최대한 논문의 형식에 맞춰 작성한 후 깔끔하게 제본하여 교수님께 제출하는 것이 좋다고 생각한다. 그래야 교수님께서 지도해주시는 내용이 한눈에 보이고 전체적인 내용의 흐름을 놓치지 않고 수정할 수 있다.

필자는 논문 초본을 제본하여 교수님께 드렸을 때 교수님의 '수고했다'는 말씀이 큰 힘이 되었다. 그 때는 200페이지가 넘는 양을 작성하였기에 조금만 수정하면 곧 논문 심사를 받을 수 있을 것이라는 야무진 생각을 했다. 그러나 지도교수님의 지도를 받으며 4, 5회 정도의 계속된 수정을 거치면서 박사 논문이 쉽게 나올 수 없다는 것을 확인했다. 정신을 차릴 수 없을 만큼 바쁘고 힘든 상황이 여러 번 반복되었지만, 그 기간 동안 논문이 많이 다듬어지고 심사받을 준비가 되어갔다. 지도교수님께 초본을 드리고 3개월 보름 후에 1차 심사를 받을 수 있었다.

끝나지 않은 여정

필자는 50대 나이에 박사과정을 시작했고 논문을 마무리했다. 논문을 쓰는 동안 논문의 내용에 대한 고민도 많았지만, 한 살 한 살 더해지는 나이에 대한 불안감도 있었다. '논문을 마무리하고 나면 너무 늙어버려서 하고 싶은 일을 해보지도 못하는 건 아닐지', '논문을 마무리한다고 인생이 달라질 것도 없을 텐데 왜 잠도 못자고 새벽까지 공부를 해야 할까'하는 고민도 함께 있었다. 논문을 쓰는 동안은 잠이 부족하고 눈도 침침하고 두뇌 회전이 둔해져서 힘들었지만, 박사 논문은 충분히 힘든 시간에 대한 보상을 주었고 더 큰 의미를 보상받았다. 50대에 꿈을 꾸고 그 꿈을 이루었다는 것이 제2의 인생을 준비하는 과정에서 큰 도움이 되었다. 목표한 것을 세분화시켜 계획하면 무엇이든 해낼 수 있겠다는 자신감과 또 다른 새로운 일을 시작할 수 있겠다는 삶의 의욕을 가지게 되었다.

박사 논문을 마무리 한 후에 업무적으로 달라진 점은 가르치는 대상의 범위가 넓어진 것이다. 필자는 30년 가까이 사교육에서 중고등 학생들을 지도하였고, 학부모들을 대상으로 자녀의 수학 학습에 대한 컨설팅을 하였다. 박사 논문을 마친 후에도 하던 일을 계속하였다. 그리고 희망하던 대학에서 강의할 수 있는 기회를 갖게 되었다. 대학 수업은 대학생을 대상으로 강의하는 즐거움을 가질 수 있는 것과 더불어 그동안 연구의 관점에서 읽었던 논문을 교수학적 관점에서 읽고 해석해내는 즐거움이 있다. 이는 연구자와 교육자의 마인드를 함께 가질 수 있어서 의미가 크다.

고등학생의 통계에 대한 태도 연구

안윤경

수학교육학 연구는 예방과 치료이다.

수학교육 연구는 학생들의 수학에 대한 긍정적인 태도와 수학 지식 습득 향상을 도모하여 '수포자'를 예방하고 치료하기 위함이다.

필자는 2022년 8월에 "고등학생의 통계에 대한 태도 연구"라는 제목으로 박사학위 논문을 작성하고, 수학교육학박사 학위를 취득했다. 이 논문은 통계교육의 정의적 측면에 관심을 가지고 고등학생의 통계에 대한 태도의 특징을 살펴보았으며, 통계에 대한 태도와 관련된 변인 간의 적합한 구조적 관계를 확인하였다는데 의의가 있다.

논문내용 둘러보기

중등교육에서 통계 교육은 수학교과 내에서 이루어지지만 통계는 수학과 다른 맥락적, 자료 의존적, 비결정론적 특성을 지닌다. 통계적 사고는 수학적 사고와 같지 않으며, 통계교육을 위해서는 실제 자료를 바탕으로 사고와 추론 능력을 기르는 통계적 소양 교육이 필요하다. 통계적 소양은 일상생활에서 접하는 자료나 정보의 해석, 비판적 평가, 의사소통 능력과 같은 인지적 요소와 이를 활용하고자 하는 태도, 신념과 같은 정의적 요소의 상호작용으로 이루어진다. 학생들이 양질의 통계교육을 바탕으로 통계적 사고와 추론 능력을 갖추었다 하더라도 이를 활용하려는 태도가 부정적이라면 통계적 소양의 발현이 제대로 이루어지기 어렵다.

통계에 대한 태도는 통계라는 대상에 대해 특정한 방식으로 생각하고 반응하거나 행동하도록 결정하는 심리적 경향으로, 학생의 효과적인 통계 학습에 중요한 역할을 한다. 또한 통계에 대한 태도는 학생이 일상생활에서 마주하게 되는 통계적 정보나 상황에서 통계적 지식 및 사고를 활용하는 데 도움을 주고, 더 높은 수준의 통계학습이나 통계관련 전공 및 진로를 선택하는 데도 중요한 역할을 한다.

현재 우리나라 통계 교육은 초 · 중학교에서는 수학 교과 내에서 필수적으로 이루어지나 고등학교에서는 수학 선택과목으로 학생들의 선택에 의해 이루어진다. 고등학생들이 현대 사회에 반드시 필요한 통계적 소양을 함양하고 사회로 나아가도록 하기 위해서는 통계에 대한 긍정적인 태도를 고취시켜 통계 학습을 선택하도록 도와야한다. 이를 위해 고등학생의 통계에 대한 태도를 이해하는 것이 필요하며, 이에 본 연구는 고등학생의 통계에 대한 태도[3]는 어떠한지, 성별, 학년, 수학성적, 〈확률과 통계〉과목 선택여부에 따라 통계에 대한 태도에 유의한 차이가 있는지를 확인하였다. 또한 통계에 대한 개념, 통계에 대한 감정의 이유, 통계의 가치, 〈확률과 통계〉과목 선택이유를 통해 고등학생의 통계에 대한 인식을 알아보았다. 그런 다음 통계에 대한 태도가 관련 변인인 수학에 대한 자신감, 수학의 가치인식, 수학에 대한 흥미, 통계 학습 및 진로선택과 가지는 구조적 관계를 검증하였다.

연구결과, 고등학생은 통계의 가치를 높게 인식하고 스스로 통계학습을 잘 할 수 있다고 믿으며 통계학습을 위해 노력하고자 하였다. 그러나 고등학생은 통계에 대해 다소 부정적인 감정을 가지며 통계에 대한 흥미가 낮은 것으로 나타났다. 특히 여학생이 남학생에 비해 통계를 더 어렵지 않게 생각하며, 1학년이 2학년에 비해 통계에 대해 긍정적인 감정과 높은 흥미를 가진 것으로 나타났다. 또한 수학성적이 높을수록 통계에 대한 태도가 긍정적이었으며, 일반선택과목으로 〈확률과 통계〉를 선택한 학생들에 비해 선택하지 않은 학생들의 통계에 대한 흥미가 높은 것으로 나타났다.

3) 통계에 대한 태도의 하위요인은 측정도구를 바탕으로 6가지(① 통계에 대한 학생들의 감정, ② 통계를 사용하는 자신의 능력에 대한 태도인 인지역량, ③ 개인의 일상생활 및 전문 분야에서 통계의 유용성 및 관련성에 대한 태도인 가치, ④ 과목으로서 통계의 어려움에 대한 태도인 난이도, ⑤ 통계에 대한 개인적 흥미, ⑥ 통계학습을 위해 학생들이 소비하는 노력의 양)를 설정하였다.

고등학생은 통계에 대한 인식으로 그래프, 표, 평균과 같은 통계의 부분적인 내용을 떠올렸고, 통계는 수학 영역 중 하나로 다른 수학 영역에 비해서는 쉬운 문과 수학이며, 계산이 많고 복잡하다고 생각했다. 그리고 고등학생은 통계의 가치로 일상생활과 미래 직업에 도움이 된다고 생각했다. 이에 따라 통계가 문과 수학이고 계산이 많다는 등의 왜곡된 개념의 개선 노력과 통계의 구체적인 가치 인식에 대한 노력이 이루어져야 함을 제안하였다.

통계에 대한 태도와 관련된 변인간의 관계는 구조방정식 모형 분석을 통해 검증하였고, 고등학생은 수학에 대한 자신감과 수학의 가치인식이 높을수록 통계에 대한 긍정적인 태도를 가지며, 수학의 가치를 높게 인식하고 통계에 대한 태도가 긍정적일수록 통계 학습 및 진로 선택을 하고자 하는 것으로 확인하였다. 반면, 수학에 대한 흥미는 통계에 대한 태도와 통계 학습 및 진로 선택에 영향을 미치지 않음을 확인하였다. 이에 따라 고등학생의 통계에 대한 긍정적인 태도를 고취시키기 위해 수학에 대한 자신감을 가지고 가치인식을 할 수 있도록 돕는 것이 필요하고, 본 연구에서 제시된 변인 이외에 통계에 대한 태도와 관련된 변인과의 관계에 관한 연구가 지속되길 제안하였다.

위와 같은 논문을 작성하기까지 필자가 겪었던 경험과 후배 연구자에게 하고 싶은 조언을 아래와 같이 제시해본다.

무엇을 연구할까?

필자는 학창시절부터 일명 '수포자'인 친구들에게 관심이 있었다. 고등학교에서는 문과, 대학교에서는 경영학, 수학을 복수 전공하였던 필자의 주변에는 이런 친구들이 정말 많았다. '왜 이 친구는 수학을 싫어하게 되었을까?, 어떤 이유로 이 친구는 수학에 대한 흥미를 느끼지 못하는 것일까?'와 같은 궁금증은 항상 필자를 따라다녔다. 그리고 필자가 수학교사가 된다면 학생들이 수학에 대해 긍정적인 태도를 가지고 수학의 가치를 인식할 수 있도록 돕겠다는 다짐을 하곤 했다. 이러한 다짐은 꿈이 되어 교육대학원 석사 과정에 진학하게 되었고, 석사학위 논문을 위해 첫 연구를 시작하였다. 연구가 무엇인지 막연하던 필자에게 당시 지도교수님께서 'Affective representation and mathematical problem solving(Goldin, 1988)'이라는 논문을 추천해주셨고, 이 논문을 바탕으로 '수학 문제 해결 과정에서 학생들의 감정 변화에 대한 사례 연구'라는 제목의 석사학위 논문을 완성할 수 있었다. 석사학위 논문을 위한 연구과정에서 필자가 평소 관심을 가졌던 내용이 정의적 영역(affective domain)이라는 것을 알게 되었고, 연구의 즐거움을 느낀 필자는 더 많은 배움을 위해 박사 과정에 진학하게 되었다.

박사 과정의 시작과 함께 지도교수님께서는 '무엇을 연구하고 싶은지?' 질문 하셨고, 당시 '정의적' 측면에 대한 연구를 하고 싶다는 막연한 생각을 가진 필자에게 2년 동안 대학원 수업을 들으며 연구 주제를 구체화하라는 말씀을 해 주셨다. 그래서 필자는 매학기 수업 때마다 논문과 책을 읽으면서 습관처럼 그 속에 포함된 정의적 측면을 보고자 하였다. 또한 당시 필자는 한국교육과정평가원의 '국제학업성취도'팀에서 위촉연구원으로 근무하고 있었고 TIMSS나 PISA에서 나타난 우리나라 학생들의 정의적 성취와 특징, 정의적 영역의 하위요인, 정의적 영역의 측정을 위해 사용한 측정도구에 지속적인 관심을 가졌다. 하지만 박사 논문 연구 주제를 정하는 것은 하늘에서 별 따기였다. 특히 박사 과정 수료 후 결혼과 출산으로 오랜 시간 뒤 박사논문을 준비하게 된 필자에게는 연구 주제 선정이 가장 어려운 일이었다.

그러던 어느 날, 지도교수님께서 '선행 연구에서 통계 문제 해결 후 혹은 통계 단원 학습 후 수학에 대한 태도를 확인하였는데 통계는 다른 부분이 있지 않을까?'라는 질문을 주셨다. 그 순간 머릿속에 박사 과정에서 수강하였던 <확률 및 통계적 사고법의 원리> 강의에서 '수학과 다른 통계의 특징으로 통계의 정의적 측면과 수학의 정의적 측면은 서로 관련은 있지만 다르지 않을까?' 라고 생각했던 기억이 떠올랐다. 비록 수업 당시는 이러한 의문이 연구 논문 작성으로 이어지지 않았지만, 교수님의 질문과 대화를 통해 오래 전 수업에서 사유의 기억이 상기되었다. 이때부터 통계교육의 정의적 측면에 관한 선행 연구를 지속적으로 살펴보았고, 이를 통해 통계교육에서 정의적 측면의 연구는 인지적 측면의 연구에 비해 매우 부족하지만 꾸준히 연구가 진행되어 왔고, 주로 태도에 대한 연구가 주를 이루고 있다는 점을 확인하였다. 또한 통계에 대한 태도의 선행 연구는 대부분 대학에서 통계학을 수강하는 대학생과 대학원생을 대상으로 태도를 측정하거나 관련 변인과의 관계를 알아보는 연구가 주를 이룬다는 점을 확인하였고 각 연구에 연구자들의 조언을 바탕으로 '고등학생의 통계에 대한 태도'에 관한 연구주제를 선정하여 연구를 진행할 수 있었다.

➲ 연구자를 위한 조언

연구자는 본인이 관심을 가지는 분야에 대해 항상 생각하고 있어야 한다. 연구의 과정은 끊임없는 인내와 노력이 필요하다. 이러한 과정에서 연구자가 자신이 관심 있는 주제에 대해 연구하고 그 중요성을 크게 본다면 연구를 위해 최대한의 노력과 시간을 투입할 수 있다. 또한 관심과 흥미를 가졌다는 것은 그 분야에 대해 연구자가 어느 정도는 이해하고 있음을 의미하기 때문에 연구를 좀 더 효율적으로 진행할 수 있다. 연구 주제를 선정하기 위해서는 관심분야의 선행 연구와 관련이론을 미리 공부하도록 하고 연구동향을 틈틈이 파악해 두는 것도 도움이 된다.

어떤 방법으로 연구할까?

연구 주제를 선정한 뒤, 연구 설계를 하는 과정에서 필자는 가장 우선적으로 연구 방법을 고려하였다. 이는 연구진행 당시 코로나 19의 급격한 유행으로 연구대상을 섭외하는데 어려움이 있었고, 이 때문에 어떤 연구방법을 사용할 것인지, 연구 대상자 선정은 어떻게 할 것인지가 연구에 중요한 문제였기 때문이다. 필자의 연구 목적은 고등학생의 통계에 대한 태도를 이해하기 위한 것으로, 소수의 학생을 대상으로 사례연구를 하기 보다는 다수의 학생을 대상으로 설문지를 활용한 조사연구가 더 적합하다고 판단하였다.

연구 방법은 동시적 혼합 연구로 진행하였다. 동시적 혼합 연구는 연구 문제를 종합적으로 해석하기 위해 양적, 질적 자료를 한데 모으는 것으로, 폐쇄형, 개방형 설문 자료를 동시에 수집한 후 통계적 분석과 텍스트 분석을 실시하였다.

먼저 연구 문제 1인 고등학생의 통계에 대한 태도를 알아보기 위해 6가지 하위요인의 총 36문항, 5점 리커트 척도로 구성된 통계에 대한 태도 설문지를 사용하였다. 또한 연구 문제 3인 고등학생의 통계에 대한 태도와 그 관련 변인 간의 구조적 관계 검증을 위해, 수학에 대한 자신감, 수학의 가치인식, 수학에 대한 흥미가 포함된 수학에 대한 정의 설문지, 통계 학습 및 진로 선택 설문지도 함께 구성하였다. 필자가 가장 많은 고민을 하였던 부분은 고등학생의 통계에 대한 태도의 구조적 관계 가설을 설정할 때였다. 통계에 대한 태도와 그 관련 변인 간의 인과적 관계, 매개관계를 확인하기 위해 구조방정식모형 분석을 선택하였지만 구조방정식모형은 모형 적합도가 매우 중요하고, 모형 적합도를 위해서는 이론적 근거가 분명해야했다. 하지만 통계에 대한 태도의 구조적 관계와 관련된 선행 연구는 매우 부족하였고, 선행 연구에서 설정한 관련 변인은 우리나라 고등학생에게는 적합하지 않았다. 그래서 필자는 변인의 설정에 있어 관련 이론과 수학교육, 과학교육 분야의 선행 연구도 고찰하였고, 다행히 이론과 선행 연구를 바탕으로 구조적 관계를 설정하고 모델 적합도를 확보할 수 있었다.

연구 문제 2의 고등학생의 통계에 대한 인식을 살펴보기 위해서 선행 연구의 제안에 따라 개방형 설문지를 사용하였다. 개방형 설문지는 비교적 짧은 시간 안에 많은 응답자들의 의견을 수집할 수 있다는 장점은 있으나 고등학생의 경우 응답을 성의껏 작성하지 않으면 결과가 왜곡될 수 있다는 단점이 있다. 이 때문에 사실 필자는 면담조사도 고려하였으나 면담조사는 연구

대상 수에 제한이 있고 시간과 장소에 구애를 받기 때문에 최소한의 개방형 문항을 구성하여 고등학생들이 성의껏 응답하도록 하였다. 이를 통해 수집된 설문지는 텍스트마이닝 방법을 활용하여 분석하였으며, 최대한 연구자의 의견이 반영되지 않고 객관적으로 분석하고자 하였다.

➲ 연구자를 위한 조언

연구 방법은 연구 문제를 해결하기 위한 핵심이라고 할 수 있다. 연구 방법을 올바르게 결정하기 위해서는 우선, 연구자가 다양한 분석 방법에 대한 지식이 있어야 한다. 연구자가 다양한 분석 방법을 알고 있다면, 특정 분석 방법을 통해 얻은 결과를 연구에 어떻게 활용할 수 있을지 파악할 수 있어 전체적인 연구 설계에 도움이 된다. 그리고 다양한 분석 방법에 대한 지식은 선행 연구의 내용을 이해하는 데도 도움이 된다. 실제 필자는 박사학위 논문을 준비하며 양적 연구의 대표적인 통계적 분석 방법을 익히려고 노력하였고, 분석 방법을 알지 못하고 논문을 읽을 때와 분석 방법을 익히고 같은 논문을 읽을 때에 보이는 내용에 큰 차이가 있었다. 특히 양적연구를 준비하는 연구자라면 학교 수업이나 인터넷 강의를 활용하여 대표적인 통계 분석 방법을 미리 익혀둘 것을 권유한다.

연구는 어떻게 수행했는가?_IRB를 중심으로

제목에서도 알 수 있듯 필자의 연구는 인간대상연구에 해당한다. 그렇기 때문에 연구를 수행하기에 앞서 「생명윤리 및 안전에 관한 법률」에 따라 대학의 생명윤리위원회로부터 연구계획의 윤리적·과학적 타당성에 대한 심의가 필요했다. 지도교수님께서는 IRB 심의가 생각보다 오래 진행되고 재심의를 하게 되면 시간이 많이 소요되니 최소 연구수행 2달 전에는 심의를 신청하길 권하셨다. 실제 필자의 경우, 첫 심의 신청일로부터 마지막 최종승인을 받기까지 3개월 이상 소요되었다. 지도교수님의 조언이 없었다면 연구 일정을 맞추기 어려웠을 것이다.

신규 연구계획 심의 신청을 위해서 연구계획서 및 요약서, 연구대상자 동의서 및 설명문, 법정대리인 동의서 및 설명문, 측정도구, 생명윤리준수서약서,

피해보상규약, 이해상충 공개서, 연구진 이력서, 교육 이수증 등을 제출하였다. 특히 연구계획서는 연구대상의 모집방법, 연구대상자 수, 동의획득 방법, 연구 수행 방법 등을 중심으로 작성하기 때문에 IRB 심의 신청 이전 연구 수행에 대한 전반적인 계획을 수립해야했다. 연구 대상자 선정에 있어 필자는 선행 연구를 바탕으로 지역별 학생들의 태도는 동질성이 크다고 판단하여, 동료 교사의 도움을 받아 대상자를 구하였다. 그리고 연구대상자 수는 필자의 연구에서 사용한 분석 방법을 토대로 선정하였다. IRB 심의 준비는 많은 시간이 소요되고 복잡하였지만 이를 통해 연구 수행 과정을 구체화할 수 있다는 점에서 도움이 되었다.

IRB 첫 심의 결과 조건부 승인을 통보받았고, 수정 권고 사항은 수업시간에 설문을 시행할 경우 수업에 방해가 될 수 있다는 점과 설문지에 학생의 지난 기말고사 성적을 묻는 것은 심리적 스트레스를 유발할 수 있다는 점이었다. 이에 따라 최대한 수업시간에 방해가 되지 않도록 창의체험 시간이나 자습 시간을 활용하도록 하고, 성적에 대한 질문의 응답은 상, 중, 하로 범위를 확대하여 고등학생에게 부담이 되지 않도록 수정하였다. 재심의 신청 후 한 달 뒤 최종 승인을 받아 설문을 시행하였고, 수집된 설문지의 학생들의 응답은 엑셀프로그램에 코딩하여 통계적 분석과 텍스트 분석에 사용하였다.

➲ 연구자를 위한 조언

연구 수행에 있어 IRB 심의가 필요하다면 최소 2~3달 전에는 IRB 심의 신청을 하길 권유한다. 특히 학위 논문을 제출하는 시기가 되면 신규 심의접수가 증가하기 때문에 원하는 일정에 결과를 통보받지 못할 수 있다. 그리고 한 번에 승인되면 다행이지만 '조건부 승인'이나 '수정 후 재심의'를 받게 될 경우 심의결과에 대한 수정 기간이 필요하고, 수정 후 다시 심의를 신청하여 결과 통보를 받기까지 꽤 많은 시간이 소요된다. 연구 수행과정에서 일정을 조율하는 것은 중요한 문제이다. 일정에 차질이 생기지 않도록 IRB 심의 신청은 넉넉한 시간을 두고 신청하는 것이 좋다.

연구 결과를 어떻게 나타낼까?

필자는 연구 결과의 기술이 논지를 벗어나지 않도록 하기 위해 연구 문제 세 가지와 그에 대한 하위 연구 문제를 구체적으로 설정하였고, 그 순서에 맞게 결과를 기술하였다.

먼저 연구 문제 1에서 고등학생의 설문 문항 응답비율을 제시할 때 결과에 대한 주관적 해석이 개입되지 않도록 객관적 수치 위주로 제시하였다. 그리고 연구 문제 2에서는 단어 빈도 수치나 연결성 수치가 예상보다 작게 나타났지만 임의적 해석을 배제하기 위해 큰 수치뿐만 아니라 작은 수치에도 관심을 가졌다. 또한 연구 문제 3의 구조적관계 통계분석 결과를 제시할 때는 관련 서적과 연구를 참고하여, 통계분석에서 정해진 양식에 따라 측정모형의 검증, 구조적 관계모형의 검증 순으로 기술하였다. 이 외에 필자의 연구에서는 가설이 채택되지 않는다거나 상관관계를 가지지 않는 등 필자가 예상하지 못한 결과가 일부 나타났으나 이 또한 그 나름대로의 가치를 지니기 때문에 예상치 못한 결과에 대한 내용도 모두 기술하였다.

➲ 연구자를 위한 조언

연구 결과를 작성할 때는 분석한 사실에 기반해 연구 주제 및 연구 문제에 적합한 내용으로 구성해야 하며, 연구 결과의 객관적 기술과 주관적 해석은 정확히 구분해야 한다. 연구자가 많은 선행 연구를 읽고, 연구를 잘 수행하였어도 연구 주제와 연구 문제에 관계없는 분석 결과를 제시하거나 결과 제시 방식이 적절하지 않다면 그 연구는 의미가 없을 것이다. 연구 결과는 연구 문제에 따라 수행한 연구 내용을 분석한 것으로, 연구 결론을 정당화하기 위한 것이다. 이 때문에 아무리 가치가 있는 분석 자료일지라도 연구 문제와 관련성이 적다면 사용해서는 안 되며, 연구 결과를 바탕으로 결론을 정당화하기 위해서는 객관적인 내용을 기술해야 한다.

논문 심사는 어떻게 진행될까?

우여곡절 끝에 박사학위 논문 심사를 위한 논문 가제본이 완성되고 첫 논문 심사를 기다릴 때, 필자의 자존감은 바닥을 치고 두려움에 사로잡혀있었다. 사실 석사학위를 취득할 때만해도 박사학위 논문은 쉽게 쓸 수 있을 것이라 자신했었는데, 박사 과정 공부를 하면 할수록 특히 박사학위 논문이 완성되어 갈수록 이것이 얼마나 오만한 생각이었는지를 깨달았다. 특히 1차 논문 심사를 앞두고는 다섯 분의 논문 심사위원에 대한 경외심에 사로잡혀 매일이 긴장의 연속이었다.

우선 1차 논문 심사를 위해 심사 일주일 전 논문 심사위원회에 논문 가제본을 제출하였고, 바로 1차 논문 심사 발표를 위한 PPT를 준비하였다. PPT에는 논문의 전반적인 내용을 담았고, 1시간의 발표시간을 맞추기 위해 처음 완성한 135장의 PPT 발표 자료를 105장으로 수정하였다. 그리고 매끄러운 발표를 위해 시간을 측정하면서 10회 이상의 발표 연습을 하였다. 사실 이때까지만 해도 필자는 1차 논문 심사만 끝나면 학위논문을 위한 과정이 끝에 다다른 것이라고 생각했다. 그러나 1차 심사가 끝나고 2차 심사 전까지 논문 수정기간인 3주 동안 쏟아 부어야 했던 노력은 그 동안 학위논문 작성을 위해 1년 이상 투자했던 노력 못지않았다.

1차 논문 심사 후 가장 핵심적인 수정사항은 고등학생의 통계에 대한 태도가 어떠한지 살펴보기 위한 연구 문제를 추가하였다는 점이다. 연구 문제를 추가함에 따라 연구 방법과 연구 결과, 결론 및 제언에서 전체적인 내용의 수정이 이루어졌다. 또한 서론에서는 연구의 필요성과 연구 문제를 설정한 이유가 조금 더 구체적으로 드러나도록 수정을 하였으며 연구의 제한점을 추가하였다. 이론적 배경에서는 통계학과 수학의 차이점을 추가하였으며 통계에 대한 태도의 특성을 구체화하고 절의 내용을 재구성하였다.

위와 같이 수정한 논문 수정본과 변경대비표를 논문 심사위원회에 제출한 후 일주일 뒤 2차 논문 심사를 진행하였다. 2차 심사를 위한 발표는 1차 논문 심사 이후 수정된 사항 위주로 내용을 구성하였고, 약 30분 정도의 발표시간을 맞추기 위해 53장의 PPT 발표 자료를 만들었다. 2차 심사발표도 1차 심사발표와 마찬가지로 10회 이상의 발표연습을 하였고, 30분의 발표와 약 1시간 정도의 질의응답으로 심사가 진행되었다. 2차 심사 후 주요 수정사항은 일부 절의 제목 수정, 비문 수정, 문단 나누기 등이다.

논문 심사 전 필자는 어떤 책에서 '논문 심사위원의 지적은 논문에 난 흠집이나 상처를 메꿔줄 처방을 하는 것이며, 연구자를 괴롭히려는 것이 아니라 연구 완성도를 조금이라도 더 높이기 위해 논문을 꼼꼼히 들여다보고 더 나은 방향으로 안내를 하려는 것이다.'라는 글을 본적이 있다. 실제로 논문 심사위원분들은 필자를 진심으로 생각해주시며 연구에서 부족한 점과 해결해야 할 점을 고민하고 지적해 주셨다. 부족한 필자의 연구가 그나마 형식을 갖출 수 있게 도와주신 지도교수님과 논문 심사위원회에 진심으로 감사드린다.

➲ 연구자를 위한 조언

'끝날 때까지 끝난 것이 아니다.' 첫 논문 심사가 시작되면 본격적인 수정의 시간이 시작되며, 마지막 학위 논문을 제출하는 그 순간까지 끊임없는 수정의 연속이다. 그렇다고 어차피 수정을 할 건데 결점이 있는 논문으로 심사를 받는 것도 괜찮지 않을까 하는 생각을 한다면 그것은 큰 오산이다. 전문 연구자들에 의해 쓰여진 학술지 투고 논문도 심사를 하는 과정에서 수정을 거쳐야 하는데, 초보 연구자가 결점이 많은 상태의 학위 논문을 심사 받는다면 결국 심사를 통과하지 못하거나 연구의 질이 나쁠 수밖에 없다. 학위논문 심사를 위해서는 완성도가 높은 논문으로 심사를 받도록 하고, 수정의 시간을 두려워하거나 고통으로 생각하지 않기를 바란다. 수정을 하면 할수록 연구자의 논문의 질은 더 나은 방향으로 향상될 것이다.

박사 논문 그 후

예전에 필자는 박사학위를 취득한 대학원 선배에게 어떻게 이 어려운 과정을 견디고 학위를 취득하였냐고 질문을 한 적이 있다. 그 때 그 선배는 주변에서 도와주신 분들이 없었으면 불가능했다고 말해주었다. 실제로 그 과정을 지나보니, 지도교수님의 안내와 여러 교수님들의 조언과 도움, 지인인 교사들의 도움이 없었다면 필자의 학위 취득은 불가능한 일이었다.

사실 이제 막 박사학위를 취득하게 된 필자는 앞으로 연구자로서 어떤 삶을 살고자 하는 계획보다는 이 긴 과정을 무사히 마무리 할 수 있었음에 감사할 따름이다. 박사학위 논문을 준비하는 기간은 한마디로 '인내'의 연속이었다. 필자에게는 아내이자 두 아이의 엄마로서의 역할이 있었고, 공부를 위해 주어진 시간은 하루 6~7시간 남짓에 불과하였다. 이 때문에 연구 내내 들었던 생각은 '박사수료 직후 빠른 시일 내에 학위논문 연구를 시작했다면 연구 환경과 연구의 질이 지금보다 나아지지 않았을까?'하는 후회였다. 학위 논문을 무사히 마무리하였지만 아직도 이 부분은 큰 아쉬움으로 남으며 지도교수님께 정말 죄송한 마음이다.

비록 학위 논문을 완성하였을 뿐 아직 연구자로서는 미숙하지만 이 인내의 과정을 통해 얻은 경험은 앞으로의 필자의 삶에 큰 원동력이 될 것이다.

➲ 연구자를 위한 조언

박사학위 과정에 있다면 학위 논문은 미루지 말고 최대한 빨리 쓰기를 권장한다. 박사과정 수료 후 학위논문 준비 기간을 미룰수록 박사 과정 동안 공부한 내용은 잘 기억이 나지 않고, 연구 분야와 멀어진다. 연구 분야와 멀어진다는 것은 논문을 쓰기 위한 필력이 부족해지고 최신 연구 동향이나 방법을 파악하기도 어려워진다는 것을 의미한다. 또한 오랜 시간이 지난 뒤 학위논문을 준비하면 두 배 세 배의 노력을 기울여야 할 것을 각오해야 한다. 그렇기 때문에 연구자로서의 목표가 있고 양질의 학위 논문을 쓰고 싶다면 조금이라도 일찍 학위논문을 시작하길 권장한다.

수학교육학 연구의 여정

초판발행 2022년 11월 1일

지은이 김선희 · 김부미 · 박현정 · 김기연 · 송정화 · 김윤민
박지현 · 이소민 · 이소정 · 배수경 · 강미선 · 최성이
성지현 · 김슬비 · 윤미선 · 이경희 · 안윤경

펴낸이 오판근
펴낸곳 (주) 교우
주　소 서울시 동대문구 약령시로 8 교우빌딩 2층 (주)교우
전　화 02-925-2861 / **팩　스** 02-925-2860, **편집부** 02-925-2825
홈페이지&북스토어 www.kyowoo.co.kr / **이메일** kyowoo@kyowoo.co.kr

등　록 1994년 3월 24일 제1994-000013호
ISBN 979-11-251-0362-2 (93410)

Published by Kyowoo Co., Ltd. Printed in Korea

(주) 교우는 보다 혁신적이고 참신한 도서를 다양하게 기획하고 있습니다.
책으로 펴내고자 하는 아이디어나 원고는 메일로 보내주세요.
(주) 교우는 전과정을 책임지고 최선을 다하겠습니다.

값 17,000원

교우미디어는 (주) 교우의 Imprint 사입니다.
수학정원·과학정원은 (주) 교우의 새로운 브랜드명입니다.

잘못된 책은 구입하신 서점에서 교환해 드립니다.